慶祝萬國法律事務所
成立45周年系列之二

近年台灣公司
經營法制之發展

萬國法律事務所／著

五南圖書出版公司 印行

序

　　台灣以往的經濟發展，以中小企業為主，公司經營相關法規的規劃與建置，應為不可或缺的基石。惟近年來面對經濟全球化及科技快速化的壓力，產業轉型及法規鬆綁的需求與日俱增，如何在如此快速變遷的環境中，謀求發展，應為目前台灣企業所面臨的重要課題。

　　為因應上述企業經營背景的變遷，近年來台灣對公司經營的相關經濟法規也有許多突破性的發展，包括2018年公司法的重大修改；為保障勞工權益，三年多來多次修正勞動基準法等等，為台灣今後經濟發展，建立了良好基礎。

　　萬國法律事務所在前述重大經濟法規修正推動中，自2016年起積極參與修法的研討，協調至條文的形成，並參與各種研討的籌辦與討論，以形成修法的共識。近年來關於關廠工人的勞權，社會企業的推展，營業秘密保護，競業禁止，以及投資併購等議題的研討會及座談會等等，充分發揮作為「在野法曹」的功能。

　　在慶祝萬國法律事務所成立45周年之時，本所同仁及部分參與實務運作的名教授，就近來研究公司經營相關法規及從事實務辦案中累積的心得，針對公司證券法規、勞動及競業禁止法規，包含公平交易法在內等金融法規，以及投資併購實務等為主題，蒐集18篇論文，提供社會各界分享及指教，希望藉由

II　近年台灣公司經營法制之發展

檢討上開法規近年來的發展，應如何與實際企業經營接軌的問題，能提供台灣公司經營的相關法制，持續向前邁進。

萬國法律事務所創所律師暨所長

陳傳岳

2019年8月10日

作者簡介 (依文章順序排列)

莊永丞

現職：東吳大學法學院副院長
學歷：美國印第安那大學布魯明頓分校法學博士
法律專長：公司法、證券交易法、銀行法

陳幼宜

現職：萬國法律事務所助理合夥律師
學歷：美國舊金山大學法學碩士、東吳大學法學士
法律專長：公司及商務事件、國際貿易、銀行及金融事件、公
　　　　　平交易法事件、個人資料保護、勞工事件

吳銓妮

現職：萬國法律事務所助理合夥律師
學歷：美國紐約大學法學碩士、台灣大學法學士
法律專長：公司投資及併購事件、國際貿易事件

王志誠

現職：中正大學法學院教授
學歷：政治大學法律學研究所博士、政治大學法律學研究所碩士
法律專長：財經法（金融法、公司法、證券交易法、票據法、
　　　　　企業併購法、信託法）

李禮仲

現職：台北商業大學副教授兼連鎖加盟經營管理與法律研究中
　　　心執行長

學歷：美國威斯康辛州立大學法學博士、美利堅大學法學碩
　　　士、波士頓大學法學碩士、東吳大學法律學士

法律專長：智慧財產權法與競爭法制、金融法（證券交易法、
　　　　　銀行法、信託法、保險法）、公司法與公司治理、
　　　　　英美法、法律倫理

黃帥升

現職：萬國法律事務所資深合夥律師／專利代理人

學歷：美國紐約州律師、美國哥倫比亞大學法學碩士、英國倫
　　　敦政經學院法學碩士、東吳大學法學士

法律專長：國際訴訟及仲裁事件、國際貿易事件、公司及證券
　　　　　金融事件、公平交易法事件、公司併購、資本市
　　　　　場、勞動法

洪志勳

現職：萬國法律事務所助理合夥律師

學歷：交通大學科技法律研究所碩士、交通大學科技管理研究
　　　所碩士、成功大學化學工程系學士

法律專長：一般民刑事訴訟、智慧財產權訴訟、公司商務案
　　　　　件、資本市場

汪家倩

現職：萬國法律事務所合夥律師／專利代理人

學歷：美國柏克萊加大法學碩士、政治大學法律研究所、台灣
　　　大學法學士

法律專長：智慧財產訴訟、授權與商務契約、競爭法、環境
　　　　　法、新興科技法律

陳冠中

現職：萬國法律事務所助理合夥律師／專利代理人
學歷：美國印地安那大學比較法學碩士、台灣大學法學士
法律專長：國際專利申請事務、智慧財產權糾紛處理、智慧財
　　　　　產權管理、電腦相關法律事務、著作權及商標權相
　　　　　關事務、公平交易法、專利訴訟、專利授權

蔡孟真

現職：萬國法律事務所資深律師
學歷：台灣大學科際整合法律學研究所碩士、台灣大學分子與
　　　細胞生物學研究所碩士、台灣大學生命科學系學士
法律專長：智慧財產事件、生技醫療爭議、企業商務案件

謝祥揚

現職：萬國法律事務所合夥律師
學歷：美國聖路易華盛頓大學法學碩士／博士、東吳大學法律
　　　學系法學碩士、台灣大學法學士
法律專長：憲法及行政法、民、刑事、行政訴訟、智慧財產
　　　　　權、競爭法、資訊隱私、個人資料保護

郭雨嵐

現職：萬國法律事務所資深合夥律師
學歷：美國明尼蘇達大學法學碩士、台灣大學法學士
法律專長：專利訴訟事件、智慧財產權事件、資訊通訊與網路
　　　　　事件、生命科技事件

鍾文岳

現職：萬國法律事務所資深合夥律師／專利師

學歷：日本京都大學法學碩士、中興大學法學士

法律專長：智慧財產權事件、企業法律、勞資關係、債權回收、
　　　　　契約審閱、公司法、一般民刑事訴訟、工程法律

呂靜怡

現職：萬國法律事務所助理合夥律師

學歷：交通大學科技法律學程碩士、台灣大學法學士

法律專長：國內外商標申請、網域名稱爭議處理、商標爭議處
　　　　　理、智財相關爭訟處理、商標民刑事及行政訴訟、
　　　　　著作權及公平法、一般民刑事案件、行政訴訟案件

王明莊

現職：萬國法律事務所律師

學歷：美國明尼蘇達大學法律碩士、台北大學法律系法律學士

法律專長：訴訟事件、智慧財產權事件、商務法律事件、一般
　　　　　涉外案件

江欣曄

現職：萬國法律事務所律師

學歷：交通大學科技法律學院碩士、台灣大學中英翻譯學程筆
　　　　譯組、台灣大學法學士

法律專長：一般民刑事訴訟、公司商務事件、勞動案件、智慧
　　　　　財產權保護及訴訟

目 次

1

公司法最新修正簡評

東吳大學法學院副院長　莊永丞

壹、前言

　　公司法基本架構在過去50年來對於公司的管制並未特別區分大型公司或中小型企業爲規範對象，如此的規制對於中小企業或新創事業來說，勢必會增加其交易及遵法成本，使整體競爭力下降，爲了與國際接軌並且營造有利投資及創新之企業組織法制，106年起由公司法學界及產業界人士一同成立「公司法全盤修正修法委員會[1]」，舉辦了無數場座談會與各方交換意見及提出相關修法建議，行政院也於106年12月21日提出公司法修正草案[2]（下稱修正草案）並移送立法院審議，而立法院於民國107年7月6日三讀通過公司法修正案（下稱新公司法），本文擬就本次公司法修正之重點進行簡介並提出相關之評論及分析。

貳、管制鬆綁

一、企業社會責任之明文

　　企業社會責任（Corporate Social Responsibility，下簡稱CSR）爲近代公司治理討論相當廣泛的課題，主要涉及公司於追求股東利益最大化的過程中，是否應兼顧社會公共利益之發展的問題[3]，在過去CSR僅僅透過如台灣證券交易所發布之上市上櫃

---

[1]　參閱公司法全盤修正修法委員會網站，http://www.scocar.org.tw，最後瀏覽日2018/7/24。

[2]　參閱行政院公司法部分修正草案，https://www.ey.gov.tw/Page/9277F759E41CCD91/7d24c7d1-11ec-4edb-88d5-e7512506814e，最後瀏覽日2018/7/24。

[3]　相關文獻可參閱莊永丞，從公司治理觀點論我國上市上櫃公司之慈善捐贈行

公司企業社會責任實務守則等為相關之規定，並未明確入法，因此勢必要有所轉換[4]，將盡企業社會責任理解為與公司整體利益產生連結。

　　新公司法第1條第2項明文引入企業社會責任而賦予公司裁量權，得在法令及商業倫理規範內盡CSR，其立法理由對於公司社會責任內涵之定義：公司應遵守法律、考量倫理因素，採取一般被認為係適當負責之商業行為及得為公共福祉、人道主義及慈善之目的，捐贈合理數目之資源。此一鬆綁使公司得以在商業經營判斷下盡善社會責任，以符合社會趨勢。

二、刪除授權資本未全數發行前不能增加資本的限制

　　原公司法第278條規定公司非將已規定之股份總數，全數發行後，不得增加資本。要求公司必須先將章定之資本發行完畢後，才得在透過修改章程之方式提高資本，立法理由謂此一限制並無必要，蓋我國已容許授權資本制，為了使公司易於適當時機增加資本，便利企業運作，本條予以刪除，以避免誤會。惟事實上，授權資本制之增資若無涉及章定資本之變動，誠無變更章程之可能，原公司法第278條實無刪除之必要。

三、所有股份有限公司經章定得每半會計年度或每季為盈餘分派或虧損撥補

　　即俗稱之「股王條款」，新法第228條之1第1項規定公司章

___

為，台灣本土法學雜誌，94期，2007年5月，頁110-27；德國法上發展可參閱洪秀芬，德國企業社會責任之理論與實踐，萬國法律，164期，2009年4月，頁37-63。

[4]　參閱黃銘傑，公司法應如何回應社會企業發展之挑戰，月旦會計實務研究，4期，2018年4月，頁18-19。

程得訂明盈餘分派或虧損撥補於每季或每半會計年度終了後爲之。立法理由參酌閉鎖性公司第356條之10規定，閉鎖性股份有限公司可一年爲二次盈餘分派或虧損撥補，因此於股份有限公司中更放寬爲經章定可以每半會計年度或每季發放，使得公司可以加速盈餘分派來吸引投資。

四、廢除外國公司認許制度

在現行條文第4條規定本法所稱外國公司，謂以營利爲目的，依照外國法律組織登記，並經中華民國政府認許，在中華民國境內營業之公司。而要求外國公司必須依現行法第371、375條規定，經認許後才取得法人格。與現行企業併購法第4條第8款與證券交易法第4條第2項之外國公司規定有所扞格。

因此依外國法設立之外國公司基於其本國法取得法人格，基於互相尊重及貿易需要，新公司法廢除外國公司認許制度，刪除該條後段規定，並一併刪除現行法之認許字眼（例如刪除第373、374、379～380條文字），同時參酌民法總則施行法第12條第1項規定[5]增訂新公司法第4條第2項，規定外國公司於法令限制內，與中華民國公司有同一之權利能力。使得往後外國公司無需再踐行繁瑣之認許程序，只要於其本國設立登記取得法人格，與我國之法令限制下亦同樣承認其有爲法律行爲之能力。

---

[5]　民法總則施行法第12條第1項：經認許之外國法人，於法令限制內，與同種類之我國法人有同一之權利能力。

參、大小公司分流

一、轉投資限制之放寬

　　所謂轉投資，指公司成為他公司之股東，即公司以出資、認股或受讓出資額、股份等方式成為他公司之股東[6]，原公司法第13條規定公司不得為無限責任股東及合夥事業合夥人，而就有限責任股東原則上不得投資超過公司實收資本之40%，例外於以投資為專業、章程規定或各類型公司之股東同意或股東會決議者則不受此限制。其目的是避免公司擔任無限責任股東而必須負連帶無限清償責任，影響股東權益甚鉅，而有限責任股東因為僅以出資額為限負責，因此投資原則上不得超過實收資本之40%，但設有例外情形可以排除此限制。

　　新公司法第13條本於管制鬆綁之精神，修正第13條第2項為：「公開發行股票之公司為他公司有限責任股東時，其所有投資總額，除以投資為專業或公司章程另有規定或經代表已發行股份總數三分之二以上股東出席，以出席股東表決權過半數同意之股東會決議者外，不得超過本公司實收股本百分之四十。」使無限公司、有限公司、兩合公司或非公開發行股票之公司不再受限，僅對於公開發行公司因為涉及投資人之權益，為健全公開發行股票公司之財務業務管理，除非有條文列舉事由或經股東會特別決議外，不得超過實收資本40%。

二、無面額股發行之允許

　　現行法下，僅有閉鎖性股份有限公司依公司法第356條之6

---

[6]　參閱劉連煜，現代公司法，頁99，增訂11版，2016年。

第1項規定，得以擇一採行面額股或無票面金額股，過去學說上即不斷呼籲應放寬至一般股份有限公司[7]，以消弭公司取得股款與定義的實收資本相距過大之詭異現象。因此新公司法第156條第1項放寬允許所有股份有限公司發行無面額股，而其所得之股款全數撥充資本，不受過去面額與發行總數之限制。

惟有學者[8]認為無面額股的問題其實並非如新創業者對於籌資之訴求，採取無面額股必須重新檢視我國資本原則及背後牽動的股東分派與債權人保護將以何種新型態出現之政策選擇，最明顯的例子是資本公積之分派規定，若全數撥充為資本則對於公司依現行法第241條之資本公積發還管道將消失，可能引發企業之反對，而因為無面額股下股東僅依其所持有比例享受權利，大小股東權益衝突之平衡將顯得更為重要，因此對於大股東壓迫小股東時之相關救濟，也應該有司法介入之空間。

本文認為，現行法第241條溢價發行之金額按股東之比例發還現金之規定，恐違反現行法下第9條之禁止退還股款之規定，亦與公司之資本不變、資本確實原則有違，因此若放寬可採行無面額股，雖然使公司無法再以現行法第241條轉增資，但本文認為亦必須同步調整實收股本以及資本公積之相關規定[9]，以健全公司資本，同時又可以加速公司籌資，創造新創發展之環境。

三、非公開發行公司特別股種類放寬

現行公司法第157條對於非公開發行公司得發行特別股之種

---

[7] 參閱黃銘傑，公司法資本規範再生的救世主—從閉鎖性股份有限公司引進無票面金額股制度談起，月旦法學雜誌，247期，2015年12月，頁68-77。

[8] 參閱曾宛如，低面額股與無面額股對台灣公司資本制度之衝擊與影響，月旦法學雜誌，236期，2015年1月，頁44-47。

[9] 參閱朱德芳，公司法全盤修正管制鬆綁與公開透明應並重—以籌資、分配與資訊揭露為核心，月旦法學雜誌，268期，2017年9月，頁11。

類有多種限制，例如不得發行一轉多之轉換特別股[10]及複數表決權特別股[11]等，而只允許閉鎖性股份有限公司依現行法第356條之7規定就分派股息及紅利順序、定額或定率（第1款），及複數表決權及黃金特別股（第3款）以及可以被選舉為董事、監察人權利之事項（第4款），其目的是希望可以達到保護新創事業發起人經營權之功能。

新公司法第157條第1、3項本於管制鬆綁之精神，允許非公開發行公司可以發行複數表決權、黃金、當選一定名額董事之特別股，惟需特別注意的是新法第356條之7第1項第4款為當選一定名額董事、監察人權利之特別股；惟新公司法第157條第1項5款非公開發行公司僅得當選一定名額董事之特別股，兩者仍有些微之不同。

四、非公開發行公司之股東得簽訂表決權拘束及表決權信託契約

我國歷來實務見解對於表決權拘束契約採取否定之見解，其理由認為[12]會使公司法第198條累積投票之比例代表制形同虛設，而違反公序良俗應解為無效。近期台新、彰銀經營權爭奪之實務[13]見解亦有認為不能一概否定股東表決權協議，因其實質意義與委託書徵求相當且若其目的在於公股合併，本無違反公序良俗而言，而採取肯定見解。

多數學說基於尊重私人自由經營企業之利益、契約自由原則

---

[10] 參閱經濟部經90商字第09002095540號函釋。

[11] 參閱經濟部72.3.23商11159號函釋。

[12] 參閱最高法院71年度台上字4500號判決、最高法院96年度134號判決意旨。

[13] 參閱台灣台北地方法院103年金字第104號民事判決、最高法院105重上字621民事判決意旨。

下，若為了公司利益且未詐害之情形[14]，且是否實質上有違反公序良俗之情形，倘無其他更強烈之理由禁止，在開放公司自治之前提下也應該承認之[15]。且就小股東利益觀之，小股東間亦可以利用表決權拘束契約對抗大股東以爭奪經營權[16]。

新法第175條之1參酌第356條之9閉鎖性公司之規定，於第1、3項規定允許非公開發行公司之股東間得以書面約定共同行使股東表決權之方式，亦得成立股東表決權信託，由受託人依書面信託契約之約定行使股東表決權，使得公司少數股東可以匯聚具有相同理念之股東共同行使表決權。

針對新法承認非公開發行公司股東間之表決權拘束契約，基於私法自治原則，是值肯認，然而本文認為表決權拘束契約並非毫無限制[17]，若控制股東有無濫用其優勢地位不法壓迫少數股東，而違反其忠實義務（Fiduciary Duty），則該表決權拘束契約仍應解為絕對無效。再者，在我國公司法第202條明確採取董事會優位主義下（Director Primacy），股東間表決權拘束契約若限制董事會之經營決策，屬於剝奪董事不可犧牲之權利，該契約亦會被認為無效[18]。

---

[14] 參閱劉連煜，同前註6，頁196-197。

[15] 參閱曾宛如，股東與股東會—公司法未來修正之芻議，月旦法學雜誌，95期，2003年4月，頁120。

[16] 參閱郭大維，論股東表決權拘束契約之效力—評最高法院96年度台上字134號民事判決，月旦裁判時報，10期，2011年8月，頁57-58。

[17] 參閱郭大維，表決權拘束契約之認定與效力—評台灣高等法院105年度重上字第621號民事判決，月旦法學雜誌，273期，2018年2月，頁139。

[18] 參閱莊永丞，台灣高等法院105年度重上字第621號民事判決之評釋，月旦裁判時報，66期，2017年12月，頁63-66。

肆、國際化洗錢防制潮流

一、刪除無記名股票

　　現行公司法第166條規定公司得以章定發行無記名股票，無記名股票雖然有容易轉讓之優點，但無記名股票亦有難以察知股東為何人之缺失，且實務運作上無記名股票極為少見，因此為因應國際反洗錢潮流，本次修正新法刪除無記名股票之相關規定，刪除了包括第137條招股章程應記載事項、第169條第4項、第175條、第176條中等等相關無記名股票之規定。而新法修正前已發行之無記名股票依新法第447條之1第2項規定於行使股東權時，變更為記名式股票，逐步減少無記名股票之流通。

二、內部人持股申報義務

　　基於樂陞案反映出我國人頭公司濫用的後續效應及為了因應2018年亞太防制洗錢組織第三輪之相互評鑑，參照防制洗錢金融行動工作組織（FATF）之建議原本於修正草案第22條之1規定引進實質受益人相關規定並有相關申報及更新義務，然而反對聲浪認為要求申報實質受益人將會對現行16萬家非公開發行公司造成沈重之申報義務及遵法成本，也使本條文之新增受到阻礙與挑戰。

　　新公司法於第22條之1第1項將實質受益人之字眼刪除，規定公司應每年定期將董事、監察人、經理人及持有已發行股份總數或資本總額超過百分之十之股東之姓名或名稱、國籍、出生年月日或設立登記之年月日、身分證明文件號碼、持股數或出資額及其他中央主管機關指定之事項，以電子方式申報至中央主管機關建置或指定之資訊平台；其有變動者，並應於變動後十五日內

爲之。但符合一定條件之公司，不適用之。

新法規定之申報主體爲公司內部人及持有10%股份之人，但國際規範的定義[19]除了就持有部分比例股份數（例如25%）外，均都還有就**持有表決權數、實際上對於公司有重大影響或控制之人**，一併列入實質受益人之範圍。新公司法第22條之1第1項雖然爲嚴格形式認定，將持股／資本額從國際規範之25%調降至10%，但漏未規定以表決權爲計算基礎外，更重要的是完全缺乏有關實質認定之規範。修正理由中雖然表明係參照證交法第25條規定，但對於該條有關實質認定之規範，包括**準用證交法第22條之2第3項**的配偶、未成年子女、與利用他人名義持有者，似乎均未包含在新法內[20]，會使得實際持有10%以上股權之股東容易透過法人持股分散持有股權，而規避可能被申報之情形，若完全不做相關規定，將會有許多有心人士透過境外公司之設計，使法人透明化之制度目的無法達成[21]。除此之外，違反義務之究責主體依同條第4項只限於公司負責人，於我國公司實務中股權結構較爲複雜之公司，尤其是有法人股東之公司來說，要辨識實質受益人就會有一定之難度，故應參酌外國法[22]，當今天公司有合理理由相信某人爲實質受益人，則應踐行**確認程序發函詢問**，若該自然人回覆不實或不爲回覆則也有責任，而透過擴大課責主體，達到實質受益人資訊完整之目的。

---

[19] 各國之立法介紹可參閱朱德芳、陳彥良，公司之透明、信賴與問責—以實質受益人規範爲核心，中正財經法學，16期，2018年1月，頁70。

[20] 參閱何嘉容，誰是實質受益人？公司法修法與洗錢防制，會計研究月刊，391期，2018年6月，頁90-91。

[21] 參閱曾宛如、林國全、方嘉麟、朱德芳等人，公司法全盤修正重要議題—探討資訊揭露與法人犯罪防制、經營權爭奪及董事會功能，月旦法學雜誌，276期，2018年5月，頁240-241。

[22] 參閱陳彥良、朱德芳，提升公司透明度及建置反洗錢措施—公司法部分條文修正草案評析，月旦法學雜誌，275期，2018年4月，頁50。

　　本文認為，本次對於公司內部人持股申報之制度，仍有許多便於申報義務人規避義務之漏洞，且與國際間反洗錢潮流下之實質受益人規定相去甚遠，將無法達成法人透明度此一公司治理層面的需求。

伍、公司治理之強化

一、設立或其他事項登記不實主管機關之廢止權利

　　現行公司法第9條第4項規定公司之設立或其他登記事項有偽造、變造文書，經裁判確定後，由檢察機關通知中央主管機關撤銷或廢止其登記。新法將第4條之犯罪主體範圍擴及至**刑法偽造文書印文罪章之罪**，以資明確，而只要經裁判確定後，中央主管機關可不經檢察機關通知，就可撤銷或廢止違法公司的登記，刪除檢察機關通知的文字，並新增利害關係人也可申請撤銷之相關規定。

　　本條的修正與太流（SOGO）公司違法增資登記案件息息相關，惟新法並無溯及適用之條款，但對於太流公司違反登記之**繼續存在事實，有無不真正溯及既往**[23]之可能，也與信賴保護原則有所關連，未來值得**繼續觀察**[24]。再者本規定雖可提高文書真實性，但因民刑案件性質不同，強將行政登記、民事判決與刑事判決一爐共治，對於爭端解決可能會更趨複雜。

---

[23]　參閱李建良，法律的溯及既往與信賴保護原則，台灣法學雜誌，24期，2001年7月，頁81-86。

[24]　參閱上報，SOGO條款不溯及適用提案立委廖國棟：違法事項能繼續存在嗎？https://www.upmedia.mg/news_info.php?SerialNo=44078，最後瀏覽日2018/7/25。

二、公司負責人之範圍之擴張

　　新公司法第8條第2項就職務負責人之部分增訂了臨時管理人，為經濟部見解[25]之明文，因為臨時管理人依公司法係在代行董事長及董事會職務，因此在其職務範圍內亦應為負有忠實義務之公司負責人。而為了強化公司治理及保障股東權益，同條第3項就實質董事之部分亦刪除公開發行公司，而擴及於所有公司皆可適用，亦為實務[26]及學說見解所支持之明文。

三、少數股東所提議案董事不列入之處罰

　　新公司法第172條之1第4項將用語改為除有下列情事之一者外，股東所提議案，董事會應列為議案，並且就同條第7項就違反不列入議案之公開發行公司課與更重之罰則，然而本次修正並未一併將過去第4項第1款「該議案非股東會所得決議者」之爭議解決，如同學者所言，此一提案範圍之認定涉及董事會與股東會權限劃分之核心概念[27]，而對於董事會「應」予列入議案之射程，也影響公司遵法之成本是否因此而大幅提升[28]，此次修正未予以釐清誠屬可惜。再者，本次雖然針對公開發行公司之負責人加重罰則，但對於此類大型公司仍然欠缺嚇阻效果，應參考外國法引入民刑事責任或董事失格規定，才足以有效遏阻違反該規定之董事。

---

[25] 參閱經濟部經商字第09300195140號函釋。

[26] 參閱最高法院103年度台上736號民事判決意旨。

[27] 參閱曾宛如，股東會與公司治理，國立台灣大學法學論叢，39卷3期，2010年9月，頁144-145。

[28] 參閱方嘉麟、曾宛如，強化公司治理，月旦法學雜誌，275期，2018年4月，頁26。

四、刪除董事候選人提名制度召集權人之審查權限

新法第192條之1除了於第1項放寬允許非公開發行公司亦得採用董事候選人提名制度外，本次修法也於第4、5項凡股東持股條件滿足，也敘明董事姓名及學經歷即當然列入候選人名單而刪除了召集權人之實質審查權限，實務上公司派董事藉由審查候選人資料，以資料不全排除外部股東提名的候選人之亂象終有紓解之管道。然而本次修法刪除了董事會審查義務與權限，本文認為可能會無形中混淆了董事會之定位與功能，董事基於其對於公司之忠實義務，本應該有其商業經營之判斷權限，如今完全剝奪董事會之權限與我國法下董事會優位主義背道而馳[29]而嚴重弱化董事會功能，應該考量之修法方向應該是如何使其負起義務及相關究責程序以及全面思考如何能夠落實候選人提名選賢與能之制度目的。

陸、股東權益之保障

一、繼續三個月以上持有過半股份之股東可自行招開股東臨時會

本次新公司法修正新增之第173條之1第1項規定繼續三個月以上持有已發行股份總數過半數股份之股東，得自行召集股東臨時會。其修正理由為：當股東持有公司已發行股份總數過半數股份時，其對公司之經營及股東會已有關鍵性之影響，倘其持股又達一定期間，賦予其有自行召集股東臨時會之權利，應屬合理。

---

[29] 參閱曾宛如，論董事候選人提名制，月旦法學雜誌，180期，2017年10月，頁46-47。

　　針對本條有學者認為賦予持有過半股份之股東具有股東會自行召集權，雖然立意良善，但若未有審查機制及相關配套，可能會導致實務上股東任意召集股東會而影響公司之正常運作，且與現行證券交易法第43條之5第4項公開收購取得過半股份者得請求董事會召集東臨時會之規定有所扞格[30]。

　　本文認為，股東已經持股超過半數已足以對公司之經營及股東會有關鍵性之影響，若仍必須向董事會請求或須經主管機關許可，反而會阻礙市場派股東之市場監督力量，長久以來會使公司經營效率不彰，因此新法之規定殊值肯定。至於新法要求必須持有三個月以上，與現行證券交易法公開收購法制有所牴觸，公開發行公司須優先適用何一程序之疑義，目前雖然主管機關已決定將刪除證券交易法第43條之5第4項持股過半之公開收購人及其關係人得請求董事會召集股東會之規定[31]，請求召開股東臨時會之人將不再限於公開收購人及其關係人，從而將使得有心人士可透過短期集結資金之方式輕易撤換原經營者及董事，若無相關之配套措施，恐會輕易的影響經營權安定以及背後資金來源難以查核之問題，對我國上市櫃公司的管制可能將造成另一方面的隱憂[32]。

二、董事會召集權壟斷之防免（公司法第203條之1）

　　市場派股東依法召開股東會而成功獲得董事席次時，對於董

---

[30] 參閱王志誠，論股東之股東會召集權：以「公司法部分條文修正草案」第173條之1為中心，萬國法律，217期，2018年2月，頁86-88。

[31] 參閱金管證發字第1070328421號公告，預告修正「證券交易法」第26條之1、第38條之1、第43條之5草案，http://law.fsc.gov.tw/law/DraftOpinion.aspx?id=7312，最後瀏覽日2018/8/7。

[32] 參閱劉尚志，反對逕刪證交法，http://talk.ltn.com.tw/article/paper/1222241，最後瀏覽日2018/8/7。

事會之召集權限，依原公司法改選後之第一次董事會若公司派拒絕召開，股東可依公司法第203條第5項規定，在得選票代表選舉權最多之董事，未在限期內召集董事會時，得由五分之一以上當選之董事報經主管機關許可，自行召集之。然在過去若是第一次董事會以外之情形，公司派董事長似乎可直接拒絕召開[33]，此時並無其他方式處理，將使得經營權停擺，2017年著名的台紙案即為示例。新法於第203條第4項，將未於十五日內召集第一次董事會情形下的自行召集權限制，提高為半數但省去了取得主管機關同意之程序。

　　至於在第一次以外之董事會，新法於第203條之1細緻化規定過半數之董事得以書面記明提議事項及理由，請求董事長召集董事會，而於提出後十五日內，董事長不為召開時，過半數之董事得自行召集。本條雖未規定過半數董事自行召集董事，應如何選出會議主席，惟實務運作上[34]，企業似可比照第182條之1規定由過半董事互推產生主席，不適用第208條第3項由董事長擔任會議主席之規定，來避免實務上發生董事長不作為之情事，不僅致公司之運作僵局，更嚴重損及公司治理。針對此一細緻化條件，學者認為現行法對於董事長必須經董事會特別決議，若假設過半董事召集董事會，卻又無法順利改選董事長，該董事長又如何能在過半董事反對下順利為公司經營？為本條規定最大之問題[35]。

　　本文認為，本條之增訂雖然解決了公開發行公司經營權爭奪下公司治理問題，可資贊同，但公司法第203條之1對於參與但非以主導經營為目的之行動股東而言，較無實質幫助，蓋此類股

---

[33]　參閱柯芳枝，公司法論（下），2005年3月，頁306。

[34]　參閱濟部商業司，新修正公司法問答集—完整版，第203條之1。

[35]　參閱方嘉麟、曾宛如，強化公司治理，月旦法學雜誌，275期，2018年4月，頁22-23。

東並無獲得過半董事席次而無法適用此規定，其仍有可能受到公司派董事之牽制[36]，且本次修法主要著重於市場派股東實體權利面向之保護，但對於如何於程序上落實，例如法院在具體假處分案件中應如何審查，仍有待實然面上之運作發展。

三、不得以臨時動議提出之事項之增訂

新公司法第172條第5項就股東會不得臨時動議之議案增加了減資（§168）、申請停止公開發行（§156-2）、董事競業許可（§209）、盈餘轉增資（§240）、公積轉增資（§241）之事項，並且規定應在召集事由中列舉並說明其主要內容，將過去學者不斷呼籲之保障股東權益之見解[37]予以明文化，在保障股東資訊權之落實上，殊值肯定。

四、股東代位訴訟之改良

新公司法於第214條將原先股東必須繼續一年以上，持有已發行股份總數百分之三以上之要件放寬為持有六個月及百分之一之股份，且為了更利於股東，降低裁判費的沈重負擔，參酌民事訴訟法第77條之22，裁判費超過新台幣六十萬元部分暫免徵收，似乎可以增加股東為公司提起訴訟之誘因。

部分實務界人士擔憂未來等於股東拿60萬就能「告董事告到飽」，只要涉及利益超過60萬元股東可能就會走上法律途

---

[36] 參閱楊岳平，評析公司法修正對股東行動主義的影響，月旦裁判時報，76期，2018年10月，頁68。

[37] 參閱陳彥良，公司組織種類與股東會議程資訊之揭露—評最高法院98年渡台上字第923號民事判決，月旦裁判時報，3期，2010年6月，頁69-75；張心悌，以臨時動議提出終止合併案之適法性，月旦法學教室，145期，2014年11月，頁22-23。

徑，會有訴訟資源被濫用之風險[38]，但本文認為現行法同條第2項得命起訴股東供擔保並於敗訴時需負擔賠償公司損害之規定，相對上對代位訴訟者而言，仍屬予相當大之負擔，某程度亦可遏阻股東濫訴情形之發生。

五、聲請檢查人資格之放寬

本次公司法修正將聲請檢查人之資格由持有1年以上、3%之股東，放寬為繼續持有6個月、1%之股東，而擴大檢查之客體及於公司內部特定文件，但為免少數股東濫用權利，因此亦增訂了要求股東檢附理由、說明必要性之配套措施。

然而若少數股東藉由形式上檢查權來探之公司資訊，而藉此獲得公司機密，對於公司派是相當不利的，因此法院將來如何在兼顧股東權益及營業秘密下做出適當的裁定，則是相當困難及重要之問題。

柒、本次修法遺珠之憾

一、未建置E化平台

目前經濟部依現行公司法第387、388條對於公司登記事項採取人工事前審查，當法令管制鬆綁幅度越高，公司具有高度彈性及設計多元之局面時，人工審查之難度將大幅提升[39]，除了增加行政機關作業成本外，我國現行公司登記實務尚以紙本，令一

---

[38] 參閱工商時報，公司法修正仍有二大隱憂，https://www.pwc.tw/zh/news/media/media-20180803.html，最後瀏覽日2018/8/7。

[39] 參閱ETtoday新聞雲，公司法翻修政大教授方嘉麟：應建立E化平台，https://www.ettoday.net/news/20180419/1153455.htm，最後瀏覽日2018/7/28。

般人誤認登記主管機關於收受紙本文件後，理當負有義務審查、確認其真實、正確性。

雖然新公司法第387條第2項允許電子方式為之，似乎是將實務慣例明文，但實際利用情形其實並不理想[40]，理由不僅在於公司法第7條有關驗資之規定，亦在於登記前後銀行開戶、稅籍資料、營業登記等事宜，仍須分別辦理之，欠缺一站完成或單一窗口之便利措施，減低一般社會大眾利用電子化設立之誘因。

本文認為在資訊時代下，政府應建立E化平台，將現行事前人工形式審查，改為事前電腦審查，除了能大幅降低主管機關之人事成本，公司設立後若有變更亦能即時更新，除了能夠確保公司登記資訊之最新及完整性，也可使公司對於平台內資訊之真實性與時效性負最終責任[41]。

二、未刪除法人代表人制度

現行公司法第27條第1項及第2項實務上普遍認為前者為法人自己當選董事監察人，因此委任關係存在於法人股東與公司間；惟後者係法人股東之代表人以自然人名義當選為董事監察人，委任關係存在於自然人董事及公司間[42]，但若再加上同條第3項法人股東可以隨時改派其代表人，吾人可以合理相信自然人代表仍然必須受制於法人股東之指示，但卻是由該自然人對公司負有忠實義務，明顯會產生權責不符之情形[43]，對公司治理有極

---

[40] 參閱公司法全盤修正修法委員會修法建議，頁4-6，http://www.scocar.org.tw/pdf/section3.pdf，最後瀏覽日2018/7/28。

[41] 參閱洪秀芬，運用科技降低遵法成本，月旦法學雜誌，275期，2018年4月，頁42。

[42] 參閱最高法院101年度台上字1696號民事判決。

[43] 參閱陳彥良，公司法第27條之相關責任問題，月旦法學教室，188期，2018年6月，頁22；黃銘傑，揮別天龍國時代的法人董監委任關係之解釋—評最高法院

大之侵害，本次修正未一併刪除以解決實務長期以來之亂象，實屬可惜。

三、未增訂董事查閱權

修正草案於第193條之1增訂關於董事資訊權之規定，公司之董事為執行業務，得隨時查閱、抄錄或複製公司業務、財務狀況及簿冊文件，公司不得規避、妨礙或拒絕，拒絕之公司則有相關之行政罰責任。但於立法院審議時並未通過本條，其不予增訂之理由，不外乎是害怕一般董事洩密，然而在我國董事提名投票制度下，本即較易出現市場派董事，不允許其查閱公司相關帳冊但須對經營成敗負最終責任，亦會產生權責不符之問題且如公司動輒以異常理由拒絕查閱，公司治理品質恐難提升。

其次，在未增訂董事資訊權之前提下，非獨立董事之一般董事在無法透過證券交易法第14條之4第3項規定準用公司法第218條監察人之規定下，似乎僅能透過經濟部函釋見解[44]基於對公司內部監察權而依公司法第210條規定賦予董事查閱帳冊之權利，然而此一見解似乎是將執行業務機關之董事與監察人之角色混為一談，與現代公司分權模式並不吻合[45]，往後還是必須透過修法解決。

四、未將董事失格規定入法

現行公司法針對不適任董事的淘汰機制只有董事消極、股東會解任與裁判解任等途徑，股東會解任通常發生於兩派董事相

101年度台上字第700號判決，月旦法學雜誌，215期，2013年4月，頁157-161。

[44] 參閱經濟部97年6月6日經商字第09702069420號函釋。

[45] 參閱王文宇，董事之資訊請求權，月旦法學教室，86期，2009年12月，頁19。

爭之情形；而公司法第30條之消極要件若屬犯罪亦均須判決確定之嚴苛要件[46]，即便股東依公司法第200條或投資人保護中心依投保法第10條之1規定成功裁判解任該等不適任董事，該董事仍可藉由公司法第27條第3項規定立即回歸，或是透過董事補選或改選再次回鍋，使裁判解任所花費之勞力時間費用瞬間煙消雲散，使解任制度因此被架空，因此本文認為我國如要徹底解決董事解任之問題，除了目前之消極資格的當然解任外，並應引進失格制度予以搭配，以淘汰及根絕不適任董事。

五、特別公司債定性仍未予以明確

在過去公司法中關於公司債之私募程序，並未區分普通公司債及特別公司債，僅於第248條第2項規定「公司債」私募之相關程序，尤其在牽涉股東權益之特別公司債，解釋上更有爭議[47]。本件修正將公司法第248條第2項修正為普通公司債、轉換公司債或附認股權公司債之私募，並解除非公開發行公司私募公司債總額之限制，另外新增第248條之1要求公司於私募特別公司債前應經第246條董事會之決議，並經股東會決議，確立了普通公司債與特別公司債私募所應踐行之不同程序。

特別公司債之定性，有公司債及有價證券二說之爭論，傳統見解認為依體系解釋，特別公司債規定於公司法第248條第1項，置於公司債之章節為立法者有意之安排，故應為公司債性質，私募程序依公司法第248條之1規定由董事會及股東會決議行之；惟本文認為若僅透過體系解釋似乎過於狹隘，而應為股權性質有價證券，理由有以下幾點：若自我國證券交易法第43條

---

[46] 參閱曾宛如，公司治理法制之改造，月旦法學雜誌，268期，2017年9月，頁22-23。

[47] 參閱劉連煜，現代公司法，增訂13版，自版，2018年9月，頁646-647。

之6條文觀之僅於第3項列「普通公司債」顯然係因為普通公司債與特別公司債性質不同而區別，且證券交易法施行細則第11條亦將特別公司債列為具有股權性質之有價證券；而若從公司法角度觀之，公司法第248條第7項規定發行特別公司債可認購或可轉換股數已超過章程所定數額時，應先完成變更章程程序，若僅為普通公司債之性質，何以有變更章訂資本額之必要？

再者，針對私募程序應由何機關做成決議之問題，公司利用股票、公司債等進行籌資行為，其中私募為公司募集資金之重要管道之一，有論者認為從公司法第266條及第267條角度觀之，認為發行新股行為會造成原有股東股權稀釋，而因證券交易法第43條之6私募規定排除了公司法第267條第3項之適用，無保護原有股東權益之機制，因此須由公司法第248條之1明定經董事會及股東會決議始可進行特別公司債之私募。惟亦有論者認為雖然自股東權益保護之觀點，上市櫃公司之股東亦有保護之必要，但若凡事涉及股東權益者均要求股東會決議，豈非公司法整部均需修法？除了與公司經營所有分離之目的漸行漸遠，所帶來交易成本之巨增，亦非公司法創造股東財富最大化之本旨。

特別公司債之定性應為具有股權性質之有價證券（Equity），因此在承認特別公司債私募之前提下，所應踐行之程序應為發行新股之私募程序，需依新法第248條之1的需經股東會同意之私募特別公司債程序，本文認為可能反會增加公司成本，甚至加深公司法與證券交易法間之混亂，本次修法未一併釐清誠屬可惜。

六、未引入公司秘書／公司治理人員

修正草案第215條之1規定公司得依章程規定，置公司治理人員，協助董事、監察人忠實執行業務及盡善良管理人之注意義務。公司秘書之基本功能須負責公司登記、必須保管公司薄冊文

件、負責股東會、董事會召開所有流程，在大型公開公司中公司
秘書更負有協助董事遵法之義務與責任。我國企業長期以來各種
光怪陸離之現象，例如董事會或股東會議事規範內容不全、公司
經營者或市場派藉由股東會或董事會之操縱作為經營權爭奪之方
式等，皆因公司欠缺協助並提醒法遵之重要角色[48]，因此對於公
司秘書之引進不僅有強化公司治理，更能夠保護投資大眾。

雖然新公司法未新增公司治理人員，但金管會於今年度推
出之新版公司治理藍圖中[49]，會分階段要求企業設置公司治理人
員，第一階段於明年（108）起強制要求「金融業」及「實收資
本額100億元以上」的上市櫃公司，設置公司治理人員，第二階
段從110年起，要求「公開發行綜合證券商、上市櫃期貨商及實
收資本額20億元以上」上市櫃公司設置公司治理人員，希望提
供董事及獨立董事行使職務所需相關資訊及其他必要之協助，提
升董事會效能。

捌、結論

以已故諾貝爾學經濟學獎得主James M. Buchanan為首的維
吉尼亞學派所倡導的公共選擇理論認為，人類社會是由經濟市
場、政治市場所組成，前者的活動主體是消費者和廠商，後者活
動主體是選民、利益集團和政治家、官員。在經濟市場上，人們
通過貨幣選票來選擇能給他帶來最大滿足的私人物品；在政治市
場上，人們通過民主選票來選擇能給其帶來最大利益的政治家、

---

[48] 參閱方嘉麟、曾宛如，同前註28，頁27。

[49] 參閱金管會新聞稿，金管會正式啟動「新版公司治理藍圖（2018～2020）」，
https://www.fsc.gov.tw/ch/home.jsp?id=96&parentpath=0,2&mcustomize=news_view.
jsp&dataserno=201804240003&aplistdn=ou=news,ou=multisite,ou=chinese,ou=ap_
root,o=fsc,c=tw&dtable=News，最後瀏覽日2018/7/31。

政策法案和法律制度，因此無論是在經濟市場或政治市場人都是自利的，並無二分[50]。公共選擇論者認為法規的制定，並非著重於分配之正義觀，而其實是各種利益團體遊說下之產物[51]，這也是為何某一政治決策，最後會引致違背公眾意向的抗多數決結果。

　　本次我國新修正之公司法，雖然大大舉著管制鬆綁、大小公司分流、因應國際潮流及洗錢防制之大旗，看似有要秉持著「不該管的不要管，但該管的應落實」的修正精神來建構出一套公開透明、兼顧公司治理的法制，但遇上某些爭議條文例如法人董事、實質受益人、委託書表決權限制等，主管機關及國會卻又以所涉利益團體太多或是影響層面過大為由退縮而未通過修正[52]，甚至出現新法第22條之1這種把實質受益人字眼刪除之鋸箭療傷式規定，使人不禁懷疑主管機關及國會是否已被利益團體所「綁架」？

　　其次，在現今國際社會下，各國公司法制的健全及友善程度，是影響企業選擇設立登記地之重要因素之一，也影響著各國資本的流向，企業會透過選擇遷徙到最有吸引力的國家，通常是賦稅誘因、良好之公司治理結構或是對於企業管制最優之國家。因此各國就創造適於企業經營之法制環境上，會有法規競爭（Regulatory Competition）情形之發生，從而各國之良性規範競爭可促使法規之向上提升（Race to the Top），為了使公司在全球市場上取得有利地位避免被逐出市場或遭他公司併購，公司會本於其股東最大利益來選擇最有利之註冊地，因此各國法制會朝向追求股東利益最大化及保障股東權益之目標發展。然而另一

---

[50]　*See* James M. Buchanan, *The Calculus of Consent* 209-12 (1962).

[51]　See Stephen M. Bainbridge, Corporation law and economics 22-23 (2002).

[52]　參閱新頭殼新聞，立委砲轟經濟部！公司法「帝王條款」為SOGO解套？https://newtalk.tw/news/view/2018-06-28/129326，最後瀏覽日2018/8/1。

觀點認為法規競爭的過程中會形成向下沉淪之逐底競爭（Race to the Bottom），各國為了吸引廠商或企業進駐反而會制訂迎合經營者需求之法規，減緩法規對其公司或經營者之限制，藉此吸引企業之青睞[53]。

　　然而向下沉淪之惡性競爭其主要是針對經營者之需求作為規範生產者之立法方針，而不顧及股東利益之後果，可能會造成公司經營階層與股東間產生代理成本而使得公司經營效率不彰，因此就法規競爭之結果應該是強化股東權益之向上提升，制定更周全之公司治理規範，以落實股東財富最大化之公司治理目的。

　　就本次修法而言，雖然已大幅度的對於小公司放寬管制，並增加股東權益保障機制以落實股東行動主義之精神，但最令人擔憂的莫過於前述所列舉諸多重大遺珠之憾。即便民間修法委員會不斷的大聲疾呼，立法者仍就不為所動，與法規競爭論者所倡導之向上提升（Race to the Top）有所違背，長此以往不但會加深公司內部之代理成本，亦無法使此次修法對我國經濟發展帶來預期中的影響，雖說美其名為17年來變動幅度最大之修正，但在所涉既得利益者過多之折衝下，無法一步到位，使得本次修法功虧一簣，誠屬可惜。

---

[53] 參閱邵慶平，規範競爭理論與公司證券法制的建構：兼對台灣法制的可能啟示，國立台大法學論叢，38卷1期，2009年3月，頁20-22。

2

上市櫃公司董監事之持股轉讓

萬國法律事務所助理合夥律師　陳幼宜

壹、前言

案 例

　　某上市公司A董事持有公司百分之十以上之股份，欲轉讓其全部或部分持股予第三人，是否有任何法律上限制或應注意之事項？

　　關於上市櫃公司董事及監察人之持股轉讓，僅得依證券交易法規定之特定方式為之，並非得以任意方式轉讓，且董事及監察人負有向公司申報其持股變動之義務。此外，若上市櫃公司之董事及監察人本身即持有公司多數股數，則其轉讓即可能影響董監持股成數之最低法定要求，並可能導致發生當然解職之情形。

　　以下謹就公司法及證券交易法有關上市櫃公司董事及監察人持股轉讓之主要規定，簡要說明如下：

貳、轉讓限制

一、轉讓方式之限制

　　上市櫃公司董事及監察人持股之轉讓，依證券交易法第22條之2規定，得向非特定人為之、在集中交易市場或證券商營業處所為之，或向特定人為之：

（一）向非特定人為之

　　證券交易法第22條之2第1項第1款規定，公開發行股票公司之董事、監察人、經理人或持有公司股份超過股份總額百分之十之股東（以下合稱「公司內部人」），其股票之轉讓，得經主管

機關核准或自申報主管機關生效日後，向非特定人爲之。

　　依金融監督管理委員會（以下稱「金管會」）之函釋[1]，公司內部人依證券交易法第22條之2第1項第1款規定之方式轉讓其持股者，應準用「發行人募集與發行有價證券處理準則」第五章有關公開招募之規定[2]，於報經金管會核准或向金管會申報生效後爲之；依金管會「發行人募集與發行海外有價證券處理準則」申請以所持有股份供發行海外存託憑證者，應於經金管會核准發行海外存託憑證後，始得爲之。

（二）在集中交易市場或證券商營業處所爲之

　　此外，依證券交易法第22條之2第1項第2款規定，公司內部人得依主管機關所定持有期間及每一交易日得轉讓數量比例，於向主管機關申報之日起3日後，在集中交易市場或證券商營業處所轉讓其持股。但若每一交易日轉讓股數未超過一萬股者，則免予申報。

1. 持有期間

　　所謂「持有期間」，係指公司內部人自取得其身分之日起六個月之期間，故公司內部人得於前揭六個月期間屆滿後轉讓持股。公司內部人之配偶、未成年子女、利用他人名義持有者及法人代表人（含代表人之配偶、未成年子女及利用他人名義持有者）亦適用前開六個月持有期限之限制[3]。

　　至於「利用他人名義持有者」，依據證券交易法施行細則第2條規定，則係指具備下列要件者：（1）直接或間接提供股票與他人或提供資金與他人購買股票；（2）對該他人所持有之股

---

[1]　金融監督管理委員會民國104年3月16日金管證交字第1040006799號令。
[2]　請參見發行人募集與發行有價證券處理準則第61條至第65條規定。
[3]　同註1。

票，具有管理、使用或處分之權益；及（3）該他人所持有股票之利益或損失全部或一部歸屬於本人。

另公司內部人身分若有變更，但持續具有公司內部人身分者，則其「持有期間」無須重新起算，以其最初取得公司內部人身分之日起算。例如，某甲原擔任公司董事一職，經股東會改選後，當選爲監察人，則其「持有期間」之認定時點，應以其最初取得董事身分之日起算[4]。

2. 每一交易日得轉讓數量比例[5]

另關於上市櫃公司之得轉讓股數限制，應依下列二種方式擇一計算爲之：

（1）發行股數在3000萬股以下部分，每一交易日得轉讓數量比例爲千分之二；發行股數超過3000萬股者，就超過部分之每一交易日得轉讓數量比例爲千分之一；或

（2）申報日之前10個營業日，該股票市場平均每日交易量（股數）之百分之五。

但依「台灣證券交易所股份有限公司受託辦理上市證券拍賣辦法」辦理轉讓者、依「台灣證券交易所股份有限公司上市證券標購辦法」及「財團法人中華民國證券櫃檯買賣中心上櫃證券標購辦法」委託證券經紀商參加競賣者，或依「台灣證券交易所股份有限公司盤後定價交易買賣辦法」及「財團法人中華民國證券櫃檯買賣中心盤後定價交易買賣辦法」進行交易者，其轉讓數量則不受上開比例之限制。

此外，公司內部人應於申報日起一個月內出售股票，申報之轉讓期間超過一個月者，應重行申報。

---

[4] 財政部證券暨期貨管理委員會民國92年7月1日台財證三字第0920122273號函釋。

[5] 同註1。

（三）向特定人爲之

公司內部人依證券交易法第22條之2第1項第3款規定，得於向主管機關申報之日起3日內，向符合主管機關所定條件之特定人爲之。

前開所稱「特定人」，原則上限定爲以同一價格受讓之該發行股票公司全體員工，若公司內部人爲華僑或外國人者，其受讓之特定人並包括同樣經依「華僑回國投資條例」或「外國人投資條例」報經經濟部或所授權或委託之機關、機構核准轉讓予其他華僑或外國人[6]。此外，該特定人亦包括依證券交易法第43條之1第2項及第3項規定進行公開收購之「公開收購人」[7]。又特定人依證券交易法第22條之2第2項規定，其受讓之股票欲在一年內轉讓者，仍須依同條第1項規定之方式爲之。

至於違反前揭規定轉讓持股者，依證券交易法第178條規定，得處新台幣24萬元以上240萬元以下罰鍰。

二、當然解任

除轉讓方式之限制外，董事及監察人轉讓持股時，亦應特別注意其轉讓之股份數額，是否超過一定比例而發生當然解任之結果。公司法第197條第1項及第227條規定，董事及監察人經選任後，應向主管機關申報，其選任當時所持有之公司股份數額[8]；公開發行股票之公司董事及監察人在任期中轉讓超過選任當時所

---

[6] 財政部證券暨期貨管理委員會民國89年4月11日（89）台財證（三）字第112118號函釋。

[7] 財政部證券暨期貨管理委員會民國90年11月8日（90）台財證（三）字第163991號函釋。

[8] 「選任當時所持有之公司股份數額」之認定，依經濟部民國91年9月9日經商字第09102195340號函釋，係指「停止過戶股東名簿所記載股份數額」。

持有之公司股份數額二分之一時，其董事或監察人當然解任。

是以，若董事及監察人轉讓超過其選任當時所持有之公司股份數額二分之一者，將當然喪失其董事及監察人之資格，不可不慎。

參、申報義務

一、事前申報

公司內部人轉讓股份負有事前申報義務，例如向非特定人轉讓持股者，須事前向主管機關申請核准或申報；在集中交易市場或證券商營業處所轉讓持股者，應事前向主管機關申報，並於申報之日起3日後，依主管機關所定期間及得轉讓數量轉讓持股；向特定人轉讓持股者，應事前向主管機關申報，並於申報之日起3日內，向符合之特定人轉讓持股。

二、事後申報

另公開發行股票之公司於登記後，依證券交易法第25條規定，應將其公司內部人所持有之公司股票種類及股數，向主管機關申報並公告之。此外，公司內部人及公司均負有定期申報義務。依證券交易法第25條規定，公司內部人應於每月5日以前將上月份持有股數變動之情形，向公司申報，而公司則應於每月15日以前，彙總向主管機關申報。違反前揭申報義務者，主管機關除得處新台幣24萬元以上240萬元以下罰鍰外，並應令其限期辦理；屆期仍不辦理者，主管機關得繼續限期令其辦理，並按次各處新台幣48萬元以上480萬元以下罰鍰，至辦理為止[9]。

---

[9]　請參見證券交易法第178條規定。

肆、董監持股成數最低要求

　　爲增強董監經營信念，健全公司資本結構，證券交易法第26條第1項規定，凡依證券交易法公開募集及發行有價證券之公司，其全體董事及監察人二者所持有記名股票之股份總額，各不得少於公司已發行股份總額一定之成數。據此，上市櫃公司全體之董事及監察人應至少持有公司一定比率之股份[10]。

　　有關董監事持股成數要求，「公開發行公司董事監察人股權成數及查核實施規則」依公司實收資本額，規定全體董事及監察人所持有記名股票之股份總額應符合下列成數：

公司實收資本額（新台幣）	全體董事應持有記名股票之最低成數	全體監察人應持有記名股票之最低成數
三億元以下	百分之十五	百分之一‧五
三億元在十億元以下	百分之十	百分之一
十億元在二十億元以下	百分之七‧五	百分之〇‧七五
二十億元在四十億元以下	百分之五	百分之〇‧五
四十億元在一百億元以下	百分之四	百分之〇‧四
一百億元在五百億元以下	百分之三	百分之〇‧三
五百億元在一千億元以下	百分之二	百分之〇‧二
超過一千億元	百分之一	百分之〇‧一

---

[10] 財政部證券暨期貨管理委員會民國92年3月11日台財證三字第09200000969號令規定，公開發行公司之董事、監察人將其持股交付信託仍保留運用決定權之股份，於依證券交易法第二十六條規定計算全體董事或監察人所持有記名股票之最低持股數時得予以計入持股成數。

　　公開發行公司選任之獨立董事之持股不計入前項總額，又公開發行公司已依法設置審計委員會者，不適用有關監察人持有股數不得少於一定比率之規定。此外，公開發行公司選任獨立董事二人以上者，獨立董事外之全體董事及監察人之持股成數，降低為上開最低成數之百分之八十[11]。除此之外，若上市櫃公司董事或監察人在任期中轉讓股份，致全體董事或監察人持有股份總額低於上開成數時，除獨立董事外，其他全體董事或監察人應補足之。雖然目前董監事持股成數不足，已因證券交易法第178條相關規定刪除，並無處以罰鍰，但董監事持股不足比率之公司仍可能受到不利措施[12]，還請留意。

伍、小結

　　綜上，上市櫃公司董事及監察人轉讓持股，除受有轉讓方式之限制外，其轉讓股數亦受到一定比率之約束，且亦負有定期向公司申報之義務。準此，董事及監察人於轉讓持股時，應特別注意相關規定，以避免受罰。

案　例

　　1. 上市公司A董事轉讓其持股時，由於其為公司董事又為持有公司股份超過股份總額百分之十之股東，故A董事為「公司內部人」。是以，A董事轉讓持股應依證券交易法第22條之2規

---

[11] 請參見公開發行公司董事監察人股權成數及查核實施規則第2條規定。

[12] 例如「發行人募集與發行海外有價證券處理準則」第9條第11款規定，公司全體董事或監察人持股有下列情形之一者：（一）違反證券交易法第二十六條規定，經通知補足持股尚未補足；或（二）加計本次申報發行股份後，未符證券交易法第二十六條規定持股成數；或（三）申報年度及前一年度公司全體董事或監察人未依承諾補足持股者，主管機關得退回其募集與發行海外有價證券。

定為之。此外，A董事應注意其轉讓股數不得超過其選任當時所持有之公司股份數額二分之一，以免當然喪失其董事資格，且應依法於事前及事後定期申報。

2. 至於上市公司部分，除負有向主管機關申報之義務外，並應留意A董事轉讓其持股後，是否將造成公司全體董監事股份總額低於法定成數，若有該情形產生，則應請其他董監事全體補足。

3

公司法第235條之1「員工酬勞」之簡介

萬國法律事務所助理合夥律師　吳銓妮

　　配合員工分紅費用化之國際趨勢以及商業會計法第64條規定，公司法於民國104年5月間，刪除第235條第2項、第3項、第4項及第240條第4項關於員工紅利等規定，並增訂第235條之1規定，改以公司分派員工酬勞獎勵員工。嗣於民國107年8月，再酌予修訂如下：

　　公司應於章程訂明以當年度獲利狀況之定額或比率，分派員工酬勞。但公司尚有累積虧損時，應予彌補（第1項）。

　　公營事業除經該公營事業之主管機關專案核定於章程訂明分派員工酬勞之定額或比率外，不適用前項之規定（第2項）。

　　前二項員工酬勞以股票或現金為之，應由董事會以董事三分之二以上之出席及出席董事過半數同意之決議行之，並報告股東會（第3項）。

　　公司經前項董事會決議以股票之方式發給員工酬勞者，得同次決議以發行新股或收買自己之股份為之（第4項）。

　　章程得訂明依第一項至第三項發給股票或現金之對象，包括符合一定條件之控制或從屬公司員工（第5項）。

　　公司法新增訂第235條之1規定時，主管機關經濟部曾於民國104年6月11日以經商字第10402413890號函，公布章程參考範例，並請各公司至遲於民國105年6月底前依新法完成章程之修正。但公司法第235條之1規定係新增，在實務執行上衍生頗多疑義。為此，經濟部已發布數個函釋俾利該規定之實行[1]，而證券主管機關金融監督管理委員會，亦配合制定有關公開發行公司

---

[1]　經濟部民國104年6月11日經商字第10402413890號函、民國104年10月15日經商字第10402427800號函、民國105年1月4日經商字第10402436190號函、民國105年1月4日經商字第0402436390號函，及民國105年4月15日經商字第10502409260號。

員工酬勞及董監酬勞會計處理及揭露等規定[2]。以下謹基於前述函釋及實務處理遭遇之問題，就公司法上員工酬勞及董監酬勞之分派，作一簡單整理。

壹、經濟部之章程參考範例

　　第X條：公司年度如有獲利，應提撥○○%（或○○元）為員工酬勞。但公司尚有累積虧損時，應預先保留彌補數額。

　　第X+1條：公司年度總決算如有盈餘，應先提繳稅款、彌補累積虧損，次提10%為法定盈餘公積，其餘除派付股息外，如尚有盈餘，再由股東會決議（有限公司為由股東同意）分派股東紅利。

貳、員工酬勞

　　（一）公司法第235條之1第1項規定之「獲利狀況」：

　　1. 係指公司稅前利益扣除分派員工酬勞、董監事酬勞前之利益，以一次分派方式為之；且

　　2. 應以經會計師查核過金額作為計算依據，而非會計師簽證之稅後淨利財務報表為準，但資本額未達新台幣3,000萬元以上之公司，則以董事會決議編造之財務報表為準。

　　（二）倘公司有累積虧損，而章程除依法訂定員工酬勞外，亦訂定董監事酬勞者，於計算員工、董監事酬勞時，應以當年度獲利（即稅前利益扣除分派員工、董監事酬勞前之利益）扣除累積虧損後，再就餘額計算員工及董監事酬勞。

---

[2]　金融監督管理委員會民國105年1月30日金管證審字第1050001900號函。

（三）倘公司未獲利或獲利扣除累積虧損後，無餘額可分派員工及董監事酬勞，則毋須依公司法第235條之1第3項規定召開董事會決議員工及董監事酬勞相關事項。

（四）公司法第235條之1第1項所規定之累積虧損，係指經股東常會承認之累積虧損，不包括營業年度中間所發生之本期虧損，但應計入年度中因會計處理而調整「累積虧損」之數額。例如以民國104年之獲利彌補累積虧損時，係以彌補經股東常會承認之民國103年之累積虧損為原則，並計入民國104年度中因會計處理而調整「累積虧損」之數額。

（五）員工酬勞比率之訂定方式，選擇以固定數（例如2%）、一定區間（例如2%至10%）或下限（例如2%以上、不低於2%）三種方式之一，均屬可行。

（六）員工酬勞分派比率，選擇以一定區間或下限之方式記載於公司章程者，各年度員工酬勞分派比率之決定，應由董事會以董事三分之二以上之出席及出席董事過半數同意之決議行之（此已屬法定最高董事會決議成數，不得以章程訂定更高董事會決議成數）。

（七）員工酬勞以股票（老股或發行新股）或現金為之，應由董事會以董事三分之二以上之出席及出席董事過半數同意之特別決議行之（此已屬法定最高董事會決議成數，不得以章程訂定更高董事會決議成數），並報告股東會。董事會特別決議之內容除發放方式（股票或現金）外，尚應包括數額（總金額）及股數。如以股票發放員工酬勞，其股數之計算：

1. 在非公開發行股票公司：以前一個年度財務報表之淨值作為計算基礎；

2. 在公開發行股票公司：

（1）上市（櫃）公司：依董事會決議日前一日收盤價；

（2）非上市（櫃）之公開發行公司：依董事會決議日前一日收盤價；若無市價，依國際財務報導準則第二號（IFRS 2）

「股份基礎給付」之規定以評價技術等方式評估公允價值。

（八）員工酬勞發放方式以股票或現金為之，係專屬董事會特別決議之事項，不得於章程規定限以現金或股票發放。

（九）員工酬勞係一年分派一次，至於發放給員工時，一次全額發放或分次發放，均屬可行，由公司自行決定。倘公司無編制員工時，可不提列員工酬勞。

（十）倘公司擬於民國105年之股東會，依新增訂之公司法第235條之1規定進行修正章程議案，且擬一併增加章程所定資本額，以發行新股方式發放員工酬勞者，就民國104年度員工酬勞，董事會得於下列情形下，以附條件「倘股東會同意通過修正章程增加資本額者，員工酬勞以發行新股方式為之，否則以現金方式為之」之方式作成決議，則一經股東會同意通過修正章程增加資本額時，公司即可據以執行，毋庸再依公司法第235條之1規定為員工酬勞分派之董事會決議及第266條發行新股之董事會決議：

1. 公司董事會以董事三分之二以上之出席及出席董事過半數之同意作成決議；且

2. 該董事會決議內容並包括員工酬勞發行新股之金額、股數及增資基準日（增資基準日應訂在股東會之後）等發行新股條件者。

前述以附條件方式作成決議之作法，係主管機關為因應修法而同意之特殊措施，在往後之年度，則不適用。

（十一）員工酬勞在董事會特別決議後即可發放，惟倘員工酬勞以發行新股方式為之，且該發行新股涉及須先修正公司章程提高資本額時，因修正公司章程須股東會決議，故員工酬勞應於股東會決議同意修正章程後，再發放之。

（十二）每會計年度終了，董事會依公司法第235條之1規定，就員工及董監事酬勞之分派為決議時，得以經會計師查核過金額作為計算依據，先通過員工及董監事酬勞之分派案，再通過

財務報表案。

（十三）倘公司於民國105年股東會方進行修正章程議案，則民國104年度員工酬勞，依新章程規定辦理。是以民國105年公司召開股東會時，應先討論修正章程議案，再進行民國104年度員工酬勞分派（依新章程）之報告案。

（十四）公司法第235條修正刪除第2、3、4項員工分紅之規定後，公司之盈餘分派表不得再有員工分紅之項目。

（十五）倘公司不依新法修正章程訂定員工酬勞之分派比率或金額，即無章程做為分派員工酬勞之依據，員工將無法獲得酬勞之分派。由於員工酬勞係屬公司之費用，若未依新法修正章程致未分配員工酬勞，公司則無法正確計算其盈餘，在此情形下，公司不得對股東為盈餘之分派。目前公司法並未如該法第232條及第237條規定，就公司違法不分派員工酬勞，對公司負責人課予刑事或行政處罰。

（十六）有限公司不發行股份，故發放員工酬勞時，僅得以現金為之。有限公司員工酬勞分派程序，應依公司法第110條規定之程序辦理。從而有限公司之董事應於每屆會計年度終了，造具表冊分送各股東請其承認時，同時向各股東報告員工酬勞之分派及其金額。

（十七）按公司法第108條第4項準用第46條第1項規定，有限公司員工酬勞分派比率，選擇以一定區間或下限之方式記載於公司章程者，關於各年度員工酬勞分派比率之決定，若公司僅設置董事1人者，由該董事決定；若公司設有董事數人者，應取決於董事過半數之同意。

參、董監事酬勞

（一）修法之後，董監事酬勞應比照員工紅利之作法，盈餘

分派表不得再有董監事酬勞之項目，但公司仍得於章程訂定依獲利狀況之定額或比率分派董監事酬勞，惟董監事酬勞之發放僅能以現金為之。

（二）公司是否發放董監事酬勞係屬章程規範範疇，公司如擬發放董監事酬勞，應於章程中明文規定董監事酬勞發放金額之定額或比率。倘章程未明定董監事酬勞發放金額之定額或比率，即不得發放董監事酬勞，亦不得以股東會決議之方式代替章程發放董監事酬勞。

（三）章程中董監事酬勞比率之訂定方式，限以上限之方式為之。但公司自公司法第235條之1公布施行後至經濟部於民國104年10月15日發布經商字第10402427800號函釋前，就董監事酬勞比率，已以固定數、區間或下限之方式完成修正章程變更登記者，則不在此限。不過，公司之後仍可修正章程，將董監事酬勞比率之訂定方式，改以上限之方式訂定。

（四）當年度董監事酬勞發放比率之決定，應由董事會以董事三分之二以上之出席及出席董事過半數同意之決議行之（此已屬法定最高董事會決議成數，不得以章程訂定更高董事會決議成數）。設有薪酬委員會之上市櫃及興櫃公司，則由薪酬委員會提出建議後送董事會決議。

（五）倘公司於民國105年股東會方進行修正章程議案，並於章程訂定依獲利狀況之定額或比率分派董監事酬勞者，民國104年度董監事酬勞，依新章程規定辦理。

（六）按公司法第108條第4項準用第46條第1項規定，有限公司董事酬勞分派比率，非以定額或固定比率之方式記載於公司章程者，關於有限公司當年度董事酬勞分派比率之決定，若公司僅設置董事1人者，由該董事決定；若公司設有董事數人者，應取決於董事過半數之同意。

肆、小結

　　公司法刪除員工紅利，改以員工酬勞代之，除可解決公司法與商業會計法間之不一致外，亦期待員工酬勞能做爲獎勵勞工之措施之一。惟由於公司法並未就員工酬勞之分派比率或金額規定一基本數，目前實務上多數公司章程所規定之員工酬勞分派比率，均屬偏低，究竟「員工酬勞」乙制實質上能爲勞工帶來多少利益，宜繼續觀察。

4

論股東之股東會召集權——以公司法增訂第173條之1為中心

中正大學法學院教授　王志誠

壹、楔子

　　在現行公司法下，股東會之召集雖以董事會為原則（公司法第171條），但一則為監控公司之經營，公司法明定在具備一定要件下，監察人及少數股東得召集股東會（公司法第220條、第173條第1項、第2項、第4項）；二則為使公司回歸正軌或順利結束，並明定於重整完成或清算完結時，重整人或清算人應召集股東會（公司法第310條、第331條）[1]。其中，公司法第173條第1項明定股東於具備一定要件下，得請求董事會召集股東會，學理上稱為股東之股東會召集請求權，其行使之目的，並非專為股東個人，而在防止公司不當經營之救濟[2]。又公司法第173條第4項尚規定股東於具備一定要件下，得行使股東會自行召集權，學理上稱為股東之股東會自行召集權，主要認為董事會不為召集或不能召集時，應賦予股東得自行召集股東會之權，以強化股東對公司經營之監督。

　　股東依公司法173條第4項規定，行使股東會自行召集權時，應「報經主管機關許可」，藉由主管機關之審查，以確保是否具備「持有已發行股份總數百分之三以上股份之股東資格」及具備「董事因股份轉讓或其他理由，致董事會不為召集或不能召集股東會」之要件具備「董事因股份轉讓或其他理由，致董事會不為召集或不能召集股東會」之要件，避免爭議。

　　依民國107年8月1日修正公布公司法第173條之1規定：「持

---

[1]　參閱王志誠，股東召集股東會之權限及保障，華岡法粹，第55期，2013年10月，頁1。

[2]　參閱最高法院94年度台上字第1821號民事判決：「又公司法第一百七十三條乃股東提案權之特別規定，明定須繼續一年以上持有已發行股份總數百分之三以上股東，得以請求董事會以召集臨時股東會之方式行使提案權，其在本質上為股東權之共益權，其行使之目的，並非專為股東個人，而在防止公司不當經營之救濟。」

有已發行股份總數過半數股份之股東，得自行召集股東臨時會。（第1項）前項股東持股數之計算，以第一百六十五條第二項或第三項停止股票過戶時之持股為準。（第2項）」觀諸其立法理由謂：「一、本條新增。二、當股東持有公司已發行股份總數過半數之股份時，其對公司之經營及股東會已有關鍵性之影響，若其自行召集股東會仍須依第一百七十三條第一項規定，向董事會請求召集股東臨時會，並於請求提出後十五日內，董事會不為召集之通知時，依該條第二項規定報經主管機關許可，或依該條第四項規定報經主管機關許可，並不合理，爰於第一項明定，持有已發行股份總數過半數股份之股東，有逕行召集股東臨時會之權利，不待請求董事會或經主管機關許可。三、持有已發行股份總數過半數股份之股東，得召集股東臨時會，該股東所持有過半數股份，究應以何時為準，宜予明定，爰於第二項明定股東持股數之計算，以第一百六十五條第二項或第三項停止股票過戶時之持股為準，以杜爭議。」問題在於，上開條文賦予持有已發行股份總數過半數股份之股東具有股東會自行召集權，其立意雖佳，但因實務上，股東會召集之實務爭訟案例不勝枚舉，若未設有相關配套機制，未來在實務運作上可能出現重大爭議。

　　本文將分別介紹美國法及日本法對於股東召集股東會之事由及制度設計，建立比較法之基礎。其次，除檢討我國現行股東之股東會自行召集權在實務運作上之問題外，並分析公司法第173條之1規定可能出現之問題，以供公司法修正之參考。最後，提出本文之簡要結論。

貳、美國法下股東召集股東會之事由及制度設計

　　美國各州公司法對於股東召集股東會之規範模式，主要有下列二種。一則規定股東對公司具有股東會召集請求權，得請求公

司召集股東會者；若公司不召集股東會，股東得向法院聲請命令召集股東會（Court-Ordered Meeting）。二則規定具備一定條件（例如持股比例）之股東得自行召集股東會。

一、股東會召集請求權及審查機制

依「模範商業公司法」第7.02條第(a)項第（2）款規定，持有具有表決權股份百分之十以上即可在請求召集特別會議（股東臨時會）（special meeting）之書面上簽名、指定日期、載明召集目的，向公司提出請求召集股東會。公司章程對於持股比例設有較高或較低之限制者，從其所定，但最高不得超過百分之二十五[3]。應注意者，有些州則規定公開發行公司得於章程中限制或否決股東召集股東會之請求[4]；亦有些州則規定公司章程對於持股比例之限制，最高不得超過百分之五十[5]。

法院對於股東聲請命令召集股東會之事件，通常僅從形式上審查股東持股比例之要件，有無載明召集目的及公司是否為依請求召集股東會等事項，確保股東得透過股東會之召集以保障其利益。蓋股東依法聲請法院命令召集股東會，選任董事之權利，應

---

[3]　*See* MBCA §7.02 (a)(2) (2010): if the holders of at least 10 percent of all the votes entitled to be cast on any issue proposed to be considered at the proposed special meeting sign, date, and deliver to the corporation one or more written demands for the meeting describing the purpose or purposes for which it is to be held, provided that the articles of incorporation may fix a lower percentage or a higher percentage not exceeding 25 percent of all the votes entitled to be cast on any issue proposed to be considered. Unless otherwise provided in the articles of incorporation, a written demand for a special meeting may be revoked by a writing to that effect received by the corporation prior to the receipt by the corporation of demands sufficient in number to require the holding of a special meeting.

[4]　*See* Revised Code of Washington (RCW), 23B.07.020 (2010).

[5]　*See* Florida Statutes, 607.0702 (2009).

屬實質絕對（virtually absolute）之權利[6]。股東藉由股東會召集請求權之行使以選任新董事，為實踐公司民主之固有權利[7]，不得恣意剝奪。

二、股東會自行召集權

美國某些州公司法直接賦予股東具有股東臨時會之召集權，但通常會限制股東自行召集股東臨時會之資格。例如有規定應持有已發行有表決權股份百分之十者，公司章程並得對於持股比例設有較高或較低之限制，但最高不得超過百分之五十[8]；亦有規定應持有已發行有表決權股份百分之二十者[9]。

應注意者，德拉瓦州公司法並未明定股東具有股東會召集權。股東能否自行召集股東會及股東之持股比例，均委由章程或附屬章程訂定之。亦即，除董事會外，公司亦得以章程或附屬章程賦予任何人召集股東會之權利，包括股東、高管人員或事實上高管人員（de facto officer）召集股東會，以處理各種事務[10]。實際上，在德拉瓦州註冊之公司，則鮮少於章程或附屬章程中規定持有已發行有表決權股份百分之十或少於百分之十之股東，得

---

[6] *See* Saxon Industries Inc. v. NKFW Partners, 488 A. 2d 1298, 1301 (Del. 1984). Further discussion of Saxon Industries Inc. case, *see* Mark A. Cleaves, *Comment: Stockholder's Rights in a Corporate Democracy under Delaware Corporation Law during Bankruptcy: Saxon Industries, Inc. V. NKFW Partners*, 11 Del. J. Corp. L. 821 (1986).

[7] *See* Anna Y. Chou, *Corporate Governance in Chapter 11: Electing a New Broad*, 65 Am. Bankr. L.J. 559, 569 (1991).

[8] *See* Tex. BCA. Art. 2.24 (c) (2009).

[9] *See* 805 ILCS 5/ (Business Corporation Act), Sec. 7.05 (2009).

[10] *See* Frankin Balotti and Jesse A. Finkelstein, The Delaware Law of Corporations & Business Organizations 7-16 (Aspen Publishers, 3rd ed., 2006 supplement).

自行召集股東會[11]。

參、日本法下股東召集股東會之事由及制度設計

一、股東會召集請求權及審查機制

繼續六個月以上持有已發行有表決權股份百分之三以上之股東，得對於董事、董事長或代表執行人，表明召集股東會之目的事項及理由，請求其召集股東會（日本「会社法」第297條第1項）[12]。在立法政策上將股東之股東會召集請求權定性為少數股東權，其目的在於防止股東權之濫用[13]。應注意者，關於持股比例及持股期間之限制，章程若設有較低規定者，從其所定，而承認公司得透過章程自治以緩和其要件；且若股東對於第1項之目的事項不得行使表決權者，其所持有之表決權數，不算入同項之已發行股份總數（日本「会社法」第297條第3項）。此外，由於非公開公司之股份有限公司，不適用持股期間之限制（日本「会社法」第297條第2項），故公開公司之股東行使股東會召集請求權時，應具備繼續六個月以上持股之要件[14]。

---

[11] *See* Sofie Cools, *The Real Difference in Corporate Law Between the United States and Continental Europe: Distribution of Powers*, 30 Del. J. Corp. L. 697, 732 (2005).

[12] 參閱日本「会社法」第297條第1項規定：「総株主の議決権の百分の咜嚴これを下回る割合を定款で定めた場合にあっては、その割合）以上の議決権を六箇月（これを下回る期間を定款で定めた場合にあっては、その期間）前から引き続き有する株主は、取締役に対し、株主総会の目的である事項（当該株主が議決権を行使することができる事項に限る。）及び招集の理由を示して、株主総会の招集を請求することができる。」

[13] 參閱前田庸，会社法入門，有斐閣，2006年8月，第11版第2刷，頁345。

[14] 參閱江頭憲治郎、門口正人（編集代表），会社法大系第3卷—機關・計算等，青林書院，2008年10月，初版第2刷，頁61。

　　若公司董事於股東依第1項請求後未立即召集股東會，或依第1項請求之日起未寄發八週內之某日為股東會開會日之召集通知者，依第1項請求之股東得經法院之許可，自行召集股東會（日本「会社法」第297條第4項）[15]。

　　法院除應審理聲請召集股東會之股東是否具備持股比例及持股期間之要件外，並應審查股東所聲請之會議目的事項是否為股東會得決議之事項。以董事會設置公司為例，股東會之決議事項僅限於法定事項或章定事項（日本「会社法」第295條第2項），若股東會對於法令或章程規定以外之事項為決議，其決議無效[16]。

　　應注意者，財務報表之承認事項雖為股東會得決議之事項，但不得成為股東聲請召集股東會之會議目的事項。蓋財務報表應由董事、執行人等負責人編製，並經監察人、監察委員或會計監察人查核。若為董事會設置公司，應經董事會承認後，始能提請股東會承認（日本「会社法」第435條至第438條），股東無權自行編製而提請股東會承認，否則即有召集程序或決議方法之瑕疵[17]。

二、股東會自行召集權

　　日本「会社法」並未直接賦予股東之股東會自行召集權。股

---

[15] 參閱日本「会社法」第297條第4項規定：「次に げる場合には、第一項の規定による請求をした株主は、裁判所の許可を得て、株主総会を招集することができる。一、第一項の規定による請求の後遅滞なく招集の手続が行われない場合。二、第一項の規定による請求があった日から八週間（これを下回る期間を定款で定めた場合にあっては、その期間）以内の日を株主総会の日とする株主総会の招集の通知が発せられない場合。」

[16] 參閱江頭憲治郎，株式会社法，有斐閣，2011年12月，第4版，頁295。

[17] 參閱江頭憲治郎、門口正人（編集代表），会社法大系第4卷—組織再編・会社訴訟・会社非訟・解散・清算，青林書院，2008年6月，頁487。

東僅得透過股東會召集請求權之行使，在公司董事不為召集股東會之情況下，聲請法院許可自行召集，以達到監督公司經營之目的[18]。

肆、我國公司法第173條第4項之適用爭議

依公司法第173條第4項規定之文義，股東行使股東會自行召集權時，必須具備下列三項要件：1.行使主體須為持有已發行股份總數百分之三以上股份之股東。2.須董事因股份轉讓或其他理由，致董事會不為召集或不能召集。3.須報經主管機關許可。

一、股東之資格

得依公司法第173條第4項規定行使股東會自行召集權之主體，必須為「持有已發行股份總數百分之三以上股份之股東」。依經濟部之解釋，股東並不以一人為限，如數位股東持有股份總數之和達百分之三以上亦包括在內[19]。至於股東持有股份期間之長短，則在所不問，而與公司法第173條第1項所規定之股東會召集請求權不同。

又由股東所自行召集股東臨時會之主席，可由原申請召集股東臨時會之股東擔任；且如申請自行召集之股東有數人時，應互推一人擔任之（公司法第182條之1第1項）。

---

[18]　參閱王志誠，同註1，頁9。

[19]　參閱經濟部民國80年4月19日商字第207772號函。

二、董事會不為召集或不能召集之事由

　　就股東行使股東會自行召集權之原因而言，必須為「董事因股份轉讓或其他理由，致董事會不為召集或不能召集」。若依其文義，似可區分下列四種情形：1.董事因股份轉讓致董事會不為召集股東會。2.董事因其他理由致董事會不為召集股東會。3.董事因股份轉讓致董事會不能召集股東會。4.董事因其他理由致董事會不能召集股東會[20]。問題在於，所稱董事會不為召集股東會，性質上既為主觀事由，若再以股份轉讓或其他理由等客觀事由為先決原因，顯有矛盾。蓋全體董事因股份轉讓而當然解任或當選失效，解釋上即屬董事會不能召集股東會，應無因股份轉讓致董事會不為召集之情形。又股東若以董事因其他理由不為召集股東會為由，而申請自行召集股東會，固然應對於董事會不為召集之其他理由負舉證責任，但因董事會不為召集股東會為主觀事由，將導致只要董事會不依法召集股東會，即可能解為構成因其他理由之結論。

　　首先，所稱董事因股份轉讓致董事會不能召集股東會，解釋上係指全體董事有下列二種情形，而致董事會不能依法召集股東會之情事：1.公開發行股票之公司董事在任期中轉讓超過選任當時所持有之公司股份數額二分之一，致當然解任（公司法第197條第1項）。2.董事任期未屆滿提前改選者，而當選之董事，於就任前轉讓超過選任當時所持有之公司股份數額二分之一，或於股東會召開前之停止股票過戶期間內，轉讓持股超過二分之一，致其當選失其效力（公司法第197條第3項）[21]。

　　其次，所謂董事因其他理由致董事會不能召集股東會，係指

---

[20]　參閱王志誠，股東之股東會自行召集權，月旦法學教室，第72期，2008年10月，頁24。

[21]　參閱王志誠，同註1，頁21。

董事有股份轉讓以外之事由，致事實上不能依法召集股東會。依經濟部之解釋，更認為公司法第173條第4項所稱「其他事由」須與「董事因股份轉讓」情形相當。股東以董事會出席董事人數不足而無法召開，致不能召集股東會為由，申請自行召集股東會，與董事全體辭職或不得行使董事職權等情形有異，不適用之[22]。例如若全體董事經地方機關假處分裁定不得再行董事職務與股東會之召集及舉行有關之職務，致生董事會不能依法召集股東會之情事[23]；又例如全體董事皆已辭任、裁判解任、決議解任、死亡、通緝或經法院裁定全部收押，亦屬於董事會不能依法召集股東會之情事。應注意者，若公開發行公司之部分董事因持有股份全部轉讓而解任，其餘董事又均因逃亡或藏匿被通緝，致事實上無法召集股東會，亦構成董事會不能召集之原因[24]。此

---

[22] 參閱經濟部民國100年5月5日經商字第10002335540號函：「按公司法第173條之立法意旨，從少數股東召集股東會之程序，原則上係依第1項向董事會請求，經拒絕後，才能依第2項向主管機關申請許可。至於該條第4項之規定，允屬第1、2項規定以外之其他情形，係從董事發生特殊重大事由之考量，以『董事因股份轉讓或其他事由』為前提要件，其意指全體董事將其持有股份全數轉讓而解任之特殊重大事由，至所稱『其他事由』亦須與本句前段『董事因股份轉讓』情形相當之事由，如董事全體辭職、全體董事經法院假處分裁定不得行使董事職權、僅剩餘一名董事無法召開董事會等情形，始有適用。（本部99年1月19日經商字第09802174140號函參照）。準此，公司原設有5名董事，後來其中1名辭任董事職務，並無董事會無法召開之情形。股東以董事會出席董事人數不足而無法召開，致不能召集股東會為由，依公司法第173條第4項規定申請自行召集股東會，與公司法第173條第4項規定不符。」

[23] 參閱台灣桃園地方法院94年度訴字第256號民事判決。

[24] 參閱經濟部民國79年10月24日經台商（五）發字第220160號函：「二、按公司法第一百七十三條第四項規定：『董事或監察人因股份轉讓或其他理由致不能依本法之規定召集股東會時，得由持有已發行股份總數百分之三以上股份之股東，報經地方主管機關許可，自行召集。』來函所述董事十一名中有九名暨全部監察人因持有股份轉讓而當然解任，所餘董事二人（均由同一法人股東之代表當選之董事）有一人因案被羈押，如法人股東未因職務關係而改派代表前，被羈押之董事已事實上不能行使職權，所餘董事一人亦無從召集股東會，核其

外，若董事中有因持有股份轉讓而當然解任或因案被羈押，因被羈押之董事已事實上不能行使職權，所餘董事僅一人或不足二分之一時，因不可能達董事會開會之法定門檻（公司法第206條第1項），事實上已無法召集董事會，自亦無從依公司法第171條召集股東會，核其情形即與公司法第173條第4項之情形相當，得由股東依法申請自行召集股東會[25]。至於公司是否尚有監察人而得依公司法第220條規定自行召集股東會，則在所不問。

　　應注意者，若少數股東依公司法第173條第4項規定自行召集股東會，並進行董事改選，如公司依法採董事或監察人候選人提名制度者，則該候選人名單自當由有權召集之少數股東審查，並無須向公司提出說明[26]。

三、主管機關之審查事項

　　股東如欲依公司法第173條第4項規定行使股東會自行召集權，尚須報經主管機關許可。主管機關除應從形式上審查股東之持股比例外，尚應依具體個案之情形，對於是否構成「董事因股份轉讓或其他理由，致董事會不為召集或不能召集」之事由，進

情形與公司法第一百七十三條第四項之情形相當，得由公司股東依規定申請自行召集股東會。」其他相同見解，參閱法務部民國78年6月13日（78）法律字第11065號函。

[25] 參閱經濟部民國79年10月24日經台商（五）發字第220160號函。

[26] 參閱經濟部民國100年7月18日經商字第10002419710號函：「按公司法第192條之1第5項規定：『董事會或其他召集權人召集股東會者，對董事被提名人應予審查……』是以，少數股東經主管機關許可依公司法第173條規定自行召集股東臨時會改選董事，則對董事候選人資格自有權責予以審查，不涉及董事會審查之問題。基此，少數股東經主管機關許可自行召集股東臨時會改選董事時，持有已發行股份總數百分之一以上股份之股東，如依公司法第192條之1第3項規定以書面向公司提出董事候選人名單，則該候選人名單自當由有權召集之少數股東審查董事被提名人資格；且有權召集之少數股東可自行提名董事候選人名單並進行審查，並無須向公司提出說明。」

行實質審查[27]。

　　應注意者，如主管機關原已許可股東自行召集之股東會，因不合法定之召集程序，而少數股東擬重新召集時，依司法實務之見解，則認爲應由主管機關針對擬重新召集時是否仍有得由少數股東自行召集之事由加以審酌，以維持股東會由董事會召集之原則[28]。反之，若少數股東依公司法第173條第4項規定報經主管機關許可所自行召集股東臨時會，因出席股東不足出席定足數或出席定額（代表已發行股份總數過半數股東之出席），僅依同法第175條爲假決議後，而於一個月內擬再召集第二次股東臨時會時，雖應解爲不須再報經主管機關許可，但僅得就假決議再爲表決，不得修改假決議之內容而爲決議，用以貫徹事先須報經主管機關許可之意旨[29]。

---

[27] 參閱王志誠，同註20，頁25。應注意者，依國內司法實務之見解，曾認爲主管機關是否許可自行召集股東會，屬於主管機關具體個案實質審查之行政裁量範疇。參閱台灣桃園地方法院94年度訴字第256號民事判決：「按公司法第173條第4項規定：『董事因股份轉讓或其他理由，致董事會不爲召集或不能召集股東時，得由持有已發行股份總數百分之三以上股份之股東，報經主管機關許可，自行召集。』若公司全體董事經地方機關假處分裁定不得再行董事職務與股東會之召集及舉行有關之職務，致不能依本法之規定召集股東會時，自得依本項規定申請自行召集股東會。至地方主管機關是否許可自行召集股東會，允屬地方主管機關具體個案實質審查之行政裁量範疇。」

[28] 參閱法務部民國77年4月19日（77）法律字第655號函。

[29] 參閱最高法院92年度台上字第1174號民事判決：「又少數股東自行召集股東臨時會，依修正前公司法第一百七十三條第四項規定應報經地方主管機關許可，惟依同法第一百七十五條爲假決議後，於一個月內再召集第二次股東臨時會時，固不須再報經地方主管機關許可，但僅得就假決議再爲表決，不得修改假決議之內容而爲決議，用以貫徹事先須報經地方主管機關許可之意旨。」

伍、公司法增訂第173條之1規定之評釋

一、特立獨行之立法例

觀諸我國公司法增訂第173條之1規定之內容，顯然與德拉瓦州公司法及日本「会社法」之立法例不符。

德拉瓦州公司法並未明定股東具有股東會召集權。股東能否自行召集股東會及股東之持股比例，均委由章程或附屬章程訂定之。

日本「会社法」並未直接賦予股東之股東會自行召集權。實際上，股東僅得透過股東會召集請求權之行使，在公司董事不為召集股東會之情況下，聲請法院許可自行召集，以達到監督公司經營之目的。

二、立法體例相互矛盾

觀諸公司法第173條之1之內容，亦明顯與證券交易法第43條之5第4項之立法體例相互矛盾。

我國證券交易法第43條之5第4項規定：「公開收購人與其關係人於公開收購後，所持有被收購公司已發行股份總數超過該公司已發行股份總數百分之五十者，得以書面記明提議事項及理由，請求董事會召集股東臨時會，不受公司法第一百七十三條第一項規定之限制。」亦即，明定公開收購人與其關係人於公開收購後所持有被收購公司已發行股份總數超過該公司已發行股份總數百分之五十者，得請求董事會召集股東臨時會。詳言之，即使公開收購人與其關係人持有已發行股份總數過半數股份，其僅得行使股東會召集請求權，亦即仍應以書面記明提議事項及理由，請求董事會召集股東臨時會，只不過可不受公司法第173條第1

項有關「繼續一年以上」持股期間之限制。

　　此外，證券交易法第43條之5第4項所規定得請求董事會召集股東臨時會之主體，限定於公開收購人與其關係人。所謂關係人，依「公開收購公開發行公司有價證券管理辦法」第3條第1項規定，指下列情形之一：1.公開收購人為自然人者，指其配偶及未成年子女。2.公開收購人為公司者，指符合公司法第六章之一所定之關係企業者。又依「公開收購公開發行公司有價證券管理辦法」第3條第2項規定，關係人持有之有價證券，包括利用他人名義持有者。

　　由此觀之，即使是公開收購人與其關係人於公開收購後，所持有被收購公司已發行股份總數超過該公司已發行股份總數百分之五十者，欲透過股東會之召集，參與公司之經營及監督，仍應以書面記明提議事項及理由，請求董事會召集股東臨時會。且若請求提出後十五日內，董事會不為召集之通知時，股東始得依公司法第173條第2項規定，報經主管機關許可，自行召集。

三、配套設計有待強化

　　由於公司法第173條之1並未設有任何審查機制及相關配套設計，只要持有已發行股份總數過半數股份之股東即可發動召集股東臨時會，則可能產生諸多疑義。經濟部於民國107年7月31日召開會議，並作成「公司法修正疑義研商會議紀錄」，以杜疑義，以釐清適用疑義[30]。

　　首先，股東依本條召集股東臨時會者，應委任公司之股務單位或自行委任股務代理機構辦理相關事宜，並須完成召集股東

---

[30]　參閱經濟部，「公司法修正疑義研商會議紀錄」，資料來源：https://gcis.nat.gov.tw/mainNew/matterAction.do?method=browserFile&fileNo=1070828_AD（最後瀏覽日：108年5月18日）。

臨時會之公告申報程序。有關召集股東臨時會之公告、資訊申報
等事項，應依金融監督管理委員會、證券交易所或證券櫃檯買賣
中心所定之實務作業規定辦理。又股東持股期間及持股數認定，
應自股東臨時會停止過戶日（始日）往前算3個月期間。問題在
於，股東向公司提出「股東持股證明聲請書」，而公司不願配合
出具「股東持股證明」時，將產生如何確認其持股達已發行股份
總數過半數？蓋公司可能提出諸多爭議事項，以拖延或拒絕出具
「股東持股證明」，其結果勢必僅能另以訴訟解決之。其次，若
公司未委任股務代理機構處理股務，則公司不願配合提供股東名
簿時，應如何處理？蓋當股東之召集資格及召集事由未經主管機
關或法院審查是否合法之情況下，公司可能提出諸多爭議事項，
以達到不願配合提供股東名簿之目的，其結果僅能另以訴訟解決
之。為解決此疑義，金融監督管理委員會特別頒布函令，規定應
委託股務代理機構辦理有關公開發行公司出席股東會使用委託書
規則第7條規定製作及傳送徵求人徵求彙總資料、第12條規定傳
送及揭示徵求人徵得之委託書明細資料、第13條規定傳送及揭
示非屬徵求受託代理人代理之股數明細資料、第13條之1規定辦
理委託書統計驗證作業與公開發行公司股東會議事手冊應行記載
及遵行事項辦法第5條及第6條規定製作與傳送股東會議事手冊
及各項議案之說明資料[31]。

---

[31] 參閱金融監督管理委員會民國107年11月16日金管證交字第1070340761號令：
「一、股東依公司法第一百七十三條規定獲得主管機關許可、依第一百七十三
條之一規定自行召集股東臨時會，或監察人依公司法第二百二十條規定召集股
東會者，應委託股務代理機構辦理有關公開發行公司出席股東會使用委託書規
則第七條規定製作及傳送徵求人徵求彙總資料、第十二條規定傳送及揭示徵求
人徵得之委託書明細資料、第十三條規定傳送及揭示非屬徵求受託代理人代理
之股數明細資料、第十三條之一規定辦理委託書統計驗證作業與公開發行公司
股東會議事手冊應行記載及遵行事項辦法第五條及第六條規定製作與傳送股東
會議事手冊及各項議案之說明資料。二、股務代理機構辦理前項資料傳送作
業，公司未配合辦理時，財團法人中華民國證券暨期貨市場發展基金會、台灣

　　再者，股東請公司、證券交易所或證券櫃檯買買中心辦理公告申報時應檢附公司股務單位或自行委任股務代理機構開立其符合公司法第173條之1規定之持股條件證明。此外，因應公司法第173條之1之修正，金融監督管理委員會將發布令釋規定保險業不得參與擔任被投資公司具董事、監察人選舉議案之股東臨時會召集權人[32]。惟若由合計持有已發行股份總數過半數股份之數位股東共同召集股東臨時會時，因公司或股務代理機構係針對個別股東之申請出具「股東持股證明」，若有參與共同召集之股東，對於公司或股務代理機構所出具之「股東持股證明」有所爭議，似應設置解決機制。

　　又股東係多數人合併計算持股者，於繼續3個月之持股期間內，人數不可新增，但可減少，惟減少後合併計算之持股期間及持股數，仍應符合公司法第173條之1規定之持股條件。蓋若參與共同召集之股東，其後宣布退出共同召集，致其於股東持有已發行股份總數未過半數股份時，當然會影響其召集資格。應注意者，依公司法第173條之1第2項規定：「前項股東持股數之計算，以第一百六十五條第二項或第三項停止股票過戶時之持股為準。」但公司法第165條第2項或第3項所規定之停止股票過戶期間，其功能本在界定出席股東會之資格，若參與共同召集之股東，其後宣布退出共同召集，不僅影響召集股東臨時會之正當

證券交易所股份有限公司及財團法人中華民國證券櫃檯買賣中心應協助傳送。
三、前揭召集權人公告召集股東會時，應公告有關公開發行公司出席股東會使用委託書規則第七條規定之徵求相關資料，徵求人應送達受託辦理該次股東會事務之股務代理機構及副知財團法人中華民國證券暨期貨市場發展基金會。
四、前揭召集權人召集股東會時，依公開發行公司出席股東會使用委託書規則第六條第三項規定，於股東會有選舉董事或監察人議案時，該召開股東會公司之股務代理機構及受召集權人委託辦理股東會作業之股務代理機構，均不得接受股東之委託擔任徵求人或接受徵求人之委託辦理代為處理徵求事務。」

[32] 參閱金融監督管理委員會民國107年11月12日金管保財字第10704504271號令。

性，且可能藉此操縱或影響股票之行情。因此，應規定參與共同召集之股東，於股東臨時會召開前，不得轉讓股份，以杜投機股東藉機謀取不當利益[33]。

最後，依公司法第173條之1規定召集股東臨時會並無時間或次數限制，申請人可重複行使其權利。惟若「持有已發行股份總數過半數股份之股東」所召集之臨時股東會，其召集事由並非股東會得決議事項，恐造成時間勞力費用之浪費，且該次臨時股東會之召集費用應由召集股東或公司負擔，亦有疑義。本文以為，股東行使自行召集股東會之權限，雖為股東之固有權及共議權，但若其召集事由並非股東會得決議事項，乃至於召集程序有瑕疵而無效或遭法院裁判撤銷，其費用應由召集股東臨時會之股東自行負擔。

陸、結論

公司法第173條之1規定賦予持有已發行股份總數過半數股份之股東具有股東會自行召集權，其立意雖佳，但其規範內容，不僅相較於德拉瓦州公司法及日本「会社法」之立法模式，屬於特立獨行之立法例，且亦明顯與我國證券交易法第43條之5第4項之立法體例相互矛盾。蓋我國證券交易法第43條之5第4項僅

---

[33] 應注意者，依證券商辦理有價證券買賣融資融券業務操作辦法第76條第1項規定：「得為融資融券之有價證券，自發行公司停止過戶前六個營業日起，停止融券賣出四日；已融券者，應於停止過戶第六個營業日（含）前，還券了結；已出借者，證券商應請求提前還券，並於最後過戶日（含）前取回。委託人申請以現券償還融券，且券源為向同一證券商申請之有價證券借貸業務借券者，至遲應於停止過戶第七個營業日（含）前提出申請，證券商若無券源，得拒絕之。但發行公司因下列原因停止過戶者不在此限：一、召開臨時股東會。二、其原因不影響行使股東權者。」

規定公開收購人與其關係人持有已發行股份總數過半數股份者，得行使股東會召集請求權，而非股東會自行召集權，且得請求董事會召集股東臨時會之主體，限定於公開收購人與其關係人。

　　此外，公司法第173條之1雖明定持有已發行股份總數過半數股份之股東即得召集股東臨時會，其審查機制及相關配套仍有待強化。本文認為，為避免無謂爭議，不應貿然增設持有已發行股份總數過半數股份之股東得行使股東會自行召集權，立法論上，似可參考我國證券交易法第43條之5第4項之規範模式，明定「持有已發行股份總數過半數股份之股東，得以書面記明提議事項及理由，請求董事會召集股東臨時會，不受公司法第一百七十三條第一項規定之限制。」而僅賦予持有已發行股份總數過半數股份之股東得行使股東會召集請求權，較為妥適。

5

內線交易構成要件之研究

——以「證券交易法第157條之1第5項及第6項重大消息範圍及其公開方式管理辦法」第5條規定爲中心

台北商業大學副教授兼連鎖加盟經營管理與
法律研究中心執行長　李禮仲

壹、前言

　　內線交易（insider trading）係指公開發行股票公司之內部人，較容易取得外部人所不知公司重大消息，內部人利用重大消息先行在市場上獲利之行為便屬內線交易。內線交易影響投資大眾對市場的信心，不利證券市場的健全發展[1]，從而降底整體經濟成長[2]，因此世界各國都予以規範[3]。

　　我國過去對於上市櫃公司內部人員利用內線交易僅依57年4月所定之證交法第157條規定，將其利益歸入公司，如符合詐欺等要件，則負證交法第20條及第171條民刑事責任，但對於利用內線交易消息之人員，並未明定禁止，有礙證券市場之健全發展。因此，77年1月修正證交法時，增訂第157條之1，其規定之要點包括：第1項係明文禁止內線交易；第1款及第5款則規定「內部人」之意義；第5項規定「重大消息」之意義；第2項、第3項及第5項規定從事內線交易者之民事責任及其免責事由[4]。另同法第171條規定犯內線交易罪之刑事責任。

　　因證券交易法第157條之1內線交易罪之構成要件高度抽象且具有不確定性，往往使人民無所適從。蓋內線交易罪所涉刑責慎重，內線交易罪自應符合「罪刑法定原則」及「構成要件明確性原則」之要求，使行為人得事先預見其行為之可罰性，以保護

---

[1]　參閱*In re* Cady, Roberts & Co., 40 SEC 907, 912 (1961); SEC v. Texas Gulf Supgur Co., 401 F.2d 833 (2d Cir. 1968); 和Loss & Seligman, Securities Regulation 3448-3466 (3rd ed. 1991).

[2]　參閱Utpal Bhattacharya and Hazen Daouk, The World Price of Insider Trading, The Journal of Finance, LVII卷，第1期(February 2002).

[3]　參閱Franklin A. Gevurtz, The Globalization of Insider Trading, 15 Transnat'l Law. 63 (2002).

[4]　參閱林孟皇，內線交易重大消息的明確性與實際知悉，月旦法學雜誌，2010年9月，184期，頁141-156。

人權。因此本文將就內線交易罪構成要件之「重大影響股票價格
之消息」需具明確性及具體內容認定之法律上爭議加以釋明。本
文並引外國學說，理論與判例，來比較我國內線交易罪之重大消
息明確性之成立要件及實際知悉之認定要件加以探討。

貳、禁止內線交易之立法爭議與理論

對內線交易應否禁止？學理上與實務上一直以來見仁見
智，迄今爭論未休。

一、應禁止內線交易之理論

主張應禁止內線交易者，提出下列理由[5]：

（一）公平交易（市場論）：公司發布利多消息常使股價
上揚，利空消息則股價下跌。如交易一方（內部人）因具有特定
的身分知悉利多（或利空）消息，而他方（一般投資人）因不在
其位，無從得知相同的消息，俟交易完成後公司發布消息，股價
隨之上揚（或下挫），內部人因而獲利。此種情形對投資人顯失
公平，並影響投資大眾對市場的信心，不利證券市場的健全發

---

[5]　相關討論，參閱：Louis Loss & Joel Seligman, Fundamentals of Securities
Regulation, (Aspen Publishers, 5th ed., 2004), at 919 et. seq.; Arnold s. Jacobs,
Litigation and Practice under Rule 10b-5, (Clark Boardman Co., 1983), Vol. 5, at 1-165
et. seq.; Richard A. Posner & Kenneth E. Scott, Economics of Corporation Law and
Securities Regulation, (Little, Brown & Company, 1980) Ch. 5 "Insider Trading", at
118-154; Yung-Cheng Chuang, A Critique of U.S. Insider Trading Regulation Theory,
中原財經法學，第7期（2001年12月），頁211以下；劉連煜，內線交易理論與
內部人範圍的新趨勢，載於氏著，公司法理論與判決研究（五），作者自版
（2009年4月），頁205以下；羅怡德，證券交易法─禁止內部人交易，黎明文
化（1991年1月初版）。

展[6]。

（二）違背受任人的信賴義務：董（監）事、經理人對公司及股東均負有受任人的信賴義務（fiduciary duty），如利用公司未經公開的重要消息買賣股票圖利，係違背受任人義務，應予禁止。

（三）公司財產的不正當利用（私取理論）：公司內部消息通常是公司經營所投入之人力物力與財力所產生的結果，例如耗費巨資從事探勘後，發現豐富的礦產，或開發新的產品等。這些重大消息本屬公司的財產（corporate business property）[7]，如內部人挪為私人之用，形同盜用公司資產損害公司利益[8]。

（四）促進市場資訊流動的效率：證券市場的基本功能之一在形成公平價格；禁止內部人利用未公開的公司重要消息買賣

---

[6] In re Cady, Roberts & Co., 40 SEC 907, 912 (1961); SEC v. Texas Gulf Sulphur Co., 401 F. 2d 833 (2d Cir. 1968). Louis Loss & Joel Seligman, Securities Regulation, (Aspen Publishers, rev. 3d ed., 2003), Vol. VII, at 3437-3457. 美國1934年證券交易法第2條明定「維護公平誠信之證券市場」（to insure the maintenance of fair and honest markets）為立法主要目的之一。1988年內線交易與證券詐欺禁止法（Insider Trading and Securities Fraud Enforcement Act of 1988）的相關說明亦強調，內線交易損害投資人信心，影響市場健全發展。

[7] 美國聯邦最高法院明白承認此一論點："A company's confidential information, we recognized in Carpenter, qualifies as property to which the company has a right of exclusive use"; United States v. O'Hagan, 521 US. 642 (1997). 另參閱United States v. Chestman, 947 F. 2d 551 (2d Cir. 1991), cert. denied 503 U.S. 1004 (1992), Judge Winter強調，禁止內線交易的主要目的在於保護公司財產。相關討論，參閱Loss & Seligman, 前揭註5, at 3450-3451; Stephen M. Bainbridge, Insider Trading Regulation: The Path Dependent Choice Between Property Rights and Fraud, 52 SMU L. Rev. 1589 (1999); Jonathan R. Macey, From Fairness to Contract: The New Direction of the Rules Against Insider Trading, 13 Hofstra L. Rev. 9 (1984).

[8] 內部人從事內線交易，使人懷疑公司為客戶保守商務機密的能力，對公司名譽也造成傷害。在公司併購案件，內線交易可能促使目標公司股價上漲，因而提高收購目標公司股票的成本。參閱United States v. Newman, 664 F. 2d 12 (2d Cir., 1981); Diamond v. Qreamuro, 248 N.E. 2d 910 (N.Y. 1969).

證券，可消除內部人遲延公布公司重要資訊的誘因，讓公司重大消息的流傳更為迅速，使投資人都能公平利用因而導引資金至最有利的投資，以發揮市場最佳的資源分配效能（allocation efficiency）[9]。

（五）促進公司決策健全：公司決策之作成須依賴相關市場與公司的資訊，而資訊的傳遞通常是由下而上；如不禁止內部消息的利用，則每經一承辦人該資訊即可被利用，而承辦人為「有效」利用該資訊以買賣證券圖利，可能延緩將該資訊往上呈報的時間。如此公司在作成經營決策的程序將出現重大延緩瑕疵[10]。

（六）防止經營道德危險：無論重大消息為利多或利空，在發布前買賣均可能獲利。如准許內線交易，內部人可藉重大消息的發布與否或左右股價從中得利；而此種利益，與公司經營績效的優劣無必然相關，亦與投資大眾的利益相分離，經營者（內部人）不但心有旁鶩，且為影響股價採取違法不當措施，增加經營道德危險（moral hazard）的機會。

二、不應禁止內線交易之理論

然而，也有人認為內線交易不應禁止；上述應禁止內線交易之理由均不能成立。其立論有：

（一）在證券市場買賣證券，交易雙方互不見面，何來機會向他方揭露消息？「公平交易」的說法並無適用餘地；且就證券市場實際情形觀察，散戶投資人雖明知證券市場有內線交易仍然

---

[9]　參閱Alain Viandier, The Legal Theory of Insider Regulation in Europe, in Klaus J. Hopt & Eddy Wymeersch, (eds.), European Insider Dealing, Law & Practice, (Butterworths, 1991), at 57, 59-61.

[10]　參閱Robert J. Haft, The Effect of Insider Trading Rules on the Internal Efficiency of the Large Corporation, 80 Mich. L. Rev. 1051 (1982).

進場買賣，可見內線交易對投資人買賣證券之信心並無影響[11]。

（二）內線交易的利益是給予公司經營者的合理報酬，獎勵其經營創新，並可藉此吸引優秀人才加入經營團隊提昇企業經營績效，有其正面目的效用[12]。

（三）公司重大消息何時公開，原應由經營者裁量不宜由法律強制。依美國證券法制，內部人如不利用內線消息買賣證券，並無將消息公開的義務，且公司內部決策程序是否健全與內部消息能否利用，原為二事不宜混為一談。所謂「促進市場資訊流通」之說，亦屬無據。

（四）法律如不禁止內線交易，重大消息應如何利用，可由公司與內部人以契約訂定相關條件處理；如公司不願內部人為內線交易，可藉由契納加以約束，不須由法律強制禁止[13]。

（五）公司驟然發布重大消息對股價往往產生劇烈衝擊，如在發布前由內部人先行交易讓消息逐漸在市場反映可緩和對股價的震盪，產生穩定證券市場價格的作用，亦可提升證券市場的效

---

[11] 參閱Jonathan R. Macey, Insider Trading: Economics, Politics and Policy, (American Enterprise Institute for Public Policy Research, 1991), at 43-44. 國內有關討論，參閱武永生，證券投資、投資資訊與內線交易—法律與經濟之分析，載財經法論集：柯芳枝教授六秩華誕祝賀文集，三民書局（1997年4月初版），頁497以下。

[12] 參閱Henry Marine, In Defense of Insider Trading, 44 Harv. Bus. Rev. 113 (1966); Wang, Trading on Material Nonpublic Information on Impersonal Stock Markets, 54 S. Cal. L. Rev. 1217 (1981); Wang, Stock Market Insider Trading: Victims, Violators and Remedies, 45 Vill. L. Rev. 27 (2000).

[13] 參閱Donald C. Langevoort, Insider Trading: Regulation, Enforcement & Prevention, (Thomson Reuters/West, 2009), at § § 1:2-1:6; Loss & Seligman, supra note 1, at 923 et. seq.; Carlton & Fischel, id., at 863-864. 關於反對禁止內線交易的理論，自Henry Marine教授1996年出版"Insider Trading and Stock Markets"之後，各界討論甚多，相關文獻可謂汗牛充棟。參閱Loss & Seligman, 前揭註5, at 3437-3457. 國內文獻可參閱武永生著，內線交易規範之理論基礎—法律與經濟之分析，銘傳學刊，第4期（1993年7月），頁5以下。

率[14]。

（六）內部人獲悉利多消息後買進股票，消息公開後股價
上漲：表面上看，內部人獲利，而低價賣出股票給內部人的投資
人，因而受到不利益。但事實上，即使內部人沒有買進股票，不
知內線消息的證券市場投資人仍會買進，投資人的不利益並非因
內線交易所引起，內部人參與買賣並未使投資人受損害。

（七）所謂內部消息係公司財產，則除公司本身利用以
外，任何人均不能擅自加以利用，原不限於禁止內部人的利用而
已：但法院在實務上則多僅課內部人以責任，而非及於任何利用
消息之人，因此「公司財產」的說法亦不可信。

參、美國內線交易理論之發展

研究美國內線交易之定義會發現一個有趣的事實，即是美
國的內線交易定義不是規定在法律條文中。而是法院在對過去半
世紀以來，對美國成長迅速非法內線交易案件所做之判決累積而
成之法律規範，法院多以內線交易行為違反禁止詐欺條款（anti-
fraud statute）來解釋1934年證券交易法第10條（b）項，及證券
交易管理規則Rule 10b-5之內涵。法院特別解釋禁止內線交易係
禁止內部人使用操縱或欺騙手段（manipulative or deceptive de-
vices）。因此，美國證券交易法中內線交易之意涵，係由法院
將處理過的案例慢慢累積與衍生出來的，主要理論有四個。

---

[14]　參閱Dennis W. Carlton & Daniel R. Fischel, The Regulation of Insider Trading, 35
Stan. L. Rev. 857 (1983).

一、資訊平等理論

美國早在*In re* Cady, Roberts & Co.[15]的行政案件中就指出，在集中或店頭市場以外的場所買賣證券，即一般所稱的面對面交易（face-to-face transaction），董事、經理人及控制股東，因其在公司的地位獲悉影響股價的重大消息，在未將消息告知交易相對人之前，不得進行股票買賣。至於在集中市場的交易，聯邦證管會則於1961年*In re* Cady, Roberts & Co.案中宣示「公布消息否則禁止買賣」（disclose or abstain rule）的規則。

聯邦證管會認為公司董事、經理人及控制股東等內部人，如果不公開重大消息而買賣股票，即是違反1934年證券交易法第10條第(b)項和證券交易管理行政規則Rule 10b-5的禁止詐欺條款。此外，負有「公布消息否則禁止買賣」義務者，並不限於公司內部人；其他人符合下列情形者，也應同樣適用：第一，因特定關係而知悉重要消息，且該項消息只能為公司的目的而使用，不能用以謀取私人利益；

第二，一方知悉重大消息，與另一方無法獲知相同訊息者進行買賣，形成不公平的交易。

1968年聯邦高等法院（第2巡迴區）在SEC v. Texas Gulf Sulphur Co.案[16]中重申「公布消息否則禁止買賣」的規則，並對內部人的範圍採取廣義的解釋。法院指明，任何人獲悉公司重大且未公開的消息時，均應遵守「公布消息否則禁止買賣」的規則，使市場投資人均有公平獲取資訊的機會（the Rule is based in policy on the justifiable expectation of the securities market place that all investors trading on impersonal exchanges have relatively equal access to material information），這就是一般所

---

[15] 參閱賴英照著，最新證券交易法解析，100年2月再版二刷，頁454-455。
[16] 參閱余雪明著，證券管理（修訂本），72年9月版，頁574-578。

稱的資訊平等理論。

　　準此，在美國任何人不論是否為公司內部人，獲取重大機密消息，都有可能成為內線交易規範的對象。法院這項見解，目的在於促進資訊的流通及投資人的公平使用，以增進市場效率，並維護投資人的信心。這種資訊平等理論顯然是以市場論為基礎。

　　然本文以為這種理論的缺點，最顯而易見的是糾結範圍甚廣容易牽連無辜，造成證券市場投資人如驚弓之鳥，反而嚴重阻礙資訊流通及國民經濟發展，損及保障投資之立法美意！故嗣後美國聯邦最高法院並未採納。

二、信賴關係理論（傳統內線交易理論）（Fiduciary Duty to Shareholder Theory）

　　聯邦最高法院在1980年Chiarella v. United States案[17]，以信賴關係（fiduciary relationship）的理論，又叫傳統內線交易理論（Classical Theory of Insider Trading）**對內部人的範圍做相當程度的限縮，實質上推翻了資訊平等理論。**

　　聯邦最高法院明白指出，買賣證券時，單純的沉默固然可能構成違反1934年證券交易法§10（b）所禁止的詐欺行為條款，但其前提必須是交易一方（例如董事）對他方（例如股東）具有信賴關係（fiduciary or other similar relation of trust and confidence）[18]。本案被告不是公司內部人，對股東不負信賴義務（fiduciary duty），也不是從併購對象的目標公司（target corporation）獲取機密消息，不能僅因其獲悉未公開的市場訊息，就認定有公開的義務。最高法院顯然不採市場投資人均有公

---

[17] 參閱U.S. v. Chiarella, 588 F.2d 1358, 1364 (2d Cir. 1978), judgment by Chiarlla, 463 U.S. 646 (1983).

[18] U.S. v. Chiarella, 463 U.S. 222 (1983).

平獲取資訊的理論[19]。

最高法院1983年在Dirks v. SEC案[20]重申Chiarella案的見解。最高法院認爲有信賴關係的存在，內部人才有揭露消息的義務，此內部人違反揭露義務而買賣證券才構成內線交易。消息受領人（tippee）受領來自內部人獲知消息後，並不當然繼受（inherit）內部人的信賴義務；消息受領人必須有共同參與違反信賴義務的行爲，才構成違反證券交易管理規則Rule 10b-5；亦即須消息傳遞人（tipper）違反信賴義務（fiduciary duty）而洩露消息，消息受領人明知或可得而知此種義務的違反，且消息傳遞人因洩漏消息而獲利者，消息傳遞人與受領人始應負責任[21]。

三、私取理論（Misappropriation Theory）

聯邦最高法院在1997年United States v. O'Hagan案[22]，以私取理論對內部人的範圍加以擴充。傳統的理論認爲公司內部人對其股東負有信賴義務，因此有公開消息的義務否則不能買賣。最高法院認爲依1934年證券交易法§10(b)及證券交易管理規則Rule 10b-5的規定買賣證券時，詐欺行爲的對象並不以交易對手，即證券的買方或賣方爲限。

獲悉影響證券價格重要消息的公司外部人（corporate outsiders），雖然與交易相對人之間沒有信賴關係，但如違背對消息來源（source of information，在本案爲律師事務所及委託人Grand Met.）的忠誠及信賴義務，將其自「消息來源」所獲取的機密消息據爲己有圖謀私利，顯然影響證券市場的健全，並損害

---

[19]　U.S. v. Chiarella, 463 U.S. 235 (1983).

[20]　Dirks v. SEC, 463 U.S. 648-9 (1983).

[21]　Dirks v. SEC, 463 U.S. 665 (1983).

[22]　U.S. v. O'Hangan, 521 U.S. 642 (1997); Loss & Seligman, 前揭註5, at 985.

投資人的信心，其行為之違反1934年證券交易法§10（b）及證
券交易管理規則Rule 10b-5，因而構成內線交易罪。同時，公司
的機密消息為公司財產，僅能為公司利益之目的而使用，如為謀
取私利而擅自利用，即有違背信賴義務構成詐欺行為；此一違背
義務的詐欺行為於買賣證券時（而非於獲知消息時）成立。

　　聯邦最高法院在1985年的U.S. v. Winans案中指出[23]，不論是
以公司內部人為適用對象的傳統內線交易理論，或擴及於公司外
部人的私取理論，都在處理利用公司重大消息買賣證券圖謀私利
的問題。私取理論的運用係為防止有機會獲取內線消息，但對於
股東不負信賴義務的公司外部人不當使用重大消息的情事，以維
護證券市場的健全。

四、信賴關係理論（傳統內線交易理論）之修正

　　依O'Hagan案有關私取理論的見解，如果交易人將有意利用
內線消息買賣股票的計畫，事先告知其消息來源，即使未獲得同
意，因無欺騙的情事將不構成內線交易，此種情形對市場的公平
與投資人的保護均有負面影響。因為實務上常有公司把重大消息
（例如公司盈虧或銷售的數字）選擇性的透露給特定的對象（例
如證券分析師、機構投資人等），使公司藉此向特定的市場專業
人士（例如證券分析師）示好，誘使其對公司股票做比較樂觀的
評價，造成特定人士與一般投資人資訊不對稱的情況更為嚴重。
此種情形，不但使特定人士得以在消息公開前買賣股票獲取利
益，並且導致公司延緩公開消息的時程，顯然不利證券市場的健
全發展[24]。

　　為此美國法院界定內部人之範圍原係以買賣證券者與交易對

---

[23] 參閱U.S. v. Winans, et. Al., 612 F. Supp. 827 (S.D.N.Y. 1985).
[24] 賴英照著，最新證券交易法解析，100年2月再版二刷，頁465-466。

象之間之信賴關係為基礎，規範對象僅限於對公司或股東負有信賴義務之內部人，係以信賴關係論之特色。惟基於健全市場及公平交易之考量，擴大信賴關係之範圍，不再以買賣證券者對其交易對象之信賴義務為限，而擴及於對消息負有信賴義務之人，可說是信賴關係理論（傳統內線交易理論）之修正，而帶有市場論之色彩[25]。

五、公開收購管理規則

為匡正這種現象，聯邦證管會2000年8月實施公平揭露規則（Regulation of Fair Disclosure, Reg FD），要求上市公司向特定人透露重大消息時，亦應立即向投資大眾公開同樣的消息。2013年4月美國聯邦證管會同意上市公司以社群網絡發布重大消息，惟仍以公平接露為原則[26]。因此私取理論仍承繼信賴忠實義務的理論基礎，只是修正其適用範圍擴張至消息來源。

在20世紀70年代的併購狂潮，有關公開收購的消息不是單純的消息，而是重大消息。每當一個要約收購（tender offer）的消息公佈於眾時的幾乎可以肯定的影響證券市場價格。對內線交易人要約收購是一很大誘惑，為此美國聯邦證券管理委員會拒絕以與公開收購相關公司有信賴忠實義務關係為前提，來論斷是否違反內線交易，於1980年制定證券交易管理規則Rule 14e-3。

1980年證券交易管理規則Rule 14e-3規定禁止擁有要約收購消息之人，利用非公開要約收購消息購買或出售受要約收購公司之股票，不考慮擁有要約收購消息之人與發行人的股東或與獲得

---

[25] 參閱賴英照，股市遊戲規則—最新證券交易法解析，自版，95年2月初版，頁338。

[26] 參閱Deborah S. Birnbach, R. Todd Cronan, Lisa R. Haddad, Michael T. Jones, SEC Clarifies Social Media Use and Reg FD Compliance (2013, Aug. 9).

的內部消息人士是否存在或不存在信賴忠實義務關係[27]。因此於
1998年SEC v. Ahlstrom一案中，被告為收購被收購公司（target
company）公司之執行長，在公開收購消息公布之前，購買一些
被併購公司之股票並獲利。本案，被告之違法行為，無法依據傳
統內線交易理論或私取理論來論究被告之犯行，因為被告對這些
消息來源沒有保密義務；被告對被收購公司或其股東也沒有任何
信賴忠實義務關係。但是，因為被告利用是公開收購要約之消息
並買賣被收購公司之股票獲益，被告行為觸犯內線交易罪[28]。

肆、我國證券交易法內線交易之規範與爭議

　　我國證券交易法原無禁止內線交易的規定，嗣於1988年增
訂第157條之1始，明文予以禁止。該立法理由明白表示係參考
美國立法例所制定，如是，我國立法之時（1988年）正是美國
聯邦最高法院作出信賴忠實義務理論指標性判決Chiarella案及
Dirks案的年代（1980年）。緣此，本文以為證券交易法第157條
之1應係以信賴忠實義務理論作為內線交易認事用法之根據，絕
無理由援用八年之前，既已遭美國聯邦最高法院揚棄之平等取得
資訊理論。

　　證券交易法嗣經2002年、2006年及2010年多次修正後，自
其內容觀察我國證券交易法第157條之1所規範內部人的範圍限
於公司的董事、監察人、經理人及持股逾10%的大股東（第1項
第1款、第2款）、因職業或控制關係獲悉消息之人（第3款）及
消息受領人（第5款），明顯脫胎於美國法的傳統內部人、臨時
內部人（Dirks案的footnote14）及消息受領人。

---

[27]　Exchange Act Rule 14e-3, 117 CFR Parts 240, 243 and 249 (2007).

[28]　SEC v. Ahlstrom, Litigation Release No. 16001 (December 15, 1998).

　　上開規定是否顯示我國法僅採信賴關係理論？有正、反二說。

　　否定說認為依公司法規定，董事、監察人、經理人與公司的關係[29]，原則上依民法委任的規定，公司為委任人，董事等人為受任人，因此董事等人僅對公司，而非股東負忠實義務與注意義務。企業併購法第5條第1項雖有公司為併購決議時，「董事會應為全體股東之最大利益行之」的規定，似表示董事會應對股東負責；但依同條第2項規定，董事會如有違反委任情事，應「對公司負賠償之責」，並未明定對股東的責任。

　　無論如何，此一規定，亦僅適用於依企併法為併購決議之情形。既無義務存在，則董事等人知悉內線消息後買賣股票，並無向交易相對人（股東）告知的義務，因而也不構成內線交易。2010年修法時將公司債納入規範，因董事對債券持有人並無信賴義務，此一修正更可顯示證券交易法走向健全市場理論的趨向。

　　關於大股東部分，公司法與證券交易法均未規定大股東對於公司或其他股東負有受任人的義務。因此，第157條之1將董、監事、大股東明定為內部人，並非以信賴關係為基礎，有關內部人範圍的界定亦不單純以信賴關係理論為基礎。

　　就美國法的發展而言，聯邦最高法院雖早在1980年Chiarella案中，**就「資訊平等理論」走入歷史**，並以信賴關係論取代市場論，但Burger大法官在不同意見書提出私取理論，此後下級法院也頗有採取該項理論者，且美國國會在1984年及1988年的立法，均明確支持私取理論，期能突破傳統信賴關係論的束縛。1980年聯邦證管會發布Rule 14e-3，實質上回到市場論的立場。因此，我國在增訂條文之時，雖明言仿自美國法，但不因此表示我國係採取美國證券交易法上傳統的信賴關係論。

---

[29] 參閱賴英照，最新證券交易法解析，100年2月再版二刷，頁474-477。

　　我國在內部人的範圍涵蓋所謂「基於職業或控制關係獲悉消息之人（第157條之1第1項第3款），依私取理論對上市（櫃）公司不負信賴義務，但從僱主或其他消息來源私自取用消息之人則有本條之適用。私取理論就此而言，與市場理論同具有健全市場發展的政策意涵。所謂「有重大影響其股票價格之消息」（同條第5項），依市場理論係著眼於資訊的平等使用，及投資人信心的維護，不限於公司財務業務相關的消息，而更包括影響股價的市場消息。

　　肯定說，源自美國聯邦最高法院1997年United States v. O'Hagan案[30]之判決（下稱O'Hagan案判決）中所採之「私取理論」（Misappropriation Theory），乃，鑒於我國為成文法國家，依罪刑法定義上開判決援引「私取理論」擴張解釋我國證券交易法第157條之1第1項第3款規定「因職業關係獲悉消息之人」，其妥當性容有商榷餘地。

　　經查我國證券交易法於1988年增訂第157條之1之行政院修正草案立法理由內載：「三、對利用內部消息買賣公司股票圖利之禁止，已成為世界趨勢……美、英、澳、加拿大、菲律賓、新加坡……等國均在其公司法或證券法規定不得為之，違反者須負民、刑事法律責任。為健全我國證券市場發展，爰參照美國立法例（1934年證券交易法第10條b項規則5判例……）增訂本條，並於第175條增列刑責，本條之內容為……」。

　　又其立法說明（四）禁止利用內部消息，買賣股票圖利之報告內謂第157條之1係參照美國1934年證券交易法第10條b項規則5判例等，即美國司法實務依1934年證券交易法第10條b項與主管機關所頒布的規則10b-5及其他，與所累積相當可觀之證券詐欺判決（1987年行政院函請審議「證券交易法部份修正條文草案」，前財政部長席說明修正要旨書面紀錄，十三、促進有價證

---

[30] 參閱U.S. v. O'Hagan, 521 U.S. 642 (1997).

券交易之公平、公正及公開[31]）。

　　依此可知，我國證券交易法第157條之1之增訂，探本溯源係參照美國司法實務之證券詐欺判決。惟查美國聯邦最高法院於1997年O'Hagan案判決首次採納之「私取理論」，自不在我國立法當時之參考範圍，依理當不得逆向思考溯及既往，而謂我國證券交易法第157條之1第1項第3款規定之「基於職業關係獲悉消息之人」得以適用「私取理論」擴張其定義範圍。

　　持平而論，以我國立法時之射程而言，確以信賴義務為立法時理論基礎。惟無論如何，我國實不應採所謂平等取得資訊理論無限擴張處罰之主體範圍，否則證券市場「任何人」均可能成為刑事被告，反有礙保障證券市場投資人之立法美意。

伍、「重大影響股票價格之消息」其明確性及具體內容認定之法律上爭議

　　2010年6月2日修正公布後施行之證券交易法第157條之1規定與修正前之同條規範綜合觀察，何者對人民較為有利？按，證券交易法第157條之1規定，於2010年修正，業將內部人就重大消息之主觀上認知程度，由「獲悉」改為「實際知悉」（修正條文第1項）；將應予公布並禁止內部人於一定期間內交易之重大消息形成階段，規定至「消息明確」之程度（修正條文第1項）；增加內部人無論以自行或以他人名義，均不得在重大消息公開前或沉澱期內買入或賣出規定（修正條文第1項後段；將對股票價格有重大影響之重大消息明定須有「具體內容」（新修正條文第5項）[32]。

---

[31] 立法院公報76卷96期，1987年6月，第3項。

[32] 參閱中心蓓，內線交易中重大消息認定之實務分析—以企業併購案例為中心，檢察新論，第12期，2012年7月，頁87-116。

　　上開修正已涉及內線交易構成要件之擴張（擴大內部人範圍）、限縮（「獲悉」改為「實際知悉」、重大消息必須「明確」、重大消息必須要有「具體內容」等），自屬刑法第2條第1項所規定行為後法律有變更之情形，似非單純之文字修改，此有最高法院100年台上字第2565號刑事判決可資參照。另前揭修正經比較新舊法，自以修正後之條文有利於被告，復有台灣高等法院100年度金上訴字第40號刑事判決可參。

　　證券交易法為使重大消息明確化，乃於2006年1月11日公布修正第157條第4項，授權主管機關訂定重大消息之範圍及其公開方式等相關事項及辦法，立法理由揭明：「四、另為將內線交易重大消息明確化，俾使司法機關於個案辦理時有所參考，並鑑於重大消息內容及其成立時點及刑事處罰之法律構成要件……爰修正本項，授權主管機關訂定重大消息之範圍……以符合『法律安定性』以及『預見可能性』之要求」等語；又主管機關金管會於2006年5月30日公布法規命令「證券交易法第157條之1第4項重大消息範圍及其公開方式管理辦法」，第4條明定：「前二條所定消息之成立時點，為事實發生日、協議日、簽約日、付款日、委託日、成交日、過戶日、審計委員會或董事會決議日或其他足資確定之日，以日期在前者為準」，依此在在足認立法已確認「重大消息」有其成立時點，且現行司法實務大多數見解均肯認重大消息有其成立時點[33]。

　　以台灣高等法院100年度金上字第1號民事判決為例，其認謂：「……足見「重大影響股票價格之消息」有其成立之時點。準此，內線交易應以重大消息成立為其構成要件。是上訴人主張重大消息並無成立時點云云，即非可採。又按2010年6月2日修

---

[33] 如最高法院102年度台上字第1672號刑事判決即採此種認定方式，其謂：「本條對於重大消息之認定係參酌美國聯邦最高法院之判決，包含初步之磋商（即協議日）亦可能為重大消息認定之時點。

正公布之現行證券交易法第157條之1規定修正為內部人「實際知悉」發行股票公司有重大影響其股票價格之消息時，「在該消息明確後，未公開前或公開後18小時」內，即限縮將「獲悉」改為「實際知悉」、重大消息必須「明確」[34]，**即知修法之意旨為重大消息限於「明確」始成立**，新修正之條文雖於本件未可直接適用，惟其修法之意旨仍可作為行為時法律規定文義有爭議時解釋適用之參考。」[35]顯見，無論於舊法、新法時期，「消息」確有其成立時點，且修法後，該成立時點需限於「明確」已是無庸置疑[36]。

　　基於憲法五權分立平等相維之體制，立法權專屬於立法院，似應不許行政權兼有立法權而破壞權力分立之原理。惟由於行政事務繁雜且多具有高度行政技術性，非立法者所能全部熟悉，故有借重具有專門之行政機關制定適當行政規則之必要。因此，由法律授權行政機關制定法規命令（即委任命令），實有其實際需要。惟值得注意者，委任命令固為中央法規標準法第7條之所許，但基於憲法所定主權在民之民主原則，一般認為有侵犯立法機關之立法權之虞之廣泛的一般性委任立法應不許為之[37]。

　　且授權發布法規命令之法律亦規即委任命令應充分規定其授權規範之對象內容、目的及範圍，否則其委任命令不生效力。在具備上述要件下，委任命令亦得為干預人民自由權利之依據，而符合憲法第15條法律保留原則之要求。

　　職此之故，司法院大法官釋字第443號解釋理由書乃闡明：「何種事項應以法律直接規範或得委由命令予以規定，與所謂規範密度有關，應視規範對象、內容或法益本身及其所受限制之輕

---

[34] 最高法院100年台上字第2565號刑事判決。

[35] 參閱台灣高等法院100年度金上字第1號民事判決。

[36] 參閱陳彥良，內線交易之重大消息明確性判斷，月旦法學教室，第124期，2013，頁18-20。

[37] 參閱陳銘祥，法政策學，元照出版有限公司，2010年9月1日，頁98-108。

重而容許合理之差異：諸如剝奪人民生命或限制人民身體自由者，必須遵守罪刑法定主義，以制定法律之方式為之；涉及人民其他自由權利之限制者，亦應由法律加以規定，如以法律授權主管機關發布命令為補充規定時，其授權應符合具體明確之原則；若僅屬於執行法律之細節性、技術性次要事項，則得由主管機關發布命令為必要之規範，雖因而對人民產生不便或輕微影響，尚非憲法所不許。又關於給付行政措施，其受法律規範之密度，自較限制人民權益者寬鬆，倘涉及公共利益之重大事項者，應有法律或法律授權之命令為依據之必要，乃屬當然。」是以，證券交易法第157條之1第5項及第6項重大消息範圍及其公開辦法中之成立時點[38]，需符合具體明確之原則始符合委任命令。

　　空白構成要件（Blankettatbestand）只有規定罪名、法律效果與部份之構成犯罪事實，至其禁止內容則規定於其他法律或行政規章。此等構成要件必待其他法律或行政法規補充其空白部分之後，方能成為完整之構成要件（geschlossener Tatbestand），故空白構成要件在本質上係屬一種有待補充之構成要件（ausfüllungsbedürftiger Tatbestand）。此等補充空白構成要件之行政法規或命令，雖不具法律之刑事，且無刑法之實質內涵，但與空白刑法之結合，即成為空白構成要件之禁止內容，而足以影響可罰性之範圍[39]。

　　證券交易法第157條之1第5項規定：「第一項所稱有重大影響其股票價格之消息，指涉及公司之財務、業務或該證券之市場供求、公開收購，**其具體內容**對其股票價格有重大影響，或對正當投資人之投資決定有重要影響之消息；『其範圍及公開方式等相關事項之辦法，由主管機關定之』。」違反同法第157條之1

---

[38] 民國95年5月30日發布，民國99年12月22日修正。

[39] 參閱林書楷，資本市場刑法—以內線交易及操縱市場最為中心，月旦財經法雜誌，第23期，2010年12月，頁53-76。

第1項、第5項規定，依同法第171條係設有刑事之處罰規定，涉及人民身體自由之限制，依大法官釋字第443號須遵守罪刑法定主義，應以制定法律之方式為之，倘授權主管機關發布命令為補充規定，其授權應符合具體明確之原則。

新修正證券交易法第157條之1第1項規定：「下列各款之人，實際知悉發行股票公司有重大影響其股票價格之消息時，在該消息『明確後』，未公開前或公開後十八小時內，不得對該公司之上市或在證券商營業處所買賣之股票或其他具有股權性質之有價證券，自行或以他人名義買入或賣出……」，同條第5項亦規定：「第一項所稱有重大影響其股票價格之消息，指涉及公司之財務、業務或該證券之市場供求、公開收購，『其具體內容』對其股票價格有重大影響，或對正當投資人之投資決定有重要影響之消息；其範圍及公開方式等相關事項之辦法，由主管機關定之。」

從而，發行股票公司有重大影響發行股票公司股票價格之消息係以明確為要件，且該消息之「具體內容」係對股票價格有重大影響或對正當投資人之投資決定有重要影響。職此，若消息之「具體內容」對股票價格、對正當投資人之投資決定並無重要影響；抑或行為人於實際知悉對股價有重大影響之消息時，該對於股價有重大影響之消息尚處於大概、可能、或許、應該等不確定之狀態，即應不該當消息明確之構成要件。

主管機關於2010年12月22日修正現行證券交易法第157條之1第5項及第6項重大消息範圍及其公開方式管理辦法（下稱管理辦法）第5條規定：「前三條所定『消息之成立時點』，為事實發生日、協議日、簽約日、付款日、委託日、成交日、過戶日、審計委員會或董事會決議日或其他依具體事證『可得』明確之日，以日期在前者為準。」係就同法第157條之1第1項、第5項所謂重大影響股票價格消息成立時點之規定，惟揆諸證券交易法第157條之1第1項、第5項均以消息「明確」成立為要件，現行

管理辦法第5條規定，卻另闢蹊徑，以「可得明確」作為認定之標準似有悖於母法「明確」成立要件。

此外，上揭管理辦法第5條在「事實發生日、協議日、簽約日、付款日、委託日、成交日、過戶日、審計委員會或董事會決議」外，尚又以「以日期在前者為準」惟其要件之一，則重大影響股票價格消息「明確」成立之時點，究竟是「可得明確時」？抑或是「日期在前者」？判斷標準顯然不一，然而，不論是「可得明確時」抑或是「日期在前者」，似均有違母法即證券交易法第157條之1第1項消息「明確」性要件。

證券交易法第157條之1第5項規定：「第一項所稱有重大影響其股票價格之消息，指涉及公司之財務、業務或該證券之市場供求、公開收購，『其具體內容』對其股票價格有重大影響，或對正當投資人之投資決定有重要影響之消息；其範圍及公開方式等相關事項之辦法，由主管機關定之。」立法者既已就對股票價格之影響或對正當投資人之投資決定有重要影響消息之「具體內容」範圍及公開方式等相關事項，授權由主管機關定之，且該等事項為刑法犯罪事實之構成要件，主管機關即應訂定相關規範，以符合罪刑法定原則。

揆諸前揭管理辦法第2、3條之規定，其消息諸如公司辦理重整、破產、解散、或申請股票終止上市或在證券商營業處所終止買賣；公司或其控制公司股權有重大異動等等，其內容、範圍一望即知立即而明顯尚屬具體。惟上開辦法第2條第2款所稱「公司辦理重大之募集發行或私募具股權性質之有價證券、減資、合併、收購、分割、股份交換、轉換或受讓、直接或間接進行之投資計畫，或前開事項有重大變更者。」及同辦法第3條第1款所稱「證券集中交易市場或證券商營業處所買賣之有價證券有被進行或停止公開收購者。」其中如合併、收購、股份交換、轉換或受讓、直接或間接進行之投資計畫、證券集中交易市場或證券商營業處所買賣之有價證券有被進行公開收購等等，該等消

息具有一定的持續性，且涉及交易標的複雜度、談判評估時程、查核進度及最終能否完成交易等因素，並非立即而明顯且不可能一望即知。

　　就此，主管機關實應就管理辦法第2、3條所稱之各種非屬立即而明顯、一望即知的「消息」，明定其對股票價格或對正當投資人之投資決定有重要影響之『具體內容』，然該管理辦法似未依新修正之證券交易法第157條之1第5項規定，增加「其具體內容」之法文予以修正，依然沿用舊法內容，似有牴觸證券交易法第157條之1第5項母法規定之虞。

陸、重大消息「明確性」之認定在我國與美國實務上之比較

　　我國2010年6月4日生效施行之證券交易法第157條之1，重大影響股票價格之消息必須具備「明確性」，實務上，則須確定何謂明確之重大影響股票價格之消息，因此如何認定何謂明確之重大影響股票價格之消息，成為本條規範實務上運作之關鍵點。本文就目前實務上對於企業併購過程中，併購公司要了解被併購公司之財務狀況以進一步決定是否完成併購，常會進行實地查核（due diligence，俗稱D.D.），則此時在進行前以及D.D評估完成前之併購消息是否明確，本文以為應非屬明確。

　　蓋企業併購法第4條規定所謂之併購係指公司之合併（指依本法或其他法律規定參與之公司全部消滅，由新成立之公司概括承受消滅公司之全部權利義務；或參與之其中一公司存續，由存續公司概括承受消滅公司之全部權利義務，並以存續或新設公司之股份、或其他公司之股份、現金或其他財產作為對價之行為。）收購（指公司依本法、公司法、證券交易法、金融機構合

併法或金融控股公司法規定取得他公司之股份、營業或財產，並
以股份、現金或其他財產作為對價之行為。）及股份轉換（指公
司經股東會決議，讓與全部已發行股份予他公司作為對價，以繳
足公司股東承購他公司所發行之新股或發起設立所需之股款之行
為。）等架構，每種併購架構與決定談判併購基礎之實地查核結
果，均為併購案明確與否之關鍵因素，凡此均涉及公司或股東間
複雜之稅務規劃、標的公司可能隱藏之稅務、環保、勞工等法律
糾紛風險、標的公司可能隱藏之重大財務黑洞、資產品質惡化與
負債比率攀高等財務風險，及併購公司之資金支付能力與融資需
求，以及併購架構不同所涉時間長短等不同考慮，是併購架構是
否明確與查核結果為何等，確成為併購成功與否的關鍵因素。

　　再者，企業併購係是為一相當複雜且牽涉眾多不同層面之
過程，其不同層面包括股東、經營階層、員工、客戶、上下游廠
商等，尚必須就內在因素，諸如：會計、資訊、人事、文化之整
合，和外在因素，如：法令規範、政府政策等，進行全盤且綜合
之考量，絕非單純「順應時代潮流」所為之草率衝動行徑，須有
完整審慎之評估規劃、按部就班執行各項作業、加上良好的併購
後，其整合方能成就一樁成功之企業併購案[40]。

　　再者，公司合併的過程有如雪片似的瑣碎細微，如合併案之
公司最高階層對合併交易之興趣；公司、股東最大利益之考量；
公司合併需進行目標企業之產業研究、企業所有者、歷史沿革、
人力資源、營銷與銷售、研究與開發、生產與服務、採購、法律
與監管、財務與會計、稅收、管理資訊系統等實地查核，再就其
查核之訊息、結果進行可行性評估，以評估合併交易所帶來的利
益、風險以及是否可行；合併方式是以現金、其他財產收購抑或
是以股換股等？

---

[40] 參閱賴源河與郭土木，企業併購訊息與內線交易重大消息明確點認定之探討，
中正財經法學，第4期，2012年1月，頁1-45。

因此依據統計，全球企業的併購案中有高達83%是以失敗收場，亦即有將近八成以上的併購案破局，以失敗收場[41]，正因為許多併購案在其形成、查核、評估、洽商等階段，具有高度不明確性、變化性及失敗率。所以，公司併購在評估報告、專家意見書提出後，關於交易之價格與架構經二公司認可（董事會決議、股東會通過）前，很難說消息已明確，更無所謂合併之事實已確實發生。

以近年來鬧的沸沸揚揚的鴻海認購益通私募案與大眾銀合併案等為例[42]，鴻海於100年1月24日取得益通過半數董事（含董事長）出具的承諾書，招攬鴻海或鴻海指定第三人，以六十億元額度內參與益通私募普通股。鴻海於100年1月25日晚間公告旗下四家子公司鴻揚創投、鴻棋創投、寶鑫國際、利億國際參與認購益通私募9000萬股、1500萬股、1800萬股及3000萬股，合計認購1.53億股，總投資金額達30.6億元。不過在不到38小時後，鴻海於100年1月27日上午公告，因投資協議書內容雙方未能達成協議，四家子公司不參與認購益通私募案。

鴻海與益通雙方的歧見主要是鴻海要求益通針對揭露資料、財報的真實性，須正確完整無遺漏或隱匿，對債務、存貨提列及無背書、保證等聲明及保證，並要求益通承諾評估將GIH商標權及供貨、德意志銀行提前還款的違約罰金及總部大樓的在建工程等可能損失，反映在2010年年報之中，但未獲益通同意以致破局。可見，即使鴻海已取得益通過半數董事（含董事長）出具的承諾書，並公告旗下四家子公司參與認購益通私募案，在最終的協議未達成一致的共同意思之前，仍然充滿不可預知的變

---

[41] 參閱Yaakov Weber, Shlomo Tarba, and Christina Oberg, The M&A Paradox: Factors of Securitites and Failure in Mergers and Acquisitions from Comprehensive Guide to Mergers & Acquisitions: Managing the Critical success Factors Across Every Stage of the M&A Process (January 16, 2014).

[42] 參閱中央社2011年1月27日報導標題：「益通私募鴻海：誠信更重要」。

數，而使投資案在最後功虧一簣、無疾而終。

　　民國101年5月大眾銀行欲出賣給富邦金控或元大金，三方於進行完實地查核後，元大金與富邦金控分別表示「內部評估後認為現階段不適合進行該併購案」與「畢竟目前市場環境的確不適合作併購」，導致大眾銀併購交易最終破局。[43]

　　正因為企業併購係是為一相當複雜且牽涉眾多不同層面之瑣碎細微過程，雙方為使併購案能夠順利進行多會簽訂「意向書」（Letter of Intent）（即LOI）或「備忘錄」（Memorandum），內容可能包括是否擁有獨家權利、未來可能之交易價格區間及交易方式、保密條款之簽訂、營運現狀之確認、實質審查之規劃及安排等等，但是，簽訂「意向書」（Letter of Intent）或「備忘錄」（Memorandum），不過是雙方對於目前進行階段，及對於未來預定可能進行之方式及步驟所達成之一種意向，並不代表準備併購的雙方必須受到法律之拘束，日後一定要完成併購。

　　尤其，對於不明確、不具體之消息及不具拘束力之意向書（Non-Binding Letter of Intent），美國聯邦證管會（Securities Exchange Commission, SEC）認為不應隨便公佈以避免影響證券市場之健全發展[44]，依據美國證管會修正證券管理8-K的應揭露項目要求表，並自2004年8月23日起生效適用，新表新增包括「簽訂終局的重大契約（第1.01項）」等在內之8項揭露項目，其中對於**未具拘束力之協議**，由於反對揭露者眾，其反對意見咸認揭露此類協議不但會對公司造成重大競爭性損害，且將造成市場過度揣測，因此，美國證管會放棄對公司應揭露未具拘束力協議之要求[45]。

---

[43] 「元大金收兵大眾銀招親破局」工商時報，101年5月25日，A3版。

[44] The SEC Amends Form 8-K Disclosure Requirements，資料來源：www.smithlaw.com/publications/SecAlert0607041.pdf（最後瀏覽日：2013-12-23）。

[45] 於2004年6月7日由Smith Anderson發佈的Securities Alert報導。

　　另在1988年Taylor案：「如果只是純理論與實驗性討論的相關資訊，對於最終決定而言，屬於既不確定且又不具有重要意義。如果只是試圖性的討論（例如意向的徵詢），相關資訊並無須揭露，如果所有意圖性或試圖性的相關討論都要予以揭露，反而將使投資人或股東陷入混亂繁雜的資訊中，此絕非法律之制度目的」[46]。

　　前揭二則分別代表美國行政及司法機關之見解，正與我國99年6月4日生效施行之證券交易法第157條之1規範重大消息必須「明確」、重大消息必須要有「具體內容」等規範，不謀而合。

　　我國法院實務在2010年6月4日生效施行之證券交易法第157條之1規定後，對於「明確性」及「具體內容」之最新見解亦頗有見地。台灣台北地方法院99年度金訴字第24號刑事判決認為：「本件合併案及前揭換股比例，是本件合併案及前揭換股比例之重大消息於黃○○與彭○○在97年1月18日，以前皆電話方式『確定』換股比例時，應認為僅係『初步確定』前揭換股比例而尚未具體確定或明確，尚難認為當時即已成立或具體明確，而係在前揭財務實地查核經智融公司代表宏碁公司所委託之安侯企管顧問公司承辦會計師於97年2月13日前某日，將查核結果所發現倚天公司之財務問題先告知彭○○，經彭○○判斷並非大問題，亦即對本件合併案及前揭換股比例並無影響，而於97年2

---

[46] 參閱Taylor v. First Union Corp. of South Carolina, 857 F. 2d 204, 244-45(4th Cir. 1988), cert. denied, 489 U.S. 1080(1989) (10(b) securities fraud): "Information of speculative and tentative discussions is of dubious and marginal significance to that decision. To hold otherwise would result in endless and bewildering guesses as to the need for disclosure, operate as a deterrent to the legitimate conduct of corporate operations, and threaten to 'bury the shareholders in an avalanche of trivial information': the very perils that the limit on disclosure imposed by the materiality requirement serves to avoid.")

月12日向代表宏碁公司之該公司董事長王○○提出報告，經王
○○表示尚『滿意』前揭財務實地查核結果，並同意前揭換股比
例而『眞正敲定』後，始能認爲前揭合併案及換股比例之重大消
息業已成立或具體明確；且此時既係經具有決定權限之宏碁公司
董事長王○○於審核彭○○向其提出之前揭財務換股比例，則參
照前揭說明，就本件合併案之前揭洽談、實地查核經過及結果等
客觀情形合併觀察，應認爲本件合併案通過之重大消息，其所指
內涵之事實已經發生，而於嗣後一定期間內必然發生之情形已經
明確」[47]。

　　該判決對明確時點的認定係在實地查核後，且眞正有決定權
者表示尚滿意查核結果，並同意換股比例後，此一認定頗符合現
行內線交易「明確性」之規範，蓋公司合併案之程序繁瑣已如前
述，而實地查核之結果可說是併購案開始眞正磋商之先決條件，
即實地查核後之結果，往往對於標的公司才有可能眞正瞭解其稅
務、環保勞工之法律糾紛有無，及其資產、負債之財務黑洞多大
等事項，也才能進一步以查核結果爲基礎去眞正討論、談判或磋
商價格及雙方之聲明承諾與保證事項，以及員工權益等議題因此
併購案在實地查核過程中充滿變數，故就併購案而言，該判決認
爲對標的公司進行實地查核後方有所謂內線交易明確及具體之可
能，與修法規範意旨若合符節。

柒、重大消息「實際知悉」之認定在我國與美國
實務上之比較

　　我國證券交易法係於1988年參考美國立法例所制定，而那

---

[47] 參台灣台北地方法院99年度金訴字第24號刑事判決。

時正是1980年代美國聯邦最高法院依信賴忠實義務理論作出Chi-arella案及Dirks案具指標性判決的年代，故我國立法之初不可能採納當時已被美國聯邦最高法院揚棄之平等取得資訊理論，以免處罰範圍太廣殃及無辜，造成寒蟬效應嚴重影響資本市場之運作。

　　嗣2010年6月4日生效施行現行之證券交易法第157條之1限縮將「獲悉」消息改為「實際知悉」消息、消息必須具備「明確性」，且『其具體內容』對股票價格有重大影響，或對正當投資人之投資決定有重要影響者為限，立法方向應屬正確。立法者考量「罪刑法定原則」，重大消息公開方式宜予明定，授權主管機關訂定重大消息之範圍及公開方式等相關事項，以符合「法律安定性」以及「預見可能性」之要求，惟「證券交易法第一百五十七條之一第五項及第六項重大消息範圍及其公開方式管理辦法」第2、3、5條規定，似未依母法意旨加以調整，恐有再檢視之必要。

　　尤其管理辦法第5條對重大消息之成立時點係以「可得明確之日」、「以日期在前者」為準，與母法證券交易法「明確」之構成要件有間，確有牴觸母法致令人民動輒得咎、無所適從。再者，消息必須具備「明確性」，且『其具體內容』對股票價格有重大影響，或對正當投資人之投資決定有重要影響之時點，才有「實際知悉」的可能，因此，對於證券交易法第157條之1條有關「實際知悉」構成要件之認定，必須以嚴格的證據對個別行為人分別加以證明，斷不能以推論共犯的方式入人於罪。

　　質言之，必須以嚴格的證據證明每個行為人都「實際知悉」，成為內線交易的正犯，如此，正犯與正犯之間，才會成立共同正犯，否則，只證明其中一個行為人「實際知悉」，無法證明其他行為人「實際知悉」重大影響股票價格之消息，則其他行為人就不是內線交易的正犯，那麼正犯與非正犯之間，就不可能成立共同正犯，若法院以其中一人「實際知悉」，就衍生的、間

接的認定其他行為人亦「實際知悉」，即不符合嚴格證據法則。

又行政院於2008年2月4日送請立法院審議之證券交易法草案，於第157條之1第8項增列「行為人證明其交易係為執行實際知悉第一或第二項消息前已訂立之買賣有價證券契約者，不受內線交易禁止之限制，但買賣有價證券契約顯係意圖規避而訂立者，不在此限。」之安全港（Safe Harbor）條款[48]，惟惜未經立法院審議通過。

安全港條款係參考美國證管會頒布之Rule 10b5-1[49]，其內容

---

[48] 參見行政院97年2月4日台財字第0970004750號函立法院審議案。惟為避免委偽造、變造契約或計劃脫免法律責任，同時於第10項增訂，買賣有價證券契約，應符合下列要件：

一、以書面為之，並載明下列事項：

（一）訂立之日期及存續期間。

（二）有價證券之買賣數量或交易金額。

（三）有價證券之買賣價格及執行日期。

（四）受委任執行有價證券買賣之人。

二、前款第二目及第三目之有價證券買賣數量、交易金額、買賣價格及執行日期，係依固定公式或電腦程式決定者，應於契約載明其公式或電腦程式內容。

三、行為人無正當理由不得變更契約內容或終止買賣，亦不得影響受任人執行方式。行為人或受任人於契約存續期間另行從事相關避險交易者，視為變更契約內容。

四、行為人已於契約訂立後二日內將契約副本申報下列機構：

（一）契約買賣標的之有價證券在證券交易所上市買賣者，申報證券交易所。

（二）契約買賣標的之有價證券在證券商營業處所買賣者，申報證券櫃檯買賣中心。

[49] Rule 10b5-1 a person's purchase or sale is not "on the basis of material nonpublic information if the person making the purchase or sale demonstrates that:

A. Before becoming aware of the information, the person had:

1. Entered into a binding contract to purchase or sell the security,

2. Instructed another person to purchase or sell the security for the instructing person's account, or

3. Adopted a written plan for trading securities;

主要在舉證沒有犯罪之故意,因爲事先已有交易規劃或簽立契約的事實,行爲人主觀上內線交易之犯罪意欲與認識即自始不存在,尚不生內線交易犯罪問題。

台灣高等法院台中分院98年度金上訴字第1358號刑事判決認爲「…不論基於資訊平等、信賴關係或私取利益之角度,均不能忽略行爲人『利用』消息與買賣股票間之關聯性。申言之,『公開否則不得買賣』之義務,係因獲悉未公開消息之人『利用』此消息而侵害市場投資之公平性,亦即獲悉內線消息之人,較諸其他投資人,具有私取之利益,或『利用』此消息,進而爲買賣股票之行爲,始有違反信賴義務,造成兩方地位不平等可言。

倘若行爲人並未『利用』此消息,亦即,行爲人不論是否獲悉此消息,一概按事先擬定之投資計畫、或按既定之投資習慣,規律地進行買賣股票之行爲,非因獲悉消息始爲股票之買賣,此時,獲悉消息之人與其他投資人,自無基於資訊不平等之地位可言。從而,獲悉未公開重大消息之人,至少須以此消息作爲驅使其決定購買股票之重要因素之一,始該當內線交易罪之處罰目的。一旦獲悉重大未公開消息之人『利用』消息而買賣股票,此未公開消息與股票買賣行爲之間,始產生足以認定違法之邏輯推論,故行爲人得舉證證明買賣股票非因獲悉消息而致之偶然關聯性,而免除刑責。

綜上所述,獲悉未公開重大消息之人,固無須具備藉由買賣股票交易獲利或避免損失之主觀意圖,但仍不能排除其買賣股票之起念與重大消息之獲悉間,具有『利用』之相當關聯性,否則,無異造成交易人因一般投資習慣或預先擬定之投資計畫而陷於罪責之危險。故所謂不考慮行爲人主觀目的,應係排除行爲人須有藉此獲利或避免損失之主觀意圖,而非排除須有此項犯罪構

成要件之故意。[50]」顯見，內線交易行為人主觀上須具備犯罪之
意圖故意，若行為人原本即有一般投資習慣、預先擬定之投資計
畫或已簽訂交易契約，即無所謂犯罪之故意，除非另能舉證此預
先擬定之投資計劃係為遮掩犯罪所為，否則自不能以內線交易之
罪相繩。

捌、結論

　　企業進行合併、收購、股份交換、轉換或受讓、直接或間接
進行之投資計畫、公開收購在證券集中交易市場或證券商營業處
所買賣之有價證券，時有簽訂「意向書」（Letter of Intent）或
「備忘錄」（Memorandum），然不論是「意向書」抑或是「備
忘錄」，不過係企業間就該等交易事項「試探性意向」之表達，
並不代表雙方必須受到法律之拘束，日後一定要完成該等交易事
項。進者，併購交易案中欲進行實地查核後才能真正評估是否有
併購意願，故在併購案中進行實地查核之前，確無消息已「明
確」之可能。

　　基此，美國證管會對於「未具拘束力」的「意向書」抑或是
「備忘錄」，均認為企業無須負揭露之義務，否則將造成市場過
度揣測，使投資人或股東陷入混亂繁雜的資訊中，無所適從。另
我國對於合併、收購、股份交換、轉換或受讓、直接或間接進行
之投資計畫、公開收購在證券集中交易市場或證券商營業處所買
賣之有價證券等，這些活動均有複雜的試探、磋商、實地查核、
談判、簽約等過程及階段，實不應過早認定明確成立時點，故應
將相關子法中不確定之法律概念明確化，以及明定其對股票價格
或對正當投資人之投資決定有重要影響之「具體內容」，不應漫

---

[50] 參台灣高等法院台中分院98年度金上訴字第1358號刑事判決。

無標準，以符合「罪刑法定原則」及「預見可能性」之要求，避免使企業、投資大眾以自己主觀的認知推想、臆測，而後又落入被搜索、偵查、起訴、審判等刑事訴訟的勞費之中。

末者，我國司法實務對於實際知悉不明確不具體之傳聞，仍肯定內部人得繼續買賣股票，即消息應「明確」始謂之「成立」，益證所謂「最早」成立說中所稱以「最早」之時認定為成立明確時點確有矛盾之處，此觀諸「依現行條文，內部人獲悉、甚至實際知悉不明確，也不具體的傳聞，無論消息是否重大，仍可一邊查證、確認，且繼續買賣，直到主觀上確信該消息重大，並有明確具體內容後，才停止買賣」[51]，又「若在任何重大消息萌芽初始階段，一律認前揭內部人等受規範人在揭露該消息前均不得買賣股票，恐不切實際，此係因任何企業活動之相關消息，在未來均不無發展成為重大消息之可能性，是前揭內部人恐幾無得合法買賣股票之空間，自難認為切合實際，亦非合理」[52]等判決意旨即為明證。

其實依我國證券交易法第1條規定：「為發展國民經濟，並保障投資，特制定本法。」之意旨，內線交易及其相關子法之修正及執法，絕不應牴觸證券交易法之立法目的，方不致讓企業動輒得咎無所適從，這才有助於促進國民經濟及資本市場發展！

---

[51] 參台灣台北地方法院97年度金重訴字第8號刑事判決。

[52] 參台灣台北地方法院99年度金訴字第24號刑事判決。

6

有價證券連續買賣之實務發展趨勢及評釋

中正大學法學院教授　王志誠

壹、楔子

　　法律中有許多條文之用語所含之概念具有多義性，適用時往往須進一步解釋者，學理上稱為不確定法律概念。法律之用語若屬不確定法律概念，一則可由法律明文授權主管機關訂定法規命令，明定其判定標準以供個案認定參考，例如證券交易法第157條之1第5項之「有重大影響其股票價格之消息」、第6項之「有重大影響其支付本息能力之消息」，其範圍及公開方式等相關事項，即授權主管機關訂定法規命令。二則應由法院於審理具體個案中形成其內容，進行法理註解及評價。觀諸證券交易法第20條之1、第32條第1項、第43條之4準用第32條，第155條第1項第4款、第157條之1、第171條第1項第2款所使用之「主要內容」、「有影響市場價格或市場秩序之虞」、「重大影響其股票價格之消息」、「重大影響其支付本息能力之消息」或「不合營業常規」等，即屬於評價性之不確定法律概念。但若僅係行政機關之解釋或訂定之行政規則，雖可供法院認定事實之參考，得為審判所引用，但並無絕對之拘束力[1]。此外，證券交易法第155條第1項第4款及第5款之操縱市場行為類型，性質上係採用若干本質上為不確定法律概念之開放性構成要件，例如「連續」、「高價」、「低價」及「交易活絡」等概念，亦屬於構成要件不明確之犯罪類型。

---

[1] 參閱台灣高等法院台中分院99年度金上易字第3號民事判決：「修正前證券交易法第157條之1第4項後段授權主管機關訂定重大消息之範圍及其公開方式等相關事項，乃因重大影響其股票之價格消息，屬不確定法律概念，或不免發生如何認定個案事實有無內線交易存在及成立困擾，是以，授權主管機關訂定重大消息之範圍及其公開方式等相關事項以供個案認定參考，惟主管機關所公告之重大消息範圍僅供司法機關於個案中參考，就個別訊息，如足以使一般理性之投資人咸認該消息足以影響其買賣股票之意願，縱未經主管機關所公告之重大消息範圍，仍不影響其屬重大消息之性質。」

　　本文擬對於證券交易法第155條第1項第4款及第5款所規定之「連續」、「高價」、「低價」、「交易活絡」、「有影響市場價格或市場秩序之虞」等概念，整理近年來我國司法實務見解之發展及關鍵爭點，並提出管蠡之見，以供參考。

貳、連續買賣之主觀構成要件

一、行為人主觀上應否具有造成股票集中交易市場交易活絡表象，以誘使他人購買或出賣上開股票謀利之企圖？

　　最高法院對於證券交易法第155條第1項第4款之主觀構成要件，絕大多數見解認為行為人主觀上應具有造成股票集中交易市場交易活絡表象，以誘使他人購買或出賣上開股票謀利之企圖。茲列舉最高法院之若干重要見解，以供參考：

　　（一）炒作行為人主觀上應有以造成交易活絡表象，對市場供需之自然形成加以人為干擾，藉資引誘他人買進或賣出，以利用股價落差圖謀不法利益之意圖。故成立本罪應就行為人主觀上是否具有造成股票集中交易市場交易活絡表象，以誘使他人購買或出賣上開股票謀利之企圖，詳加調查審認，以為判斷之準據[2]。

---

[2]　參閱最高法院96年度台上字第1044號刑事判決：「所謂炒作行為，乃就證券集中市場建制之公平價格機能予以扭曲，藉由創造虛偽交易狀況與價格假象，使投資大眾受到損害，而達操縱股票交易市場目的。故炒作行為人主觀上應有以造成交易活絡表象，對市場供需之自然形成加以人為干擾，藉資引誘他人買進或賣出，以利用股價落差圖謀不法利益之意圖。故成立本罪應就行為人主觀上是否具有造成股票集中交易市場交易活絡表象，以誘使他人購買或出賣上開股票謀利之企圖，詳加調查審認，以為判斷之準據。原判決並未審酌上訴人等是否具有此一意圖，徒以上訴人只要有抬高或壓低股價之意圖即構成本罪，有適用法則不當之違背法令。」

　　（二）就本罪之主觀構成要件而言，行為人主觀上應有以造成交易活絡表象，對市場供需之自然形成，加以人為干擾，藉以引誘投資大眾買入或賣出股票，以利用股價落差謀取不法利益之意圖為必要等語，並非於法條文規定「意圖抬高或壓低集中市場某種有價證券之交易價格」主觀構成要件之外，另行增加（或補充）法條文未規定之主觀構成要件[3]。

　　（三）行為人純係基於經濟性因素之判斷，自認有利可圖，或為避免投資損失擴大，而有連續以高價買入或低價賣出股票之行為，縱因而獲致利益或產生虧損，並造成股票價格波動，仍須以**積極證據**證明行為人主觀上有故意炒作股票價格，誘使他人為買進或賣出，以利用價差謀取不法利益之意圖，始能依證券交易法第155條第1項第4款罪名論科[4]。

　　（四）行為人主觀上有非法影響或操縱股票市場行情，利用

---

[3]　參閱最高法院101年度台上字第5026號刑事判決：「本院前三次發回意旨一再闡述就本罪之主觀構成要件而言，行為人主觀上應有以造成交易活絡表象，對市場供需之自然形成，加以人為干擾，藉以引誘投資大眾買入或賣出股票，以利用股價落差謀取不法利益之意圖為必要等語，並非於法條文規定『意圖抬高或壓低集中市場某種有價證券之交易價格』主觀構成要件之外，另行增加（或補充）法條文未規定之主觀構成要件，而係參酌立法之規範目的，進一步闡釋法條文所定主觀構成要件蘊含之精義及完整之內涵，俾有助於正確判斷，符合刑罰謙抑原則。」

[4]　參閱最高法院101年度台上字第5471號刑事判決：「證券交易法第155條第1項第4款規定，不得有意圖抬高或壓低集中市場某種有價證券之交易價格，自行或以他人名義，對該有價證券連續以高價買入或以低價賣出者之行為，其目的係在使有價證券價格能在自由市場正常供需競價下產生，避免遭受特定人操控，以維持證券價格自由化，並維護投資大眾利益。應以行為人主觀上有影響或操縱股票市場行情，以謀取不法利益之意圖，客觀上有對於某種有價證券連續以高價買入或低價賣出之行為，始克成立。是以，行為人純係基於經濟性因素之判斷，自認有利可圖，或為避免投資損失擴大，而有連續以高價買入或低價賣出股票之行為，縱因而獲致利益或產生虧損，並造成股票價格波動，仍須以積極證據證明行為人主觀上有故意炒作股票價格，誘使他人為買進或賣出，以利用價差謀取不法利益之意圖，始能依證券交易法第155條第1項第4款罪名論科。」

股票數量有限及集中市場大量迅速交易功能，炒作股票價格，創造虛偽交易狀況與價格假象，誘使一般投資大眾跟進，以謀取不法利益之意圖，客觀上有對於某種有價證券連續以高價買入或低價賣出之行為即可成立該罪名[5]。

（五）判斷是否有影響市場以操控有價證券價格之主觀意圖，除考量其屬性、動機、交易型態及有無違反投資效率等外，有關高買低賣行為，是否在於創造錯誤之交易熱絡表象，進而誘使投資者跟進買賣以圖謀不法利益，亦為重要判斷因素[6]。

（六）所謂「意圖抬高集中市場某種有價證券之交易價格」，係指不顧該有價證券實際表彰之價值，而單純意圖抬高該有價證券之市場價格，致他人誤認該有價證券之買賣熱絡而買賣

---

[5] 參閱最高法院102年度台上字第168號刑事判決：「證券交易法第155條第1項第4款規定，對於在證券交易所上市之有價證券不得有意圖抬高或壓低集中交易市場某種有價證券之交易價格，自行或以他人名義，對該有價證券連續以高價買入以以低價賣出之行為。違反者，應依同法第171條第1款規定論處。其目的係使有價證券之價格能在自由市場正常供需競價下產生，避免遭受特定人操縱，以維持證券價格之自由化，而維護投資大眾之利益。換言之，行為人主觀上有非法影響或操縱股票市場行情，利用股票數量有限及集中市場大量迅速交易功能，炒作股票價格，創造虛偽交易狀況與價格假象，誘使一般投資大眾跟進，以謀取不法利益之意圖，客觀上有對於某種有價證券連續以高價買入或低價賣出之行為即可成立該罪名，且該罪係行為犯，並不以產生其期待之高價或低價或實際獲利為必要。」

[6] 參閱最高法院103年度台上字第2256號刑事判決：「判斷是否有影響市場以操控有價證券價格之主觀意圖，除考量其屬性、動機、交易型態及有無違反投資效率等外，有關高買低賣行為，是否在於創造錯誤之交易熱絡表象，進而誘使投資者跟進買賣以圖謀不法利益，亦為重要判斷因素。然行為人亦可能係基於其他各種特定目的，例如避免供擔保之有價證券價格滑落，或締造公司之經營榮景，亦或利用海外原股與台灣存託憑證之價差，故此，以人為操縱方式維持價格，並具集中交易市場行情異常變動而影響市場秩序之危險，即屬違法炒作行為。又所謂連續以高價買入或低價賣出之行為，係指行為人基於概括犯意，於一定期間內連續多次以高價買入或低價賣出之行為。並非指每筆委託、成交買賣之價格均係高價，僅需其多數行為有概括之統一性即為已足。」

該有價證券，造成該有價證券市場價格抬高之情形[7]。

　　相對地，最高法院僅有極少數之見解，認為行為人之高買、低賣行為，是否意在創造錯誤或使人誤信之交易熱絡表象、誘使投資大眾跟進買賣或圖謀不法利益，固亦為重要之判斷因素，但究非成罪與否之主觀構成要件要素[8]。惟是類見解，所幸僅為少數，並未成為主流。

　　本文以為，最高法院絕大多數見解，肯認行為人應具有造成股票集中交易市場交易活絡表象，以誘使他人買入或賣出股票謀取不法利益之企圖，始該當連續買賣之主觀構成要件，不僅符合美國及日本連續買賣行為規範之法制經驗[9]，亦係從強調立法者之規範目的出發，闡釋法條文所定主觀構成要件所蘊含之精義及

---

[7]　參閱最高法院104年度台上字第36號刑事判決：「按證券交易法第155條第1項第4款所稱『連續以高價買入』，係指於特定時間內，逐日以高於平均買價、接近最高買價之價格，或以當日最高之價格買入而言。不以客觀上致交易市場之該股票價格有急劇變化為必要。另所謂『意圖抬高集中市場某種有價證券之交易價格』，係指不顧該有價證券實際表彰之價值，而單純意圖抬高該有價證券之市場價格，致他人誤認該有價證券之買賣熱絡而買賣該有價證券，造成該有價證券市場價格抬高之情形。其中我國股票交易市場對於股價漲跌幅固設有上限，在此限度內為合法容許之價格，然如連續以漲停價或接近漲停價，買進股票，使該股票價量齊揚，致他人誤認該有價證券之買賣熱絡而買賣該有價證券之行為，造成該有價證券市場價格抬高之情形，此時市場價格之形成，顯係一定成員之刻意拉高，此價格非本於供需而形成之價格，而係人為扭曲價格，此種扭曲市場價格機能之行為，影響正常市場運作，自為前揭法條所禁止之市場操縱行為，此與單純為取得經營權而買進股票之情形，亦屬有間。」

[8]　參閱最高法院103年度台上字第3799號刑事判決：「判斷行為人是否有影響或操縱市場以抬高或壓低某種有價證券價格之主觀意圖，除考量行為人之屬性、交易動機、交易前後之狀況、交易型態、交易占有率以及是否違反投資效率等客觀情形因素外，行為人之高買、低賣行為，是否意在創造錯誤或使人誤信之交易熱絡表象、誘使投資大眾跟進買賣或圖謀不法利益，固亦為重要之判斷因素，但究非成罪與否之主觀構成要件要素。」其他類似之司法實務見解，參閱最高法院103年度台上字第2256號刑事判決。

[9]　關於美國及日本連續買賣行為規範之介紹，參閱王志誠，連續交易之認定基準及實務爭議，月旦民商法雜誌，第19期，2008年3月，頁5-34。

完整內涵，對於不確定法律概念採取較為嚴格之解釋，實符合刑法謙抑思想。所謂意圖抬高或壓低集中市場某種有價證券之交易價格，應指行為人不顧該有價證券實際表彰之價值，主觀上意圖抬高或壓低該有價證券之市場價格，誤導他人認該有價證券之買賣熱絡進而從事買賣該有價證券之行為，造成該有價證券市場價格抬高及壓低之情形。申言之，即認為行為人尚應有意圖誤導他人認該有價證券之買賣熱絡進而從事買賣該有價證券之行為，始具備主觀不法構成要件。蓋投資人買賣某種有價證券，致其市場價格發生變動之可能因素頗多：例如基於合理投資判斷而大量買進、及於避免股票資產貶值或所質借股票遭受斷頭處分而大量賣出、因應資本市場消息面之變化所採取避險措施、謀取股票炒作利益等各種原因，故上開司法實務適度限縮意圖認定之範圍，增加行為人應有誤導他人認該有價證券之買賣熱絡進而從事買賣該有價證券之意圖，以避免輕易認定行為人構成連續交易罪，具有區辨正當投資與違法炒作之作用，而符合經濟合理性之正確價值判斷，應值肯定[10]。

二、判斷主觀意圖之考量因素

　　觀諸我國最高法院之見解，亦認為判斷是否有影響市場以操控有價證券價格之主觀意圖，除考量行為人屬性、交易動機、交易型態及有無違反投資效率等因素外，有關高買低賣行為，是否在於創造錯誤之交易熱絡表象，進而誘使投資者跟進買賣以圖謀不法利益，亦為重要判斷因素。茲臚列最高法院之若干重要見解，以供參考：

　　（一）影響股票市場價格之因素甚眾，舉凡股票發行公司

---

[10] 參閱王志誠、邵慶平、洪秀芬、陳俊仁，實用證券交易法，新學林出版公司，2018年3月，第5版，頁538-539。

之產值、業績、發展潛力、經營者之能力、形象、配發股利之多寡、整體經濟景氣,及其他各種非經濟性之因素等,均足以影響股票之價格。投資人買賣股票之目的,本在謀取利潤,是其於交易市場中逢低買進,逢高賣出,應屬正常現象;縱有連續多日以高價買入或低價賣出之異常交易情形,亦未必絕對係出於故意炒作所致[11]。

（二）如何判斷行為人有抬高或壓低集中交易市場某種有價證券之交易價格之意圖,應綜合股票價、量變化是否背離集中市場或同類股票走勢、行為人是否有以高於平均買價方式買入股票,復利用拉抬後股價賣出牟利、行為人介入期間曾否以漲停價收盤、有無變態交易等客觀情形判斷之[12]。

---

[11] 參閱最高法院96年度台上字第1044號刑事判決:「惟影響股票市場價格之因素甚眾,舉凡股票發行公司之產值、業績、發展潛力、經營者之能力、形象、配發股利之多寡、整體經濟景氣,及其他各種非經濟性之因素等,均足以影響股票之價格。且我國現行證券管理法規,除每日有法定漲、跌停板限制及部分特殊規定外,並未限制每人每日買賣各類股票之數量及價格,亦無禁止投資人連續買賣股票之規定。而投資人買賣股票之目的,本在謀取利潤,是其於交易市場中逢低買進,逢高賣出,應屬正常現象;縱有連續多日以高價買入或低價賣出之異常交易情形,亦未必絕對係出於故意炒作所致。況股票價格係受供給與需求平衡與否之影響,若需求大於供給或需求小於供給,必然造成價格之變動。若行為人純係基於上開經濟性因素之判斷,自認有利可圖,或為避免投資損失擴大,而有連續高價買入股票或低價賣出之行為,縱因而獲有利益或虧損,致造成股票價格波動,若無積極證據證明行為人主觀上有故意操縱或炒作股票價格之意圖者,仍不能逕依上述規定論科。」

[12] 參閱最高法院100年度台上字第597號刑事判決:「證券交易法第155條第1項第4款規定,對於在證券交易所上市之有價證券,不得有意圖抬高或壓低集中市場某種有價證券之交易價格,自行或以他人名義,對該有價證券,連續以高價買入或以低價賣出等行為。至於如何判斷行為人有抬高或壓低集中交易市場某種有價證券之交易價格之意圖,應綜合股票價、量變化是否背離集中市場或同類股票走勢、行為人是否有以高於平均買價方式買入股票,復利用拉抬後股價賣出牟利、行為人介入期間曾否以漲停價收盤、有無變態交易等客觀情形判斷之。」

　　（三）關於行為人「意圖抬高或壓低集中市場某種有價證券之交易價格」之主觀構成要件，係屬行為人之心中想法，通常未表現於外，又行為人大都否認有此不法意圖，必須依賴其客觀行為所顯現之具體情狀，加以綜合判斷[13]。

　　應注意者，最高法院即使曾有認為是否意在創造錯誤或使人誤信之交易熱絡表象、誘使投資大眾跟進買賣或圖謀不法利益，並非構成連續買賣之主觀構成要件，但仍肯定判斷行為人是否有影響或操縱市場以抬高或壓低某種有價證券價格之主觀意圖，應考量行為人之屬性、交易動機、交易前後之狀況、交易型態、交易占有率以及是否違反投資效率等客觀情形因素[14]。

　　本文以為，主觀不法構成要件之認定，應可從行為人之屬性及交易動機、交易前後之狀況、交易型態、交易占有率及是否違反投資效率之交易等因素，加以審慎推論。例如若公司股票為績優股，而早為外資、國內證券投資信託基金及證券自營商等三大法人所青睞；或同類股股價表現亮麗，則行為人即使大量買入，應為一般正常投資判斷，較易認定為合乎常規投資之行為。

---

[13] 參閱最高法院101年度台上字第5026號刑事判決：「本罪之成立，固不以該特定有價證券價格是否產生急遽變化之結果，或實質上是否達到所預期之高價或低價為必要。但仍須考量其行為客觀上是否有致該特定有價證券之價格，不能在自由市場因供需競價而產生之情形存在，始符合本罪之規範目的。關於行為人「意圖抬高或壓低集中市場某種有價證券之交易價格」之主觀構成要件，係屬行為人之心中想法，通常未表現於外，又行為人大都否認有此不法意圖，必須依賴其客觀行為所顯現之具體情狀，加以綜合判斷。」

[14] 參閱最高法院103年度台上字第2256號刑事判決：「具體而言，判斷行為人是否有影響或操縱市場以抬高或壓低某種有價證券價格之主觀意圖，除考量行為人之屬性、交易動機、交易前後之狀況、交易型態、交易占有率以及是否違反投資效率等客觀情形因素外，行為人之高買、低賣行為，是否意在創造錯誤或使人誤信之交易熱絡表象、誘使投資大眾跟進買賣或圖謀不法利益，固亦為重要之判斷因素，但究非本條成罪與否之主觀構成要件要素。」其他類似之司法實務見解，參閱最高法院103年度台上字第3799號刑事判決。

三、投資合理性或經濟合理性之抗辯

　　由於違法連續交易與合法投資不易區辨，因此於舉證行爲人之交易是否具有主觀之違法性，應以其交易是否違反投資合理性或經濟合理性爲重要基準。蓋「證券交易法」第155條之立法目的在於確保有價證券價格係由供給及需求而自然形成，行爲人若連續買賣有價證券具有合理性因素，是否仍具有主觀之不法意圖，誠不無疑義。觀諸最高法院之下列見解，對於行爲人是否具有主觀之不法意圖，似亦考量投資合理性或經濟合理性之因素。

　　（一）若行爲人純係基於上開經濟性因素之判斷，自認有利可圖，或爲避免投資損失擴大，而有連續高價買入股票或低價賣出之行爲，縱因而獲有利益或虧損，致造成股票價格波動，若無積極證據證明行爲人主觀上有故意操縱或炒作股票價格之意圖者，仍不能據依上述規定論科[15]。

　　（二）倘行爲人純係基於經濟性因素之判斷，自認有利可圖，或爲避免投資損失擴大，而有連續以高價買入或低價賣出股票之行爲，縱因而獲致利益或產生虧損，並造成股票價格波動，仍須以積極證據證明行爲人主觀上有故意炒作股票價格，誘使他

---

[15] 參閱最高法院96年度台上字第1044號刑事判決：「惟影響股票市場價格之因素甚衆，舉凡股票發行公司之產值、業績、發展潛力、經營者之能力、形象、配發股利之多寡、整體經濟景氣，及其他各種非經濟性之因素等，均足以影響股票之價格。且我國現行證券管理法規，除每日有法定漲、跌停板限制及部分特殊規定外，並未限制每人每日買賣各類股票之數量及價格，亦無禁止投資人連續買賣股票之規定。而投資人買賣股票之目的，本在謀取利潤，是其於交易市場中逢低買進，逢高賣出，應屬正常現象；縱有連續多日以高價買入或低價賣出之異常交易情形，亦未必絕對係出於故意炒作所致。況股票價格係受供給與需求平衡與否之影響，若需求大於供給或需求小於供給，必然造成價格之變動。若行爲人純係基於上開經濟性因素之判斷，自認有利可圖，或爲避免投資損失擴大，而有連續高價買入股票或低價賣出之行爲，縱因而獲有利益或虧損，致造成股票價格波動，若無積極證據證明行爲人主觀上有故意操縱或炒作股票價格之意圖者，仍不能據依上述規定論科。」

人為買進或賣出，以利用價差謀取不法利益之意圖，始能依上開罪名論科[16]。

（三）行為人純係基於經濟性因素之判斷，自認有利可圖，或為避免投資損失擴大，而有連續以高價買入或低價賣出股票之行為，縱因而獲致利益或產生虧損，並造成股票價格波動，仍須以積極證據證明行為人主觀上有故意炒作股票價格，誘使他人為買進或賣出，以利用價差謀取不法利益之意圖，始能依證券交易法第155條第1項第4款罪名論科[17]。

綜上所言，最高法院近年來已有諸多判決，認為發行公司之產值、業績、發展潛力、經營者之能力、形象、配發股利之多寡、整體經濟景氣，及其他各種非經濟性之因素，皆可能影響股

---

[16] 參閱最高法院99年度台上字第6323號刑事判決：「證券交易法第155條第1項第4款規定，對於在證券交易所上市之有價證券不得有『意圖抬高或壓低集中市場某種有價證券之交易價格，自行或以他人名義，對該有價證券連續以高價買入或以低價賣出者』之行為。又應以行為人主觀上有影響或操縱股票市場行情，以謀取不法利益之意圖，客觀上有對於某種有價證券連續以高價買入或低價賣出之行為，始克成立。倘行為人純係基於經濟性因素之判斷，自認有利可圖，或為避免投資損失擴大，而有連續以高價買入或低價賣出股票之行為，縱因而獲致利益或產生虧損，並造成股票價格波動，仍須以積極證據證明行為人主觀上有故意炒作股票價格，誘使他人為買進或賣出，以利用價差謀取不法利益之意圖，始能依上開罪名論科。」

[17] 參閱最高法院101年度台上字第5471號刑事判決：「證券交易法第155條第1項第4款規定，不得有意圖抬高或壓低集中市場某種有價證券之交易價格，自行或以他人名義，對該有價證券連續以高價買入或以低價賣出者之行為，其目的係在使有價證券價格能在自由市場正常供需競價下產生，避免遭受特定人操控，以維持證券價格自由化，並維護投資大眾利益。應以行為人主觀上有影響或操縱股票市場行情，以謀取不法利益之意圖，客觀上有對於某種有價證券連續以高價買入或低價賣出之行為，始克成立。是以，行為人純係基於經濟性因素之判斷，自認有利可圖，或為避免投資損失擴大，而有連續以高價買入或低價賣出股票之行為，縱因而獲致利益或產生虧損，並造成股票價格波動，仍須以積極證據證明行為人主觀上有故意炒作股票價格，誘使他人為買進或賣出，以利用價差謀取不法利益之意圖，始能依證券交易法第155條第1項第4款罪名論科。」

票市場之價格。因此，若投資人基於合理之經濟性因素而連續高價買入或低價賣出有價證券，應係正當合法之投資行為。

四、取得經營權或長期投資為目的之抗辯

　　若行為人係為參與企業經營權為目的而買進股票，是否構成連續買賣罪之主觀意圖？觀諸我國司法實務之見解，不乏肯認行為人得提出取得經營權為目的或長期投資之抗辯，以證明其不具有造成股票集中交易市場交易活絡表象，以誘使他人購買或出賣上開股票謀利之企圖。茲舉出下列最高法院之判決意旨，以供參考：

　　（一）我國股票交易市場對於股價漲跌幅固設有上限，在此限度內為合法容許之價格，然如連續以漲停價或接近漲停價，買進股票，使該股票價量齊揚，致他人誤認該有價證券之買賣熱絡而買賣該有價證券之行為，造成該有價證券市場價格抬高之情形，此時市場價格之形成，顯係一定成員之刻意拉高，此價格非本於供需而形成之價格，而係人為扭曲價格，此種扭曲市場價格機能之行為，影響正常市場運作，自為前揭法條所禁止之市場操縱行為，此與單純為取得經營權而買進股票之情形，亦屬有間[18]。

---

[18] 參閱最高法院104年度台上字第36號刑事判決：「按證券交易法第155條第1項第4款所稱『連續以高價買入』，係指於特定時間內，逐日以高於平均買價、接近最高買價之價格，或以當日最高之價格買入而言。不以客觀上致交易市場之該股票價格有急劇變化為必要。另所謂『意圖抬高集中市場某種有價證券之交易價格』，係指不顧該有價證券實際表彰之價值，而單純意圖抬高該有價證券之市場價格，致他人誤認該有價證券之買賣熱絡而買賣該有價證券，造成該有價證券市場價格抬高之情形。其中我國股票交易市場對於股價漲跌幅固設有上限，在此限度內為合法容許之價格，然如連續以漲停價或接近漲停價，買進股票，使該股票價量齊揚，致他人誤認該有價證券之買賣熱絡而買賣該有價證券之行為，造成該有價證券市場價格抬高之情形，此時市場價格之形成，顯係一

（二）證券交易法第155條第1項第4款係以行為人主觀上有抬高或壓低集中交易市場某種有價證券交易價格之意圖，客觀上有自行或以他人名義，對該有價證券，連續以高價買入或以低價賣出之行為，為成立要件。原判決依憑其調查證據之結果，已認定行為人購買股票，旨在入主公司，掌握該公司之經營權，其雖有買買公司股票行為，然僅係該股票在需求量激增之情形下，導致之市場價格變動，原屬自由市場供需調節之正常現象[19]。

（三）被告辯稱渠等在證券集中交易市場買入榮運股票、六福股票、新燕股票、中化股票之目的在於取得經營權參與經營，

定成員之刻意拉高，此價格非本於供需而形成之價格，而係人為扭曲價格，此種扭曲市場價格機能之行為，影響正常市場運作，自屬前揭法條所禁止之市場操縱行為，此與單純為取得經營權而買進股票之情形，亦屬有間。」

[19] 參閱最高法院96年度台上字第1119號刑事判決：「又證券交易法第155條第1項第4款規定：『對於在證券交易所上市之有價證券，不得有意圖抬高或壓低集中交易市場某種有價證券之交易價格，自行或以他人名義，對該有價證券，連續以高價買入或以低價賣出之行為』。係以行為人主觀上有抬高或壓低集中交易市場某種有價證券交易價格之意圖，客觀上有自行或以他人名義，對該有價證券，連續以高價買入或以低價賣出之行為，為成立要件。原判決依憑其調查證據之結果，已認定甲○○於八十三年十一月至八十四年二月間，並未參與楊○仁賣高○昌股票之行為，而八十四年三月間其建議楊○仁購買高○昌股票，旨在入主高○昌公司，掌握該公司之經營權（見原判決正本第五頁第九行至第六頁第十一行、第十一頁第二四行至第十三頁第三十行）；至於其另援引台灣證券交易所股份有限公司八十四年一月二十八日台證密字第○一八一二號函、八十四年四月二十四日台證密字第○八二一三號函、九十一年二月二十五日以台證（九一）文字第○○三六四○號函、財政部證券管理委員會八十四年四月六日財證（三）第○○七三八號函暨所附之分析報告等證據資料，意在說明：「楊○仁於八十三年十一月間起至八十四年七月十四日止，雖有買賣高○昌股票之行為，然僅係該股票在需求量激增之情形下，導致之市場價格變動，原屬自由市場供需調節之正常現象，自非所謂『炒作股票』之行為」，並據以作為認定：『甲○○主觀上並無抬高或壓低集中交易市場高○昌股票交易價格之意圖」等事實之證據資料的一部分（見原判決正本第十三頁第十六行至第三十行）。檢察官上訴意旨（三）未詳酌原判決全文意旨，單憑該判決部分理由說明，即指摘原判決適用法則不當，殊屬誤會。」

主觀上無故意抬高或壓低股票而為買賣之意圖云云。依原判決事實欄之記載及理由之說明，渠等固有大量以高價買入榮運股票之行為，但未有賣出該股票之事實，所辯尚非無審酌之餘地[20]。

綜上所言，最高法院似認為市場操縱行為與單純為取得經營權而買進股票，二者不同。行為人得主張取得經營權或長期投資之抗辯，以積極證據證明並無故意抬高或壓低股票而為買賣之意圖。

依國內學者之見解，有認為單純以投資或取得經營權之目的買進股票，或因理財之目的而出售股票，雖因買賣數量較大，帶動股價漲跌，並不當然構成犯罪[21]。此外，若行為人雖有高價買進或低價賣出有價證券之行為，但其目的不在抬高或壓低該有價證券之價格，而有其他正當合理之投資目的，則不構成連續買賣罪。例如被告若以企業經營為目的而購入該股票，不構成連續買賣罪[22]。再者，若行為人主張其相對成交之目的，係為創造其在

---

[20] 參閱最高法院88年度台上字第1143號刑事判決：「按證券交易法第155條第1項第2款、第4款規定之禁止行為，在於防制故意以不正當之手段，操縱上市公司有價證券之交易價格，誘使一般投資人買進或賣出有價證券，從中賺取不當利益，損害一般投資人之投資利益，破壞證券市場之交易秩序，為其立法旨趣。卷查上訴人等始終否認有違上開證券交易法犯行，據辯稱渠等在證券集中交易市場買入長榮運輸股份有限公司股票（下稱榮運股票）、六福開發股份有限公司股票（下稱六福股票）、新燕實業股份有限公司股票（下稱新燕股票）、中國化學製藥股份有限公司股票（下稱中化股票）之目的在於取得經營權參與經營，主觀上無故意抬高或壓低股票而為買賣之意圖云云。依原判決事實欄（一）之記載及理由三（一）至（十六）之說明，上訴人等自民國八十一年六月間至同年十一月間固有大量以高價買入榮運股票之行為，但未有賣出該股票之事實。且上訴人戊○○、癸○○、己○○、辛○○、丙○○、甲○○、寅○○並已登記為榮運公司之股東，復有該公司股東名簿附卷可稽，是上訴人等所辯尚非無審酌之餘地。」

[21] 參閱賴英照，股市遊戲規則—最新證券交易法解析，自版，2017年9月，第3版2刷，頁573。

[22] 參閱林國全，操縱行為之案例分析，證券暨期貨月刊，第12期，2004年12月，頁53。

證券商之交易信用，以獲取融資融券之額度，乃至於參與詢價圈購以獲得證券商配售新上市（櫃）股票之機會，若有具體事證可資認定，亦非屬意圖造成交易活絡之表象，藉以誘使他人參與買賣而操縱市場之目的[23]。

參、連續買賣之客觀構成要件

一、「高價」及「低價」之判斷

關於「高價」之判斷，我國最高法院曾提出下列見解，可供參考：

（一）所謂「連續以高價買入」，係指於特定期間內，逐日以高於平均買價，接近最高買價之價格或以最高之價格買入而言[24]。

（二）所謂「高價」，乃相對概念，不以漲停價為唯一選項或標準，祇要高於相當時間內之平均買價或接近之最高價或當日之最高價，甚或基於特定目的所進行之人為操作，諸如「拉尾盤」，以利下一交易日之開盤；「護盤」，以誤導投資大眾接手買進；避免斷頭，以便繼續炒作等情，均屬之[25]。

---

[23] 參閱王志誠，沖洗買賣之構成要件分析：台灣地區沖洗買賣規範之沿革及實務發展，清華金融法律評論，第1卷第1輯，2017年12月，頁247。

[24] 參閱最高法院74年度台上字第5861號刑事判決：「證券交易法第一百七十一條所定違反同法第一百五十五條第四款規定對於在證券交易所上市之有價證券不得有意圖影響市場行情，對於某種有價證券連續以高價買入或以低價賣出之罪，必須行為人主觀上有影響市場行情之意圖，客觀上有對於某種有價證券連續以高價買入或低價賣出之行為，始克成立。所謂「連續以高價買入」，係指於特定期間內，逐日以高於平均買價，接近最高買價之價格或以最高之價格買入而言。」

[25] 參閱最高法院101年度台上字第1422號刑事判決：「所稱『連續』，不以逐日、

（三）連續以高價買入，係指於特定期間內連續以高於平均買價、接近最高買價，或以當日之最高價格買入而言，且未限定應於盤中何時或收盤時為之[26]。

（四）所謂連續以高價買入或低價賣出之行為，係指行為人基於概括犯意，於一定期間內連續多次以高價買入或低價賣出之行為。並非指每筆委託、成交買賣之價格均係高價，僅需其多數行為有概括之統一性即為已足[27]。

（五）所稱「連續以高價買入」，係指於特定時間內，逐

毫無間斷為必要，祇要於一定期間內，客觀上認為悖乎常情之多次或集合之多量，足以造成交易熱絡之外觀者，即為已足；所謂『高價』，乃相對概念，不以漲停價為唯一選項或標準，祇要高於相當時間內之平均買價或接近之最高價或當日之最高價，甚或基於特定目的所進行之人為操作，諸如『拉尾盤』（按指在當日交易時間終止前，忽然大量搶購），以利下一交易日之開盤；『護盤』（指維持股券價格於一定之價位，致使原應下跌者，因虛抬而不墜），以誤導投資大眾接手買進；避免斷頭，以便繼續炒作等情，均屬之；至於上揭人為炒作之結果，實際上是否使市場價格發生異常變化，及行為人有無獲利，均在所不問。」

[26] 參閱最高法院102年度台上字第2529號刑事判決：「證券交易法第155條第1項第4款所謂連續以高價買入，係指於特定期間內連續以高於平均買價、接近最高買價，或以當日之最高價格買入而言，且未限定應於盤中何時或收盤時為之。至於所謂之拉尾盤乃指行為人連續以高價買入特定之有價證券之犯罪時點為收盤前而言，此僅係抬高股價操作股票之手段之一，並非指僅有拉尾盤始違反該款規定而構成犯罪。」

[27] 參閱最高法院103年度台上字第2256號刑事判決：「判斷是否有影響市場以操控有價證券價格之主觀意圖，除考量其屬性、動機、交易型態及有無違反投資效率等外，有關高買低賣行為，是否在於創造錯誤之交易熱絡表象，進而誘使投資者跟進買賣以圖謀不法利益，亦為重要判斷因素。然行為人亦可能係基於其他各種特定目的，例如避免供擔保之有價證券價格滑落，或締造公司之經營榮景，亦或利用海外原股與台灣存託憑證之價差，故此，以人為操縱方式維持價格，並具集中交易市場行情異常變動而影響市場秩序之危險，即屬違法炒作行為。又所謂連續以高價買入或低價賣出之行為，係指行為人基於概括犯意，於一定期間內連續多次以高價買入或低價賣出之行為。並非指每筆委託、成交買賣之價格均係高價，僅需其多數行為有概括之統一性即為已足。」

日以高於平均買價、接近最高買價之價格，或以當日最高之價格
買入而言。不以客觀上致交易市場之該股票價格有急劇變化爲必
要[28]。

　　由此觀之，最高法院有認爲，所謂高價買入，係指高於平
均買價，接近最高買價之價格或以最高之價格買入；亦有認爲，
「高價」乃相對概念，係指高於相當時間內之平均買價或接近之
最高價或當日之最高價。惟多數見解，則認爲所謂高價買入，係
指於特定時間內，以高於平均買價、接近最高買價之價格，或以
當日最高之價格買入。

　　相對地，關於「低價」之判斷，最高法院過去並未明示其見
解。若對照其對高價之認定，應解爲於特定時間內，以低於平均
賣價、接近最低賣價之價格，或以當日最低之價格賣出。

　　本文以爲，規範重點應在連續買進或賣出之行爲以誘引他
人買賣，而不在於以「高價」或「低價」買賣。由於「高價」與
「低價」係屬不確定法律概念，國內學說有認爲，現行法下之
「高價」、「低價」之認定，應繫於「特定時點」股價之相對高
低而言。有關某一股票之歷年最高價，或資產股之資產價值高
昂以致於使每股價值遠高於行爲人買進價格，應均非認定「高
價」、「低價」時所應考慮之點。其規範重點並非在於如何認定
「高價」、「低價」之問題上，而是重在連續買進或賣出之行爲
以誘引他人買賣。因此，證券交易法第155條第1項第4款之規範
要件，宜刪除「高價」、「低價」等字樣，以免徒增困擾[29]。

　　再者，即使行爲人特定期間內曾以高於平均買價、接近最高

---

[28] 參閱最高法院104年度台上字第36號刑事判決：「按證券交易法第155條第1項第
　　4款所稱『連續以高價買入』，係指於特定時間內，逐日以高於平均買價、接近
　　最高買價之價格，或以當日最高之價格買入而言。不以客觀上致交易市場之該
　　股票價格有急劇變化爲必要。」

[29] 參閱劉連煜，新證券交易法實例研習，自版，2012年9月，增訂第10版1刷，頁
　　565-566。

買價之價格或以最高之價格買入有價證券，尚應認定行為人有無影響證券市場行情或引誘他人從事有價證券買賣之主觀意圖，始能以連續買賣相繩。按是否構成連續交易之客觀不法構成要件，主要應從行為人是否為價格之主導者、行為人對某種有價證券是否為市場之支配者及行為人若停止其買賣是否導致某種有價證券價格暴跌等因素判斷之，其規範重點不應在於是否以「高價」或「低價」買賣，而在於是否因連續買賣而足以引誘他人跟進買賣，且客觀上不以連續買賣過程是否因而致交易市場之某種有價證券價格有急劇變化為必要[30]。

特別是我國之有價證券集中市場自民國92年1月2日開始實施「最佳五檔買賣價量資訊」之揭露，其目的在於提高市場之透明度，透過盤中五檔資訊之揭露，投資人得以從中觀察到委託單之分布狀態，使投資人能及時獲得資訊，降低資訊不對稱之情形，有助於投資人對市場作出正確判斷，促進有價證券集中市場之公平性及效率性。因此，行為人若在最佳五檔揭示價格之範圍內下單買賣，而非連續以漲停價或接近漲停價，買進股票，使該股票價量齊揚，因其他投資人亦能透過盤中五檔資訊之揭露，及時獲得資訊，並得以從中觀察到委託單之分布狀態，似不得直接認定其具有抬高或壓低集中市場某種有價證券交易價格之意圖。

二、「連續」之判斷

所稱「連續」，最高法院之見解略有更迭，茲整理如下：
（一）所謂連續，必須於特定期間內，「逐日」買入[31]。

---

[30] 參閱王志誠、邵慶平、洪秀芬、陳俊仁，實用證券交易法，新學林出版公司，2018年3月，第5版，頁549。

[31] 參閱最高法院74年度台上字第5861號刑事判決：「證券交易法第一百七十一條所定違反同法第一百五十五條第四款規定對於在證券交易所上市之有價證券不得有意圖影響市場行情，對於某種有價證券連續以高價買入或以低價賣出之

亦即，

（二）僅有一次該種行為，尚不能論以連續買賣罪[32]。亦即，僅有一次，不構成連續。

（三）所謂連續，不以逐日、毫無間斷為必要，只要於一定期間內，客觀上認為悖乎常情之多次或集合之多量，且足以造成交易熱絡之外觀[33]。

（四）所稱「連續以高價買入」，係指於特定時間內，逐日以高於平均買價、接近最高買價之價格，或以當日最高之價格買入而言[34]。亦即，所謂連續，係指於特定時間內，「逐日」買入而言。

綜上所言，最高法院過去雖有判決認為，所謂連續，不以逐日、毫無間斷為必要，但最近最高法院104年度台上字第36號刑事判決，則回歸74年度台上字第5861號刑事判決之見解，認為所謂連續，係指於特定時間內，「逐日」買入而言，殊值注意。蓋若非逐日、無間斷作價及作量，進行拉抬價格及製造交易活絡之假象，誠難想像可達成引誘他人進場買賣之目的。

罪，必須行為人主觀上有影響市場行情之意圖，客觀上有對於某種有價證券連續以高價買入或低價賣出之行為，始克成立。所謂『連續以高價買入』，係指於特定期間內，逐日以高於平均買價，接近最高買價之價格或以最高之價格買入而言。」

[32] 參閱最高法院75年度台上字第3956號刑事判決：「又同條第四款所稱『意圖影響市場行情，對於某種有價證券，連續以高價買入或以低價賣出者』，以有高價買入或低價賣出之連續行為為成立要件之一，如僅有一次該種行為，尚不能論以該罪。」

[33] 參閱最高法院101年度台上字第1422號刑事判決：「所稱『連續』，不以逐日、毫無間斷為必要，祇要於一定期間內，客觀上認為悖乎常情之多次或集合之多量，足以造成交易熱絡之外觀者，即為已足。」

[34] 參閱最高法院104年度台上字第36號刑事判決：「按證券交易法第155條第1項第4款所稱『連續以高價買入』，係指於特定時間內，逐日以高於平均買價、接近最高買價之價格，或以當日最高之價格買入而言。不以客觀上致交易市場之該股票價格有急劇變化為必要。」

三、「有影響市場價格或市場秩序之虞」之認定

　　依民國104年7月3日修正生效證券交易法第155條第1項第4款規定：「意圖抬高或壓低集中交易市場某種有價證券之交易價格，自行或以他人名義，對該有價證券，連續以高價買入或以低價賣出，而有影響市場價格或市場秩序之虞。」即對於連續買賣行為（炒作行為）增訂「有影響市場價格或市場秩序之虞」之結果要件。

　　證券交易法第155條第1項第4款增訂「而有影響市場價格或市場秩序之虞」之結果要件，係明定連續買賣罪屬於具體危險犯，必須使法益侵害之可能具體地達到現實化之程度。因此，此種危險屬於構成要件之內容，必須行為具有發生侵害結果之可能性（危險之結果），始足當之[35]。換言之，在民國104年7月3日修正條文生效後，炒作行為不僅須具備意圖抬高或壓低市場某種有價證券之交易價格，而連續以高價買入或低價賣出等客觀構成要件，尚應以實際上有具體危險之發生為要件。例如行為人之炒作行為，必須可能產生預期性之相當高價或低價為必要。因此，倘某種有價證券經人為操縱後，實際上並未達成抬高或壓低該有價證券交易價格之具體危險，即應解為影響其構成要件之該當性。

　　由於「有影響市場價格或市場秩序之虞」係屬於構成要件事實，故具體危險是否存在，需要加以證明與確認，不能以某種程度之假定或抽象為已足，對具體危險之證明和判斷，事實審法院應以行為當時之各種具體情況及已經判明的因果關係為根據，用以認定行為是否具有發生侵害法益之可能性[36]。

---

[35]　參閱王志誠、邵慶平、洪秀芬、陳俊仁，實用證券交易法，新學林出版公司，2018年3月，第5版，頁555。

[36]　參閱最高法院102年度台上字第3977號刑事判決：「刑事法就『危險犯』之規

又依當前司法實務之見解，關於具體危險之存否，仍應依社會一般之觀念，客觀的予以判定[37]。

肆、結論

首先，由於證券交易法第155條第1項第4款所禁止之操縱市場行為，應以行為人主觀上有影響或操縱股票市場行情，誘使或誤導他人為交易之意圖為必要。觀諸最高法院88年度台上字第

定，有『具體危險犯』與『抽象危險犯』之分，兩者之含義及判斷標準均異。『具體危險犯』中之具體危險，使法益侵害之可能具體地達到現實化之程度，此種危險屬於構成要件之內容，需行為具有發生侵害結果之可能性（危險之結果），始足當之。因屬於構成要件事實，具體危險是否存在，需要加以證明與確認，不能以某種程度的假定或抽象為已足，對具體危險之證明和判斷，事實審法院應以行為當時之各種具體情況以及已經判明的因果關係為根據，用以認定行為是否具有發生侵害法益的可能性。是具體危險犯中之具體危險，是『作為結果的危險』，學理上稱為『司法認定之危險』。一般而言，具體危險犯在刑法分則中以諸如『危害公共安全』、『足以發生……危險』、『引起……危險』等字樣明示之。而『抽象危險犯』是指行為本身含有侵害法益之可能性而被禁止之態樣，重視行為本身之危險性。此種抽象危險不屬於構成要件之內容，只要認定事先預定之某種行為具有可罰的實質違法根據（如有害於公共安全），不問事實上是否果發生危險，凡一有該行為，罪即成立，亦即只要證明行為存在，而危險不是想像的或臆斷的（迷信犯），即可認有抽象危險，該當構成要件的行為具備可罰的實質違法性。乃立法者所擬制或立法上推定的危險，其危險及程度是立法者之判斷。抽象的危險在重視行為本身的危險性，是抽象危險犯中之抽象危險，是『行為的危險』，學理上稱為『立法上推定之危險』。雖抽象危險是立法上推定之危險，但對抽象危險是否存在之判斷仍有必要，即以行為本身之一般情況或一般之社會生活經驗為根據，判斷行為是否存在抽象的危險（具有發生侵害結果的危險），始能確定有無立法者推定之危險。」另參閱王志誠、邵慶平、洪秀芬、陳俊仁，實用證券交易法，新學林出版公司，2015年10月，第4版，頁545。

[37] 參閱最高法院92年度台上字第5674號刑事判決、最高法院93年度台上字第2813號刑事判決。

1143號刑事判決、最高法院96年度台上字第1119號刑事判決及最高法院104年度台上字第36號刑事判決之見解，容許行為人得提出取得經營權為目或長期投資之抗辯。因此，若行為人因有合理投資或其他正當性之目的而大量買入上市（櫃）公司股票，最終並取得該公司董事席次之證據，應可認定其並無影響或操縱股票市場行情，誘使或誤導他人為交易之意圖，未必該當連續買賣之不法構成要件。申言之，行為人若以取得上市（櫃）公司經營權為目的，而有經營權爭奪議題之公司股價本即容易上漲，自不得僅以其具有連續買賣之外觀，其買賣行為造成股價之必然波動，逕予認定構成連續買賣之不法構成要件，而尚應佐以是否具有長期增加公司持股以取得經營權之主觀因素，再分析其買賣行為是否具有正當理由，再為判斷。

　　其次，鑒於我國之有價證券集中市場自民國92年1月2日開始實施「最佳五檔買賣價量資訊」之揭露，其目的在於提高市場之透明度，透過盤中五檔資訊之揭露，投資人得以從中觀察到委託單之分布狀態，使投資人能及時獲得資訊，降低資訊不對稱之情形，有助於投資人對市場作出正確判斷，促進有價證券集中市場之公平性及效率性。因此，行為人若在最佳五檔揭示價格之範圍內下單買賣，而非連續以漲停價或接近漲停價，買進股票，使該股票價量齊揚，因其他投資人亦能透過盤中五檔資訊之揭露，及時獲得資訊，並得以從中觀察到委託單之分布狀態，似不得直接認定構成證券交易法第155條第1項第4款所禁止之連續買賣。

7

企業建置營業秘密管理制度所面臨之衝擊

萬國法律事務所資深合夥律師　黃帥升

萬國法律事務所助理合夥律師　洪志勳

壹、前言

　　企業於經營運作過程中，除將衍生諸多有形資產（譬如：廠房、設備）外，更將獲取諸多具備經濟價值之無形資產（譬如：專利、著作權、商標及營業秘密等智慧財產權）。其中，營業秘密更是企業經營無法漠視之重要無形資產，蓋企業如欲取得特定技術發明之專利權，則須投入額外成本及人力進行專利申請作業，待該申請專利獲證後，企業更須定期繳納維護年費以維護該專利之法律效力，相關專利申請及維護成本所費不貲，對此，企業有時基於成本考量，常被迫放棄申請專利，甚感無奈。

　　惟企業若不欲申請專利以保護其技術發明，企業對於該等具備經濟價值之技術發明，是否得藉由其他法律手段獲得保障？針對不符專利申請要件卻具備經濟價值之無形資產（譬如：know-how），企業又該採取何種保護手段？倘若企業員工因離職而挾帶公司該等無形資產至競爭對手處任職，進而將企業相關無形資產洩漏予競爭對手，並導致企業核心競爭力因而受損，企業又該以何種方式予以救濟？此時，藉由我國「營業秘密法」保護企業之相關無形資產，惟營業秘密應包含何種構成要件？企業應如何管理營業秘密，始符合法定要件之要求？企業所面臨之營業秘密管理衝擊為何？諸多營業秘密議題，即成為企業不得不重視之重要管理議題，以下，本文將依我國現行實務現況，探討當今企業建置營業秘密管理制度所可能面臨之衝擊。

貳、營業秘密之保護態樣

一、營業秘密標的之認定

（一）營業秘密之可能類型

　　企業於營運過程中，除技術研發所取得之新技術或新產品外，亦會衍生如製程改善之know-how、行政管理流程之發現、定價策略、客戶名單等具備高度經濟價值之資訊或知識，該等高度經濟價值資產即構成公司之核心競爭力，甚至左右公司營運之成敗，倘若企業無法以申請專利保護該等新技術、新產品、資訊或知識，企業又該如何確保公司之核心競爭力？企業或可依下述我國現行法制架構保障公司權益，詳如下圖所示：

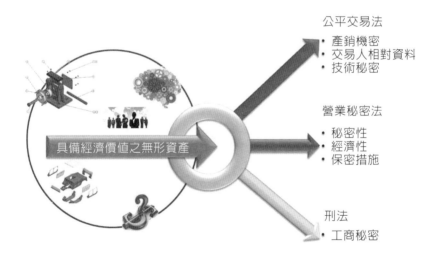

公平交易法
- 產銷機密
- 交易人相對資料
- 技術秘密

營業秘密法
- 秘密性
- 經濟性
- 保密措施

具備經濟價值之無形資產

刑法
- 工商秘密

（二）公平交易法所保護之營業秘密

　　1. 按公平交易法第19條第5款規定：「有左列各款行為之

一，而有限制競爭或妨礙公平競爭之虞者，事業不得爲之：……五、以脅迫、利誘或其他不正當方法，獲取他事業之產銷機密、交易相對人資料或其他有關技術秘密之行爲。……」依上開規定，倘若以不法手段取得他人之「**產銷機密**」、「**交易相對人資料**」、或「**技術秘密**」，並造成限制競爭或妨礙公平競爭等情況時，即可認該行爲人違反公平交易法第19條第5款之情事。

　　2. 承上，關於公平交易法第19條第5款對於「產銷機密」、「交易相對人資料」、或「技術秘密」等營業秘密之定義，有最高行政法院99年裁字第767號裁定曉諭可稽：「至於所稱營業秘密，必須其所有人已採取適當保密措施，以防止秘密洩漏等，始可主張其所持有之資訊爲公平交易法保護之營業秘密。」故公平交易法第19條第5款所認定之營業秘密，**係所有人就其所有之資訊（譬如產銷資料、客戶名單或know-how），業已採取適當保密措施以防止外洩，該等資訊即屬於公平交易法所保護之營業秘密。**

（三）營業秘密法所保護之營業秘密

　　1. 按營業秘密法第2條規定：「本法所稱營業秘密，係指方法、技術、製程、配方、程式、設計或其他可用於生產、銷售或經營之資訊，而符合左列要件者：一、非一般涉及該類資訊之人所知者。二、因其秘密性而具有實際或潛在之經濟價值者。三、所有人已採取合理之保密措施者。」對此，更有最高法院99年台上字第2425號民事判決曉諭：「依營業秘密法第二條規定，得作爲該法保護對象之營業秘密，固以具有**秘密性**（非一般涉及該類資訊之人所知）、**經濟價值**（因其秘密性而具有實際或潛在之經濟價值）、**保密措施**（所有人已採取合理之保密措施），且可用於生產、銷售或經營之資訊，始足稱之。」依上開規定，營業秘密法所保護之營業秘密，必須要具備「秘密性」、「經濟

性」及「保密措施」等三要件。

2. 相較於前述公平交易法第19條第5款所保護之營業秘密定義（即所有人採取適當保密措施之資訊），營業秘密法所保護之營業秘密標的，除要求具備「保密措施」外，更加著重於「秘密性」及「經濟性」之要求。

（四）刑法所保護之營業秘密

1. 按刑法第317條規定：「依法令或契約有守因業務知悉或持有工商秘密之義務，而無故洩漏之者，處一年以下有期徒刑、拘役或一千元以下罰金。」依上開規定，如因法令或契約而知悉他人之工商秘密，且負有保密義務者（譬如，員工因研發工作而知悉公司之機密技術文件，且該員工與公司已簽訂保密條款），即不得任意無故洩漏所持有之工商秘密。

2. 而「所謂工商秘密，係指工業或商業上之發明或經營計畫具有不公開之性質者屬之」，對此，有台灣新竹地方法院89年易字第375號刑事判決[1]、台灣新北地方法院83年易字第6541號刑事判決[2]；惟亦有實務見解，認定「刑法上所謂工商秘密應與營業秘密法上所稱營業秘密同視，即不論『工商秘密』或『營業

---

[1] 台灣新竹地方法院89年易字第375號刑事判決曉諭：「按所謂工商秘密，係指工業或商業上之發明或經營計畫具有不公開之性質者屬之，本件甲○公司所擁有之含浸處理機製造技術，具有非一般涉及該類資訊之人所知、因其秘密性而具有實際或潛在之經濟價值等特性，且告訴人業已採取要求被告丁○○簽署切結書之合理保密措施，從而該技術自屬工商秘密。被告丁○○依其與甲○公司所締結之契約即切結書，本具有保守此一工商秘密之義務，竟將該工商秘密洩漏予卡文公司而違背上開義務。」

[2] 台灣新北地方法院83年易字第6541號刑事判決曉諭：「按刑法妨害秘密罪章之『秘密』係指本人不欲使非特定人知悉其內容之有關資料而言，且今日工商業發達，工商業者為利於本身產品於市場上與其他業者之競爭，更不願他人知悉其業務上或技術上所有之秘密，又祇須本人未有解除秘密之意思表示，就本人而言，仍屬秘密。」

秘密』均應具備非周知性、經濟價值性與秘密性三個要件」，此有台南高分院90年度上易字第1556號刑事判決[3]、台灣高等法院91年度上易字第926號刑事判決[4]可稽。

　　3. 故我國現行刑事實務，針對「工商秘密」之認定是否適用「營業秘密法」之要件，容有爭議，惟工商秘密應具備「不公開」（即秘密性）之性質，應無爭議。

二、我國現行營業秘密實務之發展現況

（一）營業秘密犯罪之統計資料

　　1. 營業秘密保護之重要性，隨著商業競爭越益激烈，且不當競爭手法越益多元，為確保公平競爭，僅藉由前述公平交易法或刑法規範，已難以規範營業秘密之犯罪行為，對此，我國業於

---

[3]　台南高分院90年度上易字第1556號刑事判決：「而所謂『工商秘密』，係指工業上或商業上之秘密事實、事項、物品或資料，而非可舉以告人者而言，重在經濟效益之保護。參佐營業秘密法第二條規定：「所稱營業秘密，係指方法、技術、製程、配方、程式、設計或其他可用於生產、銷售或經營之資訊，而符合左列要件者：一、非一般涉及該類資訊之人所知者；二、因其秘密性而具有實際或潛在之經濟價值者；三、所有人已採取合理之保密措施者」。故刑法上所謂工商秘密應與營業秘密法上所稱營業秘密同視，即不論『工商秘密』或『營業秘密』均應具有非周知性（非顯而易知性、新穎性）、經濟價值性與秘密性三個要件。倘不具此三要件，即非秘密，縱有洩露，亦不能以違反刑法第三百十七條洩露工商秘密罪相繩。」

[4]　台灣高等法院91年度上易字第926號刑事判決曉諭：「按刑法上之妨害工商秘密罪，係指依法令或契約有守因業務知悉或持有工商秘密之義務，而無故洩漏者為其成立要件。所謂工商秘密，係指工業或商業上之發明或經營計劃具有不公開之性質者屬之，而刑法對所謂工商秘密之定義雖未有何明文。然由營業秘密法第二條規定：本法所稱營業秘密，係指方法技術、製程、配方、程式、設計或其他可用於生產、銷售或經營之資訊，而符合左列要件者：一、非一般涉及該類資訊之所知者。二、因其秘密性而具有實際或潛在之經濟價值者。三、所有人已採取合理之保密措施者之規定可資參酌。」

民國（下同）102年1月30日公布增訂營業秘密法第13條之1，此觀該條修法目的即明：「按刑法關於侵害營業秘密之規定，固有洩漏工商秘密罪、竊盜罪、侵占罪、背信罪、無故取得刪除變更電磁紀錄罪等，惟因行為主體、客體及侵害方法之改變，該規定對於營業秘密之保護已有不足，且刑法規定殊欠完整且法定刑過低，實不足以有效保護營業秘密，爰營業秘密法確有增訂刑罰之必要。」

　　2. 再者，若觀諸92年至101年之統計資料顯示，營業秘密之民刑事案件均呈現快速之成長趨勢，彰足顯我國國人或企業對於「營業秘密」之保護議題，日益重視，此有下述統計圖表可證：

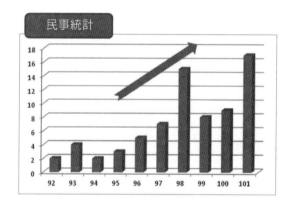

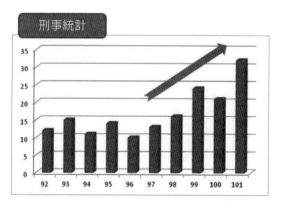

（二）營業秘密侵權案件之類型

1. 依據上述營業秘密犯罪統計資料分析，導致營業秘密外洩之犯罪類型，約可概分為三個類型：內部人員問題、外部人員問題、及資安問題。從中，可發現「人員管理」及「資安管理」於營業秘密外洩事件，扮演舉足輕重之角色，蓋如know-how、客戶名單等營業秘密，均係由員工開創，且基於商業合作關係，部分營業秘密須揭露予外部合作廠商或關係企業，相關營業秘密均存放於曾接觸該等資料之人員腦中，隨著人員的流動或交流，若無妥善之人員管理及資安保護，營業秘密外洩之風險，將隨之提升，企業不得不慎，其細部分類可如下圖所示：

2. 針對上開犯罪類型，受害公司可藉由「訴請民事賠償」、「追訴刑事責任」、或「舉發不當競爭」等方式予以救濟，公司得主張之權利或訴追之罪刑，整理如下圖：

3. 承上，依我國實務，刑法或公平交易法所認定「營業秘密」，大都係以「所有人已採取適當保密措施，以防止秘密洩漏」為要件，惟目前我國刑法就「工商秘密」之認定，是否須適用營業秘密法所規定之三要件，實務上另有不同見解，詳如前述，故訴追侵害營業秘密之刑事責任時，恐須依個案，而選擇有利之訴追方式，敬請惠悉。

（三）營業秘密法刑罰化

如上統計資料可知，營業秘密保護之重要性，隨著犯罪手法日益多元，且不當競爭之情況日益嚴重，為確保公平競爭，僅藉由前述公平交易法或刑法規範，已難以規範營業秘密之犯罪行為，對此，我國業於民國（下同）102年1月30日公布增訂營業秘密法第13條之1，此觀該條修法目的即明：「按刑法關於侵害營業秘密之規定，固有洩漏工商秘密罪、竊盜罪、侵占罪、背信罪、無故取得刪除變更電磁紀錄罪等，惟因行為**主體、客體及侵害方法之改變**，該規定對於營業秘密之保護已有不足，且刑法規定殊欠完整且法定刑過低，實不足以有效保護營業秘密，爰營業

秘密法確有增訂刑罰之必要。」

三、企業所面臨之營業秘密管理議題

（一）企業營業秘密管理制度之面向

1. 如前所述，如欲成為營業秘密法之保護標的，至少須符合「秘密性」、「經濟價值性」、及「保密措施」等三要件，惟企業應如何於內部建立何種管理程序，始得符合前開三要件之要求？面臨人員之流動，如何確保公司營業秘密不因此外洩？隨著資訊科技日新月異，如何確保公司營業秘密不會遭人竊取？

2. 關此，依據學者建議，公司或可依下述管理層面，導入營業秘密之管理制度[5]

（1）組織管理：公司至少應於企業內部建立「資料分級」、「機密文件存放區域」及「權限管理」等管理制度，以落實營業秘密法之「秘密性」、「經濟價值性」及「保密措施」等三要件，蓋藉由「資料分級」制度得以間接證明該資料具備「秘密性」及「經濟性」等要件；設置「機密文件存放區域」及「權限管理」制度，則可落實「保密措施」要件。

（2）人員管理：員工流動所造成之企業營業秘密流失風險，始終是企業應關注之議題，故公司至少應於「選任員工」時，應注意選聘之員工，其是否背負「競業禁止」之義務？其是否可能挾帶前公司之營業秘密前來任職？倘若公司一時不察，聘僱具有相關爭議之員工，恐致公司遭該員工前雇主控訴侵害其營業秘密，日前，三星任用台積電前資深研發處長梁孟松，即為一例；再者，「員工任職期」間，其是否簽署智慧財產權讓與契

---

[5]　綜合警備保障株式会社、田辺總合法律事務所，「実践！営業秘密管理」，（株）中央経済社，2012年1月10日，第1版第1刷，第31頁至第33頁。

約，將其所有工作產出成果讓與給公司？其是否簽署保密義務？公司是否確實掌握員工之工作產出成果？末者，當「員工離職」時，該離職員工是否確實辦理交接？其是否知悉其應背負之保密義務？公司是否已爲必要之提醒？上述議題，均是公司管理員工至少應注意之議題。

（3）資安技術管理：隨著電子科技日益進化，員工得輕易使用電腦或手機進行檔案傳輸，惟員工傳輸資料過程中，是否有任何監控機制，確保員工未違反公司規定傳送相關營業秘密資料？當員工讀取相關營業秘密資料時，公司如何判斷該員工是否有讀取權限？當員工讀取或傳輸相關營業秘密資料時，公司系統是否存有相關紀錄？甚者，當員工違反公司規定竊取營業秘密資料時，公司有何預防機制？徵諸上述議題，公司如何建構資訊系統，有效協助公司進行資安管理，亦是公司於資訊技術充斥之年代下，所面臨之衝擊。

（4）儲存裝置管理：隨儲存裝置之功能越益精良，且裝置體積越益小巧，倘若員工利用儲存裝置竊取、複製公司之營業秘密，公司越來越難以查獲？如何避免員工利用儲存裝置竊取公司營業秘密？如何追蹤員工利用儲存裝置所存取之檔案內容？上開議題，亦將公司必須面臨之管理議題。

（二）企業營業秘密管理制度之建議架構

1. 業如前述，本所建議公司於設計企業營業秘密管理架構時，或可採下述架構爲設計：

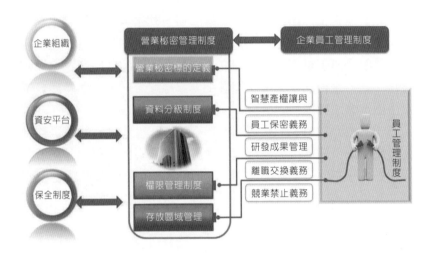

2. 承上圖，謹說明如下：

（1）建立營業秘密制度：業如前述，營業秘密標的須具備營業秘密法第2條之三要件（即秘密性、經濟性、保密措施），故企業首先必須先定義「營業秘密之標的為何」，譬如那些製程參數、產線know how、客戶清單……等營業資料係屬公司核心競爭力，絕對不能外洩；再者，針對所定義之營業秘密予以「分級」，並就不同級別設計不同程度之管理方式，進以節省管理成本，增加管理效率；另針對不同級別之管理資料，「設置人員之讀取權限」，進以管控該等營業秘密資料之使用行為，並得追蹤相關營業秘密後續之流向；最後，公司必須設置「存放區域之管理制度」，該存放區域可為電子或書面，主要目的係就營業秘密資料統一收藏管理，並記錄所有讀取或借閱紀錄，必要時，得設置攝影設備，紀錄所有接觸公司營業秘密之人別，以作為日後查緝洩密之線索。

（2）建置企業員工管理制度：公司除建置營業秘密管理制度外，仍必須重視「員工」之管理，蓋員工腦中均保有公司營業秘密之記憶，隨著員工流動，公司營業秘密即有外洩之風險，為

確實落實公司營業秘密之管理，必須建立「員工管理」之配套制度，故公司自選任員工、聘僱員工，到最後與員工終止委任或僱傭關係時，每個階段，公司對員工均應設置相對應之管理制度，「選任階段」，公司應就該員工是否對前雇主負有保密義務？是否可能挾帶前雇主之營業秘密？予以確認；「聘僱階段」，公司應要求員工簽署「研發成果及衍生智慧財產權之讓渡契約」，使公司能如實取得員工所衍生之工作成果，並要求可能接觸公司營業秘密之員工，簽訂「保密契約」或「競業禁止契約」，並時時督促員工知悉其應盡之保密義務，確保員工遵守公司保密規定；「員工離職階段」，公司為掌握離職員工所知悉之公司營業秘密內容，應確實要求離職員工辦理「工作交接」，藉此盤點員工可能知悉之公司營業秘密，最後，公司針對曾簽署保密條款或競業禁止契約之離職員工，應善盡告知義務，提醒該離職員工應注意保密義務，否則公司將予以追訴，避免離職員工惡意散佈所知悉之公司營業秘密。

（3）企業組織再造：為促進企業營業秘密之管理效率，建議公司能設置專責之「營業秘密管理單位」或「安全長」，專責於企業營業秘密之管理及事故應變，並由該專責管理單位或安全長負責營業秘密標的之「界定」及「分級」，藉此，能減少接觸該營業秘密之管理人數，同時，亦能提升管理效率。

（4）建置資安平台：隨著企業組織規模之成長，企業管理無法端靠紙本之文件進行操作，透過e化之電子平台，成為必然之趨勢，惟隨著資訊科技日益發展，電子平台之安全性備受考驗，故公司應建置妥善之資安平台，維護公司電子資料流動之安全性，避免因內部員工不慎或駭客惡意入侵，而致公司營業秘密因而外洩。

（5）建立保全制度：為避免有心人利用公司管理漏洞，趁機竊取或複製公司營業秘密資料，必要時，公司得設置保全制度，藉由管控進出公司人員所攜帶之物品及公司廢棄物，以防範

有心人員挾帶公司營業秘密離開公司，且亦可藉由保全人員處理緊急突發之營業秘密竊取事件。

　　3.　綜上，公司營業秘密管理制度之建立，基本應符合營業秘密法所規定之三要件，確保該「營業秘密標的」之合法性，惟公司推動營業秘密之管理，仍需藉由相關配套措施，即員工管理、組織再造、資安平台、及保全制度，方得有效推動營業秘密管理作業，故整體而言，公司設置營業秘密管理制度，或可參酌上圖管理建構，惟公司因經營模式之差異，所掌控之營業秘密性質相異，建議公司仍須因地制宜，設置符合公司營運需求之管理架構。

四、企業如何救濟營業秘密之侵害

（一）請求救濟營業秘密侵害所面臨之困難

　　當公司訴請救濟營業秘密侵害時，礙於營業秘密儲存方式之限制（即大部分營業秘密資料係以電磁紀錄形式儲存），導致公司進行營業秘密訴訟時，將面臨下述問題：

1. 侵權行為難以即時察覺

　　隨著資料電子化之快速發展，公司對於諸多文件之保管方式，大都選擇以電子化方式儲存，惟電子化之資料，具備易複製、易傳送、易隱匿、及易銷毀等特性，故犯罪行為人從事犯罪行為時，除非公司設置相當完善之資安平台，否則恐難即時察覺行為人之犯罪行為，當公司知悉營業秘密遭侵害時，該行為人恐已湮滅相關犯罪證據。

2. 侵權行為人難以特定

　　如前所述，電子資料之複製、傳送、刪除，往往係由行為人操作一電子帳號，以進行相關犯罪行為，惟操作該電子帳號之

人，是否即為該電子帳號之真正所有人，往往係被告於訴訟攻防所提出之抗辯理由，而負責審理之法官或檢察官，就此爭議，亦會要求原告或告訴人具體舉證證明，屆時，倘公司無法具體舉證，恐將面臨不利之裁判結果。

3. 侵權行為難以舉證

　　隨著資訊科技日新月異，犯罪行為人所能掌控之犯罪工具，亦日益多元，進而導致公司往往無法有效預測犯罪行為人可能之犯罪行為，譬如，公司內部明明已設置禁止員工複製公司檔案之管控機制，惟公司最後仍發現有人從公司複製相關資料，屆時，如公司欲主張某一員工私自複製公司營業秘密，並訴追該員工相關法律責任時，公司該如何舉證證明該員工卻有複製行為？對此，亦是訴訟攻防過程中，法官或檢察官將要求公司舉證證明之爭點。

（二）請求救濟營業秘密侵權之建議程序

　　1. 針對上述訴追營業秘密侵權之限制，本所建議公司日後面對營業秘密侵權案件，或可依下圖所示程序，一一檢視相關犯罪行為：

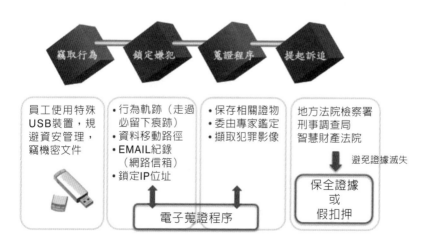

2. 針對上述程序，謹以「竊取公司營業秘密」為例，說明如下：

（1）確定竊取行為：當公司發現營業秘密遭竊時，首先，應先確認遭竊之營業秘密種類及類型，進而，確認犯罪行為人之犯罪模式，此時，公司得會同IT人員盤點公司營業秘密資料之存取紀錄，藉此特定竊取行為。

（2）鎖定犯罪嫌疑人：當公司特定犯罪模式後，應得從中過濾出可能之犯罪嫌疑人，此時，公司或可從相關犯罪嫌疑人日常之電腦讀取軌跡紀錄（log）、所發送之email、傳送資料之IP位置，進以特定犯罪嫌疑人。

（3）持續蒐證行為：待犯罪行為模式及嫌疑人皆特定後，應就其犯罪行為之證物（即竊取公司營業秘密之紀錄、影像、聲音等）予以封存，必要時，得委由外部第三方進行專業鑑定作業，或透過內部電子蒐證程序保留相關犯罪紀錄。期藉由相關證物，以證實該犯罪嫌疑人確實從事該犯罪行為。

（4）進行司法訴追程序：待公司取得有利事證後，即可向司法單位提起訴追，惟如前所述，電子化營業秘密資料具備易複製、易傳送、易隱匿、及易銷毀等特性，避免犯罪嫌疑人知悉司法調查程序將介入調查後，即隱匿、銷毀相關犯罪紀錄，依個案須求，或可向法院或地檢署聲請證據保全，以扣留相關犯罪資料，進以確保公司日後司法訴追之權益。

參、結論與建議

一、綜上所述，營密秘密對於公司營運之價值，隨著企業競爭越益激烈，營業秘密之重要性業已不下於專利權、著作權、商標權等智慧財產權，然而營業秘密之管理，基於營業秘密之性質及保存方式，其先天即具備一定之困難性，倘若無法藉由有系

統、有規劃的管理機制，進行有效率之管理，恐無法達成公司原先預定之管理效益。

　　二、再者，當企業面臨營業秘密遭侵害時，該如何運用相關營業秘密管理機制，特定犯罪嫌疑人、犯罪行為及遭侵害之營業秘密類型，公司於未來訴訟攻防時，就前述爭點均須負擔舉證之責，故為免公司日後於訴訟攻防遭受不利判決，建制完善之營業秘密管理機制，實有其必要性。

8

營業秘密檢核表——訴訟及事業經營須知

萬國法律事務所合夥律師　汪家倩

壹、營業秘密保護：法令及實務更新

　　營業秘密的維持與保護，為現代企業核心議題之一。近年台灣、中國及美國企業莫不增進對營業秘密的重視，各國營業秘密相關法令、實務見解亦迭有增補。尤以2018年下半年發生多件跨國營業秘密重要事件，我國企業牽涉其中，佔據國內外媒體版面，再次喚起各界對營業秘密的重視。

　　台灣方面，包括台積電、聯發科、康寧、友達、華亞科、默克、宸鴻、宏達電等多家不同產業之企業於2016年初正式成立「台灣營業秘密保護促進協會」（TTSP）；法務部於2016年4月19日訂定「檢察機關辦理重大違反營業秘密案件注意事項」，就營業秘密刑事案件偵辦，明訂重大案件應指派專責檢察官偵辦而非隨機分案、以及被害人應釋明事項的檢核表；法務部司改議題期程就建立檢察官專業證照部份，持續就營業秘密案件專業認證等進行討論，並於2018年12月發佈2014年至2018年10月與營業秘密法案件相關之統計[1]，還特別製作影音檔案說明之[2]；營業秘密保護、營業秘密法的修法推動，包括「偵查內容保密令」等，為智慧財產局2019年1月慶祝成立20週年時宣誓之重點；而智慧財產法院於2017年底就大立光營業秘密等遭侵害案件，判決先進光電與其員工應連帶賠償大立光新台幣15億餘元[3]，此一案件與判決結果廣為國內外業界及實務界關注，成為我國保護營業秘密實務的里程碑。

---

[1]　http://www.rjsd.moj.gov.tw/rjsdweb/common/WebListFile.ashx?list_id=1592（最後瀏覽日期：2019年2月28日）。

[2]　https://www.moj.gov.tw/cp-75-110586-63209-001.html（最後瀏覽日期：2019年2月28日）。

[3]　http://ipc.judicial.gov.tw/ipr_internet/index.php?option=com_yuan&view=article&id=301641&catid=13&Itemid=100016（最後瀏覽日期：2019年2月28日）。

　　中國方面，雖無營業秘密（在中國稱商業秘密）專法，但在反不當競爭法、最高人民法院關於審理不正當競爭民事案件應用法律若干問題的解釋、科技成果轉化法、民法總則等中，均有商業秘密相關規定。

　　美國方面，眾議院、參議院2016年4月通過，於2016年5月11日經總統歐巴馬簽署2016營業秘密保護法（Defend Trade Secrets Act of 2016, DTSA），將營業秘密民事保護提升到聯邦法層級[4]；至於美國川普政府與中國展開貿易戰以來，以營業秘密或商業機密、國家安全為由的行動，包括美光案、華為案、可口可樂案等，更觸動了美國、中國企業與涉台相關企業的敏感神經。

　　以上種種，均與企業處理營業秘密管理、保護、訴訟至為相關。尤以法務部2016年4月19日生效的「檢察機關辦理重大違反營業秘密案件注意事項」及其釋明事項表，已成為實務營業秘密管理重要參考，及檢察機關承辦營業秘密事件之基本步驟。該注意事項乃法務部參考美國司法部（Department of Justice）的「舉報智慧財產犯罪：著作權侵權、商標仿冒、營業秘密竊取被害人準則」（A Guide for Victims of Copyright Infringement, Trademark Counterfeiting, and Trade Secret Theft）及其檢核表（Checklist）而來，該準則最新版為2018年10月第三版[5]，一併加以介紹。

---

[4] 2016營業秘密保護法（Defend Trade Secrets Act of 2016, DTSA），是美國聯邦法首次提供營業秘密權利人民事求償途徑，在此法案通過前，營業秘密權利人提起民事訴訟的主要依據是各州的營業秘密保護法、反不正競爭法等，各州多以Uniform Trade Secret Act為本，規範大致相同，但有小差異；美國涉及營業秘密的刑事處罰，則以1996經濟間諜法（Economic Espionage Act of 1996）為聯邦法律依據。

[5] https://www.justice.gov/criminal-ccips/file/891011/download（最後瀏覽日期：2019年2月28日）。

貳、檢察機關辦理重大違反營業秘密案件注意事項

一、注意事項內容

　　法務部的「檢察機關辦理重大違反營業秘密案件注意事項」（以下簡稱「注意事項」），是檢察機關辦理重大違反營業秘密法案件的參考，並不拘束具體個案中檢察機關如何偵辦、是否起訴等的判斷。然而，既為檢察機關內部辦理參考，則希望有效管理營業秘密、建立智慧財產權保護的企業，或營業秘密遭侵害而欲予以追究者，顯然必須了解檢方如何看待、處理類似案件的偵辦，以採取有效的法律行動。

　　以營業秘密權利人的角度而言，必須知道下列幾點：

　　（一）「重大」違反營業秘密法案件的門檻[6]：

1. 上市、上櫃公司、經我國認許的外國公司；或
2. 營業秘密經濟價值超過新台幣1千萬元。

　　（二）釋明事項表[7]：

　　檢方在辦理重大違反營業秘密法案件時，為掌握案件資訊，會希望營業秘密權利人填寫「釋明事項表」，必要時應以證人或鑑定人身分到庭。

　　（三）權利人於搜索時在場，以協助辨識為限，勿自己動

---

[6]　注意事項第2點：「本注意事項所稱重大違反營業秘密法案件，指犯營業秘密法第十三條之一、第十三條之二之罪，且符合下列情形之一者：
　　（一）營業秘密為上市、上櫃公司或經我國政府認許之外國公司所有。
　　（二）營業秘密經濟價值逾新台幣一千萬元以上。
　　（三）其他經各檢察機關檢察長核定。」

[7]　注意事項第6點：「檢察官辦理重大違反營業秘密法案件，宜先由告訴人或被害人填寫釋明事項表（格式如附件），並偕同專業人員到庭。必要時，應以證人或鑑定人身分訊問告訴人、被害人或專業人員。」

手[8]：

　　檢察機關於偵辦營業秘密案件時，如進行搜索，營業秘密權利人未必會被准許在場；然而，營業秘密的偵辦涉及專業，檢方雖已有具電子或財金等相關專長的司法警察或檢察事務官協助，如檢方認為有必要，可能會允許權利人在搜索時到場。由於我國刑事訴訟法第128條之2第1項、第136條第1項均明訂實施及執行搜索、扣押之人僅限於法官、檢察官、檢察事務官、司法警察官及司法警察，其他人均不得為之，此時到場的權利人及代理人等務必謹守份際，以提供檢方必要的辨識協助為限，切勿自行動手在現場標示、檢視電腦內容、製作光碟明細等，以免被認為該次程序為違法搜索，甚至惹上刑事程序在身。

　　至於對檢方而言，在偵辦案件時，要特別注意證據及程序的問題，以免證據被污染、或刑事程序被利用作為藉機刺探他人營業秘密的手段。例如在扣押數位證據時，應注意建立數位證據的同一性及不可否認性，以免有取證後遭竄改的疑義[9]；如認為有污染證據或藉機刺探的情事，應採行預防措施[10]；如檢方認有適度發布新聞的必要，得聽取權利人的意見，了解其商業發展或企業管理之考量，避免因公布偵查消息而造成其他影響[11]等等。

---

[8]　注意事項第10點：「檢察官實施重大違反營業秘密法案件之搜索時，宜指揮具相關專長之檢察事務官、司法警察官或司法警察協助，並全程錄音錄影。告訴人或被害人於搜索時在場者，以提供必要之辨識協助為限。」

[9]　注意事項第11點第2項：「扣押數位證據時，應注意建立數位證據之同一性及不可否認性。」

[10]　注意事項第7點第2項：「檢察官偵辦重大違反營業秘密法案件，認有告訴人或被害人污染證據或藉機刺探被搜索人或第三人營業秘密之情事者，必要時，應採行預防措施。」

[11]　注意事項第18點：「重大違反營業秘密法案件，為維護公共利益或保護合法權益，而認有適度發布新聞之必要時，得聽取告訴人或被害人意見，並避免透露有關營業秘密之實質內容。」

二、釋明事項表

法務部此次注意事項所附「釋明事項表」[12]，是營業秘密權利人必須特別予以注意的。雖然釋明事項表中有特別註記「本表由告訴人或告訴代理人填具，本表內容係供檢察官調查方向之參考，非起訴與否之依據，請務必據實填寫」，也就是說，都詳細填載了不能保證起訴，不詳細填載也不表示不起訴，但權利人是否能完整提供表格中所需資訊，現實上乃影響檢方能否及如何續行偵查的重要因素。

「釋明事項表」要求權利人填載的資訊如下，共有九大表格，並分別有細項：

（一）基本資料

資料項目	填寫內容	告證編號
告訴人		
告訴代理人		
事業性質		
主要聯絡人		
連絡電話（請列市話及行動電話）		
電子郵件		
傳真電話		
與本案有關之部門業務簡介		
與本案有關之成員業務分工		

---

[12] http://mojlaw.moj.gov.tw/NewsContent.aspx?id=6197（最後瀏覽日期：2019年2月28日）。

（二）受損害之營業秘密名稱（若涉及數項目，請自行增列數行分別說明）

營業秘密項目	營業秘密名稱	存放處
項目一		
項目二		

（三）受損害之營業秘密內容（若涉及數項目，請自行增列表格分別說明）

營業秘密項目一		告證編號
1.營業秘密一般性描述		
1.1內容描述	☐方法 ☐技術 ☐製程 ☐配方 ☐程式 ☐設計 ☐其他可用於生產、銷售或經營之資訊	
1.2完成之時間	（請簡要說明）	
1.3是否用於或計畫使用於產品或服務？	☐均否 ☐已用於產品或服務，說明：＿＿＿＿＿＿ ☐計畫使用於產品或服務，說明：＿＿＿	
2.營業秘密之歸屬		
2.1受僱人職務上研究或開發？契約約定內容？	☐否 ☐是，說明：＿＿＿＿＿＿＿	

營業秘密項目一		告證編號
2.2出資聘請他人從事研究或開發？契約約定內容？	☐否 ☐是，說明：＿＿＿＿＿	
2.3數人共同研究或開發？契約約定內容？	☐否 ☐是，說明：＿＿＿＿＿	
2.4 受讓而來？是否讓與他人或與他人共有？契約約定內容？	☐否 ☐是，說明：＿＿＿＿＿	
2.5授權他人使用？授權範圍？	☐否 ☐是，說明：＿＿＿＿＿	
2.6由他人授權而使用？授權範圍？	☐否 ☐是，說明：＿＿＿＿＿	
3.營業秘密之估價價值		
3.1使用之估價方法與價值	☐發展該營業秘密之成本，估價：＿＿＿＿＿＿ ☐取得該營業秘密之價格（含取得之日期及來源），估價：＿＿＿＿＿ ☐預期可於公平市場轉售之價格，估價：＿＿＿＿＿	
3.2最了解營業秘密價值之營業秘密所有人、第三方估價者的姓名、職稱及聯絡資訊	（請說明）	
3.3就該營業秘密遭受損害有無所受損害及所失利益	☐否 ☐是，說明：＿＿＿＿＿	
3.4本案犯罪行為人是否擬出售該營業秘密	☐否 ☐是，其出售價格及相關說明：＿＿＿＿＿＿	

（四）受損害營業秘密的特性（若涉及數項目，請增列表格分別說明）

營業秘密項目一		告證編號
1.營業秘密為大眾或一般涉及該類資訊之人所知悉，或得經由適當方式識別者？	□否 □是，說明：＿＿＿＿	
2.相關文獻、研討會或專利文件，已揭露該營業秘密？	□否 □是，說明：＿＿＿＿	
3.該營業秘密為告訴人員工在任職期間所獲得之一般性知識、技能及資訊	□否，說明：＿＿＿＿ □是，說明：＿＿＿＿	
4.如有為強制處分必要，該營業秘密之資訊特徵與鑑識方式	（請說明）	

（五）保護營業秘密之措施—客體部分（若涉數項目，請增列表格分別說明）

營業秘密項目一		告證編號
1.實體隔離措施		
1.1請描述公司關於辦公場所之進入或移動採取之一般安全常規，例如在辦公場所周圍設有圍牆、訪客管理系統、使用警報系統、自動上鎖門或保全人員等	（請說明）	

營業秘密項目一		告證編號
1.2請描述公司採取為避免未經授權檢視或存取營業秘密的任何安全措施，例如將存放處上鎖或於入口處標示「僅限經授權人員」	（請說明）	
1.3請描述公司採取追蹤員工存取營業秘密資料之程序，例如存取或返還該等資料的登記資料程序	（請說明）	
1.4要求員工配戴身分識別證	□否 □是，請說明：＿＿＿＿＿＿	
1.5公司訂有安全方針	□否 □是，請勾選如下並提供資料： □該安全方針包含處理營業秘密資訊內容 □員工知悉該安全方針 □要求員工簽署知悉安全方針之確認書	
1.6請提供最了解安全方針事務者之姓名、職稱及聯絡資訊	（請說明）	
1.7曾存取該營業秘密資訊的員工人數	（請說明）	
1.8員工存取營業秘密是由是否以「有知悉必要」前提為限	□否 □是，請說明：＿＿＿＿＿＿	

營業秘密項目一		告證編號
2.以電子形式儲存營業秘密所採取之措施		
2.1請描述營業秘密為電腦原始碼或其他以電子形式儲存之資訊，所規範之存取權限，例如員工配發專屬的使用者名稱、密碼；其電子儲存空間與資訊是否加密等	（請說明）	
2.2公司儲存營業秘密之電腦網路是否受防火牆保護	□否 □是，請說明：＿＿＿＿	
2.3前開電腦網路是否可遠端存取	□否 □是，請說明：＿＿＿＿	
2.4營業秘密存放在分離的電腦伺服器中	□否 □是，請說明：＿＿＿＿	
2.5公司禁止員工使用未經許可的電腦程式或未經允許的外部裝置（如可攜式儲存裝置）	□否 □是，請說明係全面開放或有部分限制：＿＿＿＿	
2.6公司留存電子存取紀錄（如電腦紀錄檔）	□否 □是，請說明：＿＿＿＿	
3.文件管理措施		
3.1營業秘密包含於文件檔案中，該等文件檔案清楚標示「機密」（Confidential、Proprietary）或類似字樣	□否 □是，說明：＿＿＿＿	

營業秘密項目一		告證編號
3.2請描述公司所採用的文件管理程序，如限制文件存取或登錄方針等	（請說明）	
3.3公司之文件管理程序有無書面方針	□否 □是，請說明員工知悉該方針之內容：＿＿＿＿＿＿	
3.4請提供最了解文件管理程序者的姓名、職稱及聯絡資訊		

（六）保護營業秘密之方法—人員部分（若涉及數項目，請增列表格分別說明）

營業秘密項目一		告證編號
1.保密協議（Confidentiality and Non-Disclosure Agreements）之簽署		
1.1公司就營業秘密相關事項與員工及第三人簽署保密協議	□否 □是，說明：＿＿＿＿＿＿	
1.2公司訂定並分送書面機密方針與員工	□否 □是，說明：＿＿＿＿＿＿	
1.3公司告知員工有關營業秘密方針	□否 □是，說明：＿＿＿＿＿＿	
2.員工管理措施		
2.1新進員工背景調查	□否 □是，說明：＿＿＿＿＿＿	

營業秘密項目一		告證編號
2.2舉辦關於防護營業秘密的經常性員工訓練	否 □是，說明：＿＿＿＿	
2.3公司辦理「離職面談」提醒將離職人員有關營業秘密之保密義務	□否 □是，說明：＿＿＿＿	

（七）營業秘密之損害（若涉有數項目，請增列表格分別說明）

營業秘密項目一		告證編號
1.可疑犯罪行為人資訊		
1.1公司內部型	（若沙數人，請分列） 姓名：＿＿＿＿＿＿＿＿ 電話：＿＿＿＿＿＿＿＿ 電子郵件：＿＿＿＿＿＿ 住／居所：＿＿＿＿＿＿ 人事資料：＿＿＿＿＿＿ 使用帳戶：＿＿＿＿＿＿ 現任職雇主：＿＿＿＿＿ 其他足資識別特徵：＿＿＿ 交往關係：＿＿＿＿＿＿ 可疑為犯罪行為人之理由：＿＿＿ ＿＿＿＿＿＿＿＿＿＿＿ 其他資訊：＿＿＿＿＿＿	

營業秘密項目一		告證編號
1.2公司外部型	（若涉數人，請分列） 與告訴人關係： □競爭關係 □合作廠商 □上下游廠商 其他教唆者： □公司 □外國政府 □大陸地區	
2.遭損害途徑		
2.1如何發現損害	（請說明）	
2.2遭損害途徑	使用自己或他人帳戶密碼進入伺服器 □電子郵件傳輸 □紙本、列印 □以電腦或行動電話應用程式轉載或傳輸 □以行動電話或其他方式錄影 □惡意挖角 □競爭對手高價惡意購買 □其他，請說明：＿＿＿＿＿＿	
2.3請描述損害之種類（即營業秘密法第13條之1第1項之何種類型或第13條之2所示情形）	（請說明）	
2.4營業秘密之損害是否有利於第三人，例如競爭者或其他事業體	□否 □是，請指出該事業、地址及理由：＿＿＿＿＿＿	

營業秘密項目一		告證編號
2.5有無任何資訊可認該營業秘密之損害有利於外國政府或外國政府之執行機構	□否 □是，請指出該外國政府或執行機構為何，並說明資訊來源：_____	
2.6如犯罪嫌疑人為現職或前員工，請說明所有保密協議內容	（請說明）	
2.7請說明營業秘密被損害之相關實體處所，例如該營業秘密可能被儲存或使用處	（請說明）	
2.8如告訴人已進行損害營業秘密之內部調查，請描述任何所得證據或調查報告	（請說明）	
2.9本案是否已向其他機關（不限於偵查機關）提出告訴或反映，請提供機關名稱及處理情形	（請說明）	

（八）民事保全程序

營業秘密項目一		告證編號
請說明已否對可疑之犯罪行為人提出假扣押、假處分或聲請核發秘密保持令	☐否，請說明是否擬提民事訴訟、訴訟種類及擬提出之時程：＿＿＿＿＿＿＿ ☐是，請提供下列資訊： 　■法院名稱及案號： 　■提出訴訟之日期： 　■訴訟代理人： 　■訴訟進度：＿＿＿＿＿＿＿	

（九）其他

營業秘密項目一		告證編號
1.請提供上述以外有利本案追訴之相關資訊	（請說明）	
2.除營業秘密法第13條之1、第13條之2以外，可能構成刑法或特別刑法之犯罪	☐否 ☐是，請說明：＿＿＿＿＿＿＿	

參、美國司法部 A Guide for Victims of Copyright Infringement, Trademark Counterfeiting, and Trade Secret Theft

一、美國司法部準則

在美國，侵害營業秘密不只是民事侵權行為，也可能是刑事犯罪。美國聯邦法針對營業秘密侵害刑事法律依據主要是1996經濟間諜法（Economic Espionage Act of 1996, EEA）[13]。前述法務部注意事項中的「檢核事項表」，係參考美國司法部A Guide for Victims of Copyright Infringement, Trademark Counterfeiting, and Trade Secret Theft（以下簡稱「美國司法部準則」），尤其是美國司法部準則中的檢核表（Checklist）而來，目前最新的版本為2018年10月第三版[14]。相較於法務部先前參考的2013年版，該檢核表2018年10月版於細部亦有增修。

美國司法部準則及其檢核表，乃作為美國檢察官辦理侵害著作權、商標權、及營業秘密刑事案件的參考，不拘束具體個案中檢察官如何偵辦、是否起訴等的判斷[15]。

---

[13] https://www.law.cornell.edu/wex/trade_secret（最後瀏覽日期：2019年2月28日），
https://www.law.cornell.edu/wex/Economic_espionage（最後瀏覽日期：2019年2月28日）。

[14] https://www.justice.gov/criminal-ccips/file/891011/download（最後瀏覽日期：2019年2月28日）。

[15] 美國司法部準則載明"The information contained in this document is a general guide for victims of intellectual property crime. This document is not intended to create or confer any rights, privileges, or benefits to prospective or actual witnesses or defendants. In addition, this document is not intended as a United States Department of Justice directive or as a document that has the force of law.", "The guidelines set forth below seek information that, in the experience of Department of Justice prosecutors and investigators, is useful or even critical to the successful prosecution

二、檢核表（Checklist）

美國司法部的檢核表，在權利人舉報有關侵害營業秘密的犯罪時，除了提醒檢方辦理時要保持機密（Confidentiality）外，列出了九大項法院通常會要求的資訊，包括營業秘密的描述及實體、電子的管控及保護措施等：

（一）Background and Contact Information 基本資料

- ❏ Victim's Name:
- ❏ Primary Address:
- ❏ Nature of Business:
- ❏ Primary Contact:
- ❏ Work Phone:
- ❏ Mobile Phone:
- ❏ E-mail:
- ❏ Fax:
- ❏ In addition to primary contact listed above, please be prepared to provide the names, titles and contact information of all people with knowledge of information requested below.

（二）Description of the Trade Secret 營業秘密之描述

- ❏ Generally describe the trade secret (e.g., source code, formula, technology, process, device), and explain how

---

of the most common intellectual property crimes. These guidelines are not intended to be exhaustive, nor does the presence or absence of responsive information from the victim necessarily determine the outcome of an investigation."參見前註PDF檔，第2頁及第7頁。

that information differs from that disclosed within any issued patents and/or published patent applications.

❑ Provide an estimated value of the trade secret using one or more of the methods listed below:

Estimated Value	Method
	Cost to develop the trade secret
	Acquisition cost (include date/ source of acquisition)
	Fair market value if sold/licensed

（三）Measures Taken to Protect the Physical Trade Secret Location 保護實體營業秘密之措施

❑ Describe the company's general security practices concerning entry to and moving within its premises, such as fencing the perimeter of the premises, visitor control systems, using alarming or self-locking doors or security personnel.

❑ Describe any security measures the company has employed to prevent unauthorized viewing or access to the trade secret, such as locked storage facilities or "Authorized Personnel Only" signs at access points.

❑ Describe any protocol the company employs to keep track of employees accessing trade secret material such as sign in/out procedures for access to and return of trade secret materials.

❑ Are employees required to wear identification badges?

＿YES ＿ NO

❑ Does the company have a written security policy?

＿YES ＿NO

If yes, please provide the following information:

○ Does the security policy address in any way protocols on handling confidential or proprietary information?

＿YES ＿NO

○ How are employees advised of the security policy?

○ Are employees required to sign a written acknowledgment of the security policy? ＿YES ＿NO

❑ How many employees have access to the trade secret?

❑ Was access to the trade secret limited to a "need to know" basis? ＿YES ＿NO

If yes, describe how "need to know" was maintained in any ways not identified elsewhere (e.g., closed meetings, splitting tasks between employees and/or vendors to restrict knowledge):

（四）Confidentiality and Non-Disclosure Agreements 保密合約

❑ Does the company enter into confidentiality and nondisclosure agreements with employees and third parties concerning the trade secret? ＿YES ＿NO

❑ Has the company established and distributed written confidentiality policies to all employees? ＿YES ＿NO

❑ Does the company have a policy for advising company employees regarding the company's trade secrets? ＿YES ＿NO

（五）Electronically-Stored Trade Secrets 以電子形式儲存的營業秘密

❑ If the trade secret is computer source code or other electronically-stored information, how is access regulated (e.g., are employees given unique user names, passwords, and electronic storage space, and was the information encrypted)?

❑ If the company stores the trade secret on a computer network, is the network protected by a firewall?
　__YES __NO

❑ Is remote access permitted into the computer network?
　__YES __NO
　If yes, is a virtual private network utilized? __YES __NO

❑ Is the trade secret maintained on a separate computer server? __YES __NO

❑ Does the company prohibit employees from using unauthorized computer programs or unapproved peripherals, such as high capacity portable storage devices? __YES __NO

❑ Does the company maintain electronic access records such as computer logs? __YES __NO

（六）Document Controls 文件管控

❑ If the trade secret consists of documents, were they clearly marked "CONFIDENTIAL" or "PROPRIETARY"?
　__YES __NO

❑ Describe the document control procedures employed by the company, such as limiting access and sign in / out policies.

❏ Was there a written policy concerning document control procedures? ＿YES ＿NO

If yes, how were employees advised of it?

（七）Employee Controls 員工管控

❏ Are new employees subject to a background investigation? ＿YES ＿NO

❏ Does the company conduct regular training for employees concerning steps to safeguard trade secrets? ＿YES ＿NO

❏ Does the company hold "exit interviews" to remind departing employees of their obligation not to disclose trade secrets? ＿YES ＿NO

（八）Description of the Misappropriation of the Trade Secret 營業秘密受侵害的描述

❏ Identify the name(s) or location(s) of possible suspects, including the following information:

○ Name:

○ Phone number:

○ E-mail address:

○ Physical address:

○ Current employer, if known:

○ Any other identifiers:

○ Reason for suspicion:

❏ Describe how the misappropriation of the trade secret was discovered.

❏ Describe the type(s) of misappropriation (e.g., stealing, copying, drawing, photographing, downloading, uploading, altering, destroying, transmitting, receiving).

❑ If known, was the trade secret stolen to benefit a third party, such as a competitor or another business?

__YES __NO

If yes, identify that business and its location.

❑ Do you have any information that the trade secret was stolen to benefit a foreign government or instrumentality of a foreign government? __YES __NO

If yes, identify the foreign government or instrumentality and describe that information.

❑ If the suspect is a current or former employee, describe all confidentiality and non-disclosure agreements in effect.

❑ Identify any physical locations associated with the misappropriated trade secret, such as where it may be currently stored or used.

❑ If you have conducted an internal investigation into the misappropriation, please describe any evidence acquired and provide any investigative reports that you can.

（九）Civil Enforcement Proceedings 民事程序

❑ Has a civil enforcement action been filed against the suspects identified above? __YES __NO

If yes, please provide the following information:

○ Name of court and case number:

○ Date of filing:

○ Names of attorneys:

○ Status of case:

If no, please state whether a civil action contemplated,

what type and when.

❏ Have you contacted any other government agencies about this incident?

If yes, identify the agency contacted.

❏ Please provide any information concerning the suspected crime not described above that you believe might assist law enforcement.

肆、結論與建議

　　營業秘密的管理與保護，不能自外於法律執法的實務。一個企業不能「自以為」已採取優異的營業秘密管控制度，必須檢視自己所採行的制度，如果將來有主張權利的必要，是否禁得起司法機關的檢視，比如當面對檢核表時，是否每一欄位都能填得出來？是否每一事項均能找到依據，比如公司規章、比如與員工或第三人的保密合約？能禁得起檢視的，才是有效的制度。

　　具體進行改善時，從何開始、如何進行最有效率，則建議「以一個主力產品為例，拉一條軸線出來檢視」，並「針對每日都可能會處理到的制式文件（standard form, template）先行加以檢討」[16]。無論我國法務部檢察機關辦理重大違反營業秘密法案件注意事項的「釋明事項表」、或美國司法部A Guide for Victims of Copyright Infringement, Trademark Counterfeiting, and Trade Secret Theft的檢核表（Checklist），都是企業可執以改善內部制度的絕佳參考。

---

[16] 可參考本書「競業禁止行不行？企業如何保護營業秘密及核心資產」一文。

9

新勞動基準法與事先給付競業禁止補償金

萬國法律事務所助理合夥律師　陳冠中

萬國法律事務所律師　蔡孟眞

壹、前言

　　企業為防免員工跳槽、或遭惡意挖角、營業秘密外洩、甚至是不正當競爭等問題及損害，與員工事先約定所謂的「競業禁止」條款或契約，已成為普遍的作法。依照勞動部頒布之「簽訂競業禁止參考手冊」[1]，所謂「競業禁止」是指「事業單位為保護其商業機密、營業利益或維持其競爭優勢，要求特定人與其約定在在職期間或離職後之一定期間、區域內，不得受僱或經營與其相同或類似之業務工作」而言，此種契約必定涉及勞僱雙方利益的衝突，並且常以定型化契約之方式為之，也因此「競業禁止」約定須在員工的工作權以及僱主的財產權間取得合理的衡平，否則可能會因顯失公平，違反民法第247-1條之規定而導致無效。

　　我國過往對於「競業禁止」約定之合理性、以及其「顯失公平」的界線為何，尚無明文規範，而有賴實務的發展。台灣台北地院85年度勞訴字第78號判決曾提出五個判斷要點：「……競業禁止特約之合理性，應就當事人間之利害關係及社會的利害關係作總合的利益衡量而為判斷，其重要標準計有：1.企業或僱主需有依競業禁止特約保護之利益存在，亦即僱主的固有知識和營業秘密有保護之必要。2.勞工或員工在原僱主或公司之職務及地位。關於沒有特別技能、技術且職位較低，並非公司之主要營業幹部，處於弱勢之勞工，縱使離職後再至相同或類似業務之公司任職，亦無妨害原僱主營業之可能，此時之競業禁止約定應認拘束勞工轉業自由，乃違反公序良俗而無效。3.限制勞工就業之對象、期間、區域、職業活動之範圍，需不超逾合理之範疇。4.需

---

[1]　筆者於撰寫本文時曾去電勞動部，得知目前「簽訂競業禁止參考手冊」因正在進行改版，故未置於勞動部網站。

有填補勞工因競業禁止之損害之代價措施。代價措施之有無，有時亦為重要之判斷基準，於勞工競業禁止是有代價或津貼之情形，如無特別之情事，此種競業特約很難認為係違反公序良俗。

5.離職後員工之競業行為是否具有顯著背信性或顯著的違反誠信原則，亦即當離職之員工對原雇主之客戶、情報大量篡奪等情事或其競業之內容及態樣較具惡質性或競業行為出現有顯著之背信性或顯著的違反誠信原則時，此時該離職違反競業之員工自屬不值保護」，而為日後相關案件法院所援引之主要判決先例。

其後，行政院勞工委員會（現更名為勞動部）就競業禁止約定之有效性作出民國89年8月21日（89）台勞資二字第0036255號函，該函釋認為：「勞資雙方於勞動契約中約定競業禁止條款現行法令並未禁止，惟依民法第247-1條的規定，契約條款內容之約定，其情形如顯失公平者，該部份無效；另法院就競業禁止條款是否有效之爭議所作出之判決，可歸納出下列衡量原則，1.企業或雇主須有依競業禁止特約之保護利益存在。2.勞工在原雇主之事業應有一定之職務或地位。3.對勞工就業之對象、期間、區域或職業活動範圍，應有合理之範疇。4.應有補償勞工因競業禁止損失之措施。5.離職勞工之競業行為，是否具有背信或違反誠信原則之事實。」可以發現其判斷原則與上述之台灣台北地院85年度勞訴字第78號判決相同，並成為我國過往實務對於「競業禁止」約定有效性之重要判斷依據。

近期（104年11月27日）立法院院會通過勞動基準法（以下簡稱「勞基法」）修正案，新增第9-1條（下稱「本條文」），為我國首次對於競業禁止約定進行明文規範：

「未符合下列規定者，雇主不得與勞工為離職後競業禁止之約定：

一、雇主有應受保護之正當營業利益。

二、勞工擔任之職位或職務，能接觸或使用雇主之營業秘密。

　　三、競業禁止之期間、區域、職業活動之範圍及就業對象，未逾合理範疇。

　　四、雇主對勞工因不從事競業行為所受損失有合理補償。

　　前項第四款所定合理補償，不包括勞工於工作期間所受領之給付。

　　違反第一項各款規定之一者，其約定無效。

　　離職後競業禁止之期間，最長不得逾二年。逾二年者，縮短為二年。」

　　本條文之內容大致上與我國過往法院判決以及主管機關的函釋相一致，尤其是第1項第1款至第3款，可謂是過去實務見解的明文化。惟比較過去見解與新增訂之第1項第4款及第2項，雖均提到應對於勞工給予競業禁止之補償，但對此第2項另增加「該合理補償，不包括勞工於工作期間所受領之給付」之要件，而與過往的要件不盡相同。同時，相較本條文第1項第1款至第3款之判斷，諸如「雇主是否有應受保護之正當營業利益」、「勞工之職位或職務是否能接觸或使用雇主之營業秘密」、「競業禁止之條件是否逾合理範疇」等等，主要涉及個案中事實認定的問題，將因個案事實而有所不同；而本條文第2項明文「不包括勞工於工作期間所受領之給付」，該受領之給付所指為何？是否即排除於員工工作期間給予補償措施之可能，則存有法律上之疑義。

　　競業禁止約款之所以需要考量雇主對於員工之合理補償，乃在考慮員工離職後將可能因遵守與原雇主間競業禁止的約定，而導致其在工作或生活條件上產生不利益，為免對於員工權益造成過大的影響以維持雙方利益的衡平，而有給予員工合理補償的要求。雖然過往亦有實務見解認為，是否給予合理補償，並非競業禁止條款是否有效之最主要依據（例如台灣高等法院102年度上易字第190號判決、101年度上字第440號判決、100年度重勞上字第11號判決等），惟本次修法既已將合理補償明文化為競業禁止約款的要件之一，則未來這部分應不再存有爭議。

　　然而，從法院過去的判決[2]可以看到，原雇主或會主張已「事先」給付給員工之「紅利」、「獎金」作為競業禁止之合理補償；也可能與員工約定將工作期間所受領之一定比例的「股息」或「紅利」作為未來競業禁止事由合理補償之約款，而主張員工離職後受競業禁止限制之合理補償已「事先」於工作期間受領。此種作法或約款，是否即屬新勞基法所稱「勞工於工作期間的給付」而不得做為離職員工競業禁止期間之合理補償？由於修法歷程及修法理由，均並未對訂立「該合理補償，不包括勞工於工作期間所受領之給付」要件有所討論或解釋，因此此部分之疑義將留待日後司法實務進一步釐清。然究其文義觀之，可知本爭議之關鍵在於「勞工於工作期間所受領之給付」應如何解釋，該給付是否可解釋為僅以「勞務之對價」為限，而認為此種「事先給付補償金」之約款是否屬於契約自由之一部分而為當事人可自行約定之事項？抑或會因本條文之規定而被認定為無效？即為本文所欲探討的核心。

　　既然競業禁止之合理補償旨在補償員工離職後因競業禁止所導致的不利益，則於工作期間勞務之對價自不應作為合理補償[3]。根據勞基法第2條對於「工資」的定義為：「勞工因工作而獲得之報酬；包括工資、薪金及按計時、計日、計月、計件以現金或實物等方式給付之獎金、津貼及其他任何名義之經常性給與」，因此可知，無論名義為何，員工於工作期間所得之給付若為「勞務之對價」應非屬競業禁止之合理補償。又勞基法施行細則第10條規定所謂「其他任何名義之經常性給與」，係指不包含「紅利」、「獎金」、「春節、端午節、中秋節給與之節

---

[2]　如台灣高等法院100年度勞上易字第122號民事判決、台灣高等法院101年度勞上字第89號民事判決、智慧財產法院103年度民營訴字第2號民事判決之判決理由。

[3]　台灣高等法院台中分院103年度上字第70號民事判決意旨參照。

金」、「醫療補助費」等等[4]。

　　不過，對於實務上琳瑯滿目的各種給付之屬性，法院還是會依個案認定是否屬於「勞務之對價」，例如最高法院104年度台上字第728號民事判決指出：「所謂『因工作而獲得之報酬』者，係指符合『勞務對價性』而言，所謂『經常性之給與』者，係指在一般情形下經常可以領得之給付。判斷某項給付是否具『勞務對價性』及『給與經常性』，應依一般社會之通常觀念為之，其給付名稱為何？尚非所問。如在制度上通常屬勞工提供勞務，並在時間上可經常性取得之對價（報酬），即具工資之性質而應納入平均工資之計算基礎，此與同法施行細則第十條所指不具經常性給與且非勞務對價之年終獎金性質迥然有別。」同時，也於判決中指出，雇主所承諾之保障年薪，即按月給付之月薪加上數個月年終獎金，雖名為「年終獎金」，實可能屬年薪之一部分而為勞務之對價，而指摘原審未就此說明即逕認不屬之，有所違誤；此外，依據勞基法第29條，對於全年工作並無過失之勞工雇主有依法給付獎金或分配紅利之義務，是勞工如於分配紅利之年度，全年工作並無過失而應得之獎金或紅利，其亦可能勞務

---

[4]　勞動基準法施行細則第10條：「本法第二條第三款所稱之其他任何名義之經常性給與係指左列各款以外之給與。

　　一、紅利。

　　二、獎金：指年終獎金、競賽獎金、研究發明獎金、特殊功績獎金、久任獎金、節約燃料物料獎金及其他非經常性獎金。

　　三、春節、端午節、中秋節給與之節金。

　　四、醫療補助費、勞工及其子女教育補助費。

　　五、勞工直接受自顧客之服務費。

　　六、婚喪喜慶由雇主致送之賀禮、慰問金或奠儀等。

　　七、職業災害補償費。

　　八、勞工保險及雇主以勞工為被保險人加入商業保險支付之保險費。

　　九、差旅費、差旅津貼及交際費。

　　十、工作服、作業用品及其代金。

　　十一、其他經中央主管機關會同中央目的事業主管機關指定者。」

之對價，亦認原審就此仍有再推求之必要。是以可知，最高法院指出「獎金」或「紅利」之屬性，並非依其名義決定其是否為勞務之對價，而需於具體個案進行判斷。

貳、如何區分「勞務之對價」與非「勞務之對價」？非「勞務之對價」能否作為競業禁止之補償措施？

在實務上，對於員工工作期間除了其工資之外，如尚有其他型態或名義之給付（例如員工分紅入股、定價認購股票、專業加給等），是否能夠以之作為員工離職之後競業禁止之補償措施？

一、以「員工分紅入股」作為競業禁止之補償措施？

於台灣高等法院99年度重上字第137號民事判決中，法院指出：「員工分紅入股制度於我國科技產業行之有年，其制度設計目的在激勵員工，藉由讓員工成為公司股東之方式，將員工報酬與公司利潤相結合，以加強員工對公司之認同感與參與感，進而提昇公司營運績效，核其性質與代價措施有異。參以新普公司於104人力銀行之求才公司網頁中，即將員工分紅入股列入其公司福利制度；證人即新普公司技術開發部副總經理李肇豐亦證稱員工分紅入股係由主管依員工平常工作績效表現來決定分紅比例，益徵新普公司之員工分紅入股制度，旨在**網羅、吸引優秀人才任職及作為員工之獎勵，並非競業禁止之對價**。況兩造並未於僱傭契約或競業禁止契約中言明以員工分紅入股作為代價措施，要難僅以吳瑞敏受有分紅入股即認新普公司已提供代價措施。」其雖否認「員工分紅入股」並非競業禁止之對價，然似又指出如有相關約款，員工分紅入股或可作為競業禁止之補償措施。

二、以「定價認購股票」作為競業禁止之補償措施？

另於台灣高等法院103年度重勞上字第28號民事判決中，法院除否認「保障年薪」及「員工分紅入股」可作為競業禁止之補償措施之外，同時也認為「定價認購股票」之性質並非競業禁止條款之補償措施，而是「吸引被上訴人加入上訴人建廠專案小組之優惠措施」，該判決亦指出：「此外上訴人並未舉證證明兩造曾合意就系爭切結書所訂競業禁止條款有何代價措施，衡情應認為系爭切結書之競業禁止條款為無效。」似亦認勞雇雙方若有合意，尚無不可。

三、以「專業加給」作為競業禁止之補償措施？

台灣高等法院103年度勞上易字第64號民事判決，判定系爭競業禁止條款無效，但其理由亦未明確否定競業禁止補償金可約定為「工作期間之給付」，該判決認為雇主雖主張依據公司薪資管理辦法：「3.2.3.3專業加給：因工作性質需具備專業技能，及因作業內容受競業禁止限制予以之對價補償……」之規定，其給付員工薪資中之「專業加給」即已包含競業禁止之補償措施，然系爭勞動契約並未就此有所約定，而約定為：「乙方（即員工）同意遵守上述約定，並同意不另向甲方（即雇主）請求因遵守本契約約定之其他任何補償」，且依據該薪資管理辦法之規定，員工所受領之專業加給，除因作業內容受競業禁止限制予以之對價補償外，尚有因工作性質具備專業技能之因素而給與，而從薪資單中並未能區分員工所受領之「專業加給」中屬於「專業技能」與「競業禁止補償」之範圍各為何，因此無法評估薪資內是否確已包含補償措施，而認定雙方並沒有約定競業禁止之補償金。

綜上說明，雖然上述判決均認為雇主在員工作期間之給付，不屬於競業禁止補償措施，但就判決中所呈現事實觀之，雇

主與員工均未明確約定工作期間之何種給付係為競業禁止之補償。因此，對於員工於工作期間由雇主所受領之薪資、紅利、股票、或其他利益等，如「無」明確約定，原則上法院係採否認其可作為競業禁止補償措施之見解。

參、實務對於「約定」以員工工作期間給付競業禁止補償之見解分析

然而，若雇主與員工針對工作期間之特定給付作為競業禁止之補償措施有所約定，是否即可依其約定而認為該給付為競業禁止之補償？茲列舉以下判決為例進行探討：

一、約定以員工工作期間之 金或分紅作為競業禁止之補償措施？

對於「獎金」或「員工分紅」是否可以作為競業禁止合理補償，台灣高等法院102年度勞上字第104號判決似認如果勞雇雙方對此已有相關約款，則可以之作為競業禁止之補償措施，其認為：「按員工離職後競業約款代價措施既為補償員工因競業禁止之損害（即離職後競業禁止期間所受工資差額害）而設，其性質應認屬離職後競業禁止之對價，應與員工在職期間原即得領取工作報酬為具體區隔。準此，倘屬在職期間給與之代價措施，除應由雇主給付時即為明確標示其屬代價給與（即不能先以其他名目之給付，嗣後再比附為競業禁止損害之代價），並應係於員工在職期間原約定得領取薪資及福利以外，雇主所另再為加給，始得認屬員工離職後競業款代價措施。」依此判決見解，法院肯認競業禁止之補償可由勞雇雙方約定為「事先」於員工工作期間給付，但應與員工工作期間原即得領取工作報酬為具體區隔，雇主

應給付補償金時明確標示，而不能先以其他名目之給付，嗣後再比附爲競業禁止損害之代償。在這個案例中，由於雇主已於徵才廣告中明敘員工分紅屬該公司福利制度，亦未提出任何證據證明員工任職期間之年度員工分紅，高於一般員工之計算方式，從而系爭競業禁止約款所指之「員工分紅」屬於員工工作期間勞務報酬之一部，自難逕認其性質係勞務報酬以外加給之「離職後競業禁止代償措施」，而認定該約款無效。基此，高等法院並未對於以「獨立之競業禁止補償金」名目給付、或以「高於一般員工之分紅計算方式」所「事先」給付之競業禁止補償措施，表示否定意見。

　　智慧財產法院103年度民營訴字第2號民事判決亦對此持肯定見解，該判決中，兩造間對於補償措施訂有「競業禁止補償費係指於鴻海服務期間所受領之所有獎金（年終獎金及績效獎金）及員工分紅股票（股票價值以離職日之市價或淨值較高者計算）之判數（百分之五十）」、「本人（指員工）同意並瞭解於任職期間從鴻海精密工業股份有限公司（或）其關係企業每年所受領之所有獎金（年終獎金及績效獎金）及員工分組股票之百分之五十係本人完全履行本約義務（競業禁止義務除外）之對價。」之約定，法院認爲員工簽署系爭約定書時，應知悉「獎金」及「分紅」的給付，係履行系爭約定書內容之相對條件，具有對價補償之性質，自應受約束並爲忠實之履行，始符合約定書之旨意。又獎金並非定期性給與，員工分紅股票亦係爲鼓勵員工久任其職而不轉任他職所設制度，均須視公司獲利狀況而定，雇主在系爭約定書中，將定期給與獎金及股票分紅半數作爲競業禁止代償費，雖爲其預先印製之條款，惟員工簽名訂約時應瞭解其概況，而員工每年獎金與員工分紅股票均可獲得，但各年數額均不相同，落差達百萬元以上者，因之，雇主以其半數作爲代償措

施，並非不合理，而認為上開補償約款有效[5]。

二、約定以員工工作期間「薪資或報酬」之一部分作為競業禁止之補償措施？

對於可否約定以員工工作期間「薪資或報酬」之一部分作為競業禁止之補償措施？台灣高等法院100年度勞上易字第122號民事判決係採肯定見解，該案中兩造間訂有「……乙方（指員工）離職後之工作權並未因本協議書受到全面限制，其禁止部分已於乙方薪資內涉有競業禁止補償金，其數額依職級酌定之」之約定，該判決認為該約款既有訂定補償措施，且雇主已明確告知被員工薪資結構分為二部分，一部分為工資，一部分為非工資（含預發競業禁止補償金），可見系爭競業禁止補償金並非屬員工因工作而獲得之報酬，且為員工任職時所明知，並同意雇主按月預發系爭競業禁止補償金，且法無明文強制規定，雇主給付競業禁止之補償限於員工離職之後始得為之，故並沒有顯失公平之情形而為有效。

又如台灣高等法院101年度勞上字第89號民事判決，其亦肯認此種作法可為競業禁止之補償措施，對於該案勞資間之補償約款：「上訴人（即雇主）保障被上訴人（即員工）每年405堂課全部報酬至少324萬元，其中於本部開課按學生數應付每人每堂課報酬40元及競業禁止補償金10元、於分部開課應付每人每堂課報酬50元及競業禁止補償金10元；上訴人對於被上訴人所給付之高額報酬係包含被上訴人同意受任至少5年之對價，以及委任期間及期滿後對被上訴人競業禁止之補償」，以及於切結書中之約定：「甲方（即雇主）所給付乙方（即員工）之高額報酬中亦確係已經包含乙方受委期間及委任契約期滿或終止後競業禁止

---

[5] 另參台灣高等法院102年度勞上字第53號民事判決，其亦認為類同約款有效。

之代償報酬，本約所約定之競業禁止期間、地點及方式，均係經乙方深思並認為合理後所同意，乙方日後不得主張約定顯失公平或無效」，而認定兩造間已有競業禁止補償措施之約定，員工基於契約自由原則，於評估全部工作對價及條件後認為可得接受，始與雇主締約，故與憲法保障人民工作權之精神並不違背，亦無員工重大不利益之顯失公平情事，故上開約款已約訂有補償措施，自非無效。

台灣高等法院101年度勞上字第45號民事判決甚至認為，即便未對於事先給付之補償金明確約定範圍，亦不妨礙該約款之有效性：「兩造簽署之『競業禁止約款』有約定：『乙方因前述競業禁止義務所可能發生之損失，甲方已將補償之對價計入本約所定應給付與乙方之報酬中。』據此，尚難認系爭競業禁止約款無補償措施。高明和等四人雖又抗辯簽訂契約時，凌華公司僅告知伊等每月薪資，並未告知薪資中有多少金額為代償金，而凌華公司之薪資管理辦法亦無代償金項目，凌華公司實際上並無給付競業禁止之代償云云，惟高明和等四人均係高級知識份子，且任職凌華公司前均曾任職於其他公司，對薪資之多寡並非無所知悉，其等於簽訂系爭契約時，就前開契約內容均已明知，既同意簽訂合約，自應受拘束並忠實履行，是高明和等四人之抗辯，自無足取。」

綜上可知，雖然司法實務見解對於工作期間之給付是否得以作為競業禁止之補償，基於保障勞工之權益，係採保守之見解。然而，若雇主與員工事先對於工作期間給付競業禁止補償已有明確約定，且未發現不公平之締約過程，並可證明該給付非屬於勞工之對價，依上開實務見解，法院並未認為此種競業禁止條款無效。

肆、結論

　　基本上，在過去的實務判決中，雖然多不贊同在契約未明文約定的情形下，原雇主自行主張於工作期間所給予員工之紅利或　金作為競業禁止補償金，但對於雇主與員工「約定」工作期間「事先」給付競業禁止補償金之約款並未明白地持否定見解，甚至尚有不少判決持肯定的看法。然而，於新勞基法第9條之1施行後，此種約款之效力為何？是否即一律認為無效？由於修法歷程及修法理由，均並未對訂立「該合理補償，不包括勞工於工作期間所受領之給付」要件有所討論或解釋，因此，在新法施行後此種約定於工作期間「事先」給付競業禁止補償金之效力為何，則有待未來實務見解進一步說明始得而知。

　　此外，由員工權益之角度思考，若將競業禁止補償金「事先」給付員工，對員工而言似乎並無不利，甚至應較「事後」給付更為有利才是。然而，在大部分的情形，資方可能擁有相對優勢之締約地位，如何確保雙方確實有合理安排員工應得之競業禁止補償金，在實務就具體個案的判斷應審慎為之。因此，日後司法實務會如何發展，仍有許多想像空間。然而，由於新勞基法已將上述要件明定於條文之中，是以於實務尚未形成明確見解之前，保守起見，勞雇雙方訂定競業禁止補償金約款時，可考慮儘量避免採取於員工工作期間給付之方式，以杜絕日後發生紛爭時，以欠缺給予競業禁止合理補償為由被認定無效；若仍打算約定此種「事先」給付競業禁止補償金，則務必於訂約與給付時，將作為競業禁止補償金的部分說明及標示清楚，並留下可證明其為勞務對價以外之給付之說明及證據（例如締約協商過程、員工原本期待薪資的數額、雇主調整與決定金額之考量及依據、員工於前雇主之薪資……等可為勞務對價之證明），以期日後發生爭議時，能維持該競業禁止約款之效力。

10

離職後競業禁止約款與其效力問題——美國法觀察

萬國法律事務所合夥律師　謝祥揚

壹、前言

　　本文探討離職後競業禁止約款及其有效性爭議問題。對於科技產業而言，雇主得否依該約款限制禁止離職員工不得至競爭廠商任職，事涉科技業者對員工、公司內部營業策略、機密技術、研發成果的管控，也涉及業者與同業廠商間的競爭，故爲近年來頗受重視的爭議問題。此外，雇主得否透過訴訟請求法院禁止員工轉赴競爭同業任職？員工離職後轉赴競爭廠商任職，雇主得否請求前員工給付違約金？凡此問題均涉及「競業禁止約款是否有效？」「得否請求法院執行？」

　　關於前此問題，在我國勞動基準法2015年修正前，係由法院透過逐案累積方式，逐步形成競業禁止約款有效與否的判斷標準。例如，台灣台北地方法院85年度勞訴字第78號民事判決：「競業禁止特約之合理性，應就當事人間之之利害關係及社會的利害關係作總合的利益衡量而爲判斷，其重要標準計有：（一）企業或雇主需有依競業禁止特約保護之利益存在，亦即雇主的固有知識和營業秘密有保護之必要。（二）勞工或員工在原雇主或公司之職務及地位。關於沒有特別技能、技術且職位較低，並非公司之主要營業幹部，處於弱勢之勞工，縱使離職後再至相同或類似業務之公司任職，亦無妨害原雇主營業之可能，此時之競業禁止約定應認拘束勞工轉業自由，乃違反公序良俗而無效。（三）限制勞工就業之對象、期間、區域、職業活動之範圍，需不超逾合理之範疇。（四）需有填補勞工因競業禁止之損害之代價措施，代價措施之有無，有時亦爲重要之判斷基準，於勞工競業禁止是有代價或津貼之情形，如無特別之情事，此種競業特約很難認爲係違反公序良俗。（五）離職後員工之競業行爲是否具有顯著背信性或顯著的違反誠信原則，亦即當離職之員工對原雇主之客戶、情報大量篡奪等情事或其競業之內容及態樣較具惡質

性或競業行為出現有顯著之背信性或顯著的違反誠信原則時，此時該離職違反競業禁止之員工自屬不值保護。」，即提出五要件（或判斷標準），用以在個案中決定競業禁止約款有效與否。據學者觀察，此判決應為我國法院首次採用「五標準」的案例[1]。

我國勞動基準法於2015年12月16日修正，於該法中增列第9條之1。該條第1項規定：「未符合下列規定者，雇主不得與勞工為離職後競業禁止之約定：一、雇主有應受保護之正當營業利益。二、勞工擔任之職位或職務，能接觸或使用雇主之營業秘密。三、競業禁止之期間、區域、職業活動之範圍及就業對象，未逾合理範疇。四、雇主對勞工因不從事競業行為所受損失有合理補償。」就第4款規定所稱「合理補償」，本條文第2項規定：「前項第四款所定合理補償，不包括勞工於工作期間所受領之給付。」競業禁止約款如有違反本條文第1項所列要件者，依本條文第3項規定：「違反第一項各款規定之一者，其約定無效。」最後，本條第4項規定：「離職後競業禁止之期間，最長不得逾二年。逾二年者，縮短為二年。」

勞動基準法第9條之1第1項規定所列競業禁止約款效力的四要件，可約歸納為：對雇主而言，雇主確有受競業禁止約款保護之「正當營業利益」（legitimate business interest）；對勞工而言，競業禁止約款並未構成不合理之轉業限制（亦即，競業禁止約款僅對離職員工設有「合理限制範圍」），且就此限制已受合理補償。本文擬從美國法觀點，分就「雇主正當利益」、「合理限制範圍」兩項議題，提出比較觀察。至於「合理補償」要件，美國法相關案例或討論中較少考量合理補償問題，本文故而未予論究。

需先說明者為，關於「競業禁止約款」（covenant not to

---

[1] 林更盛，論契約控制—從Rawls的正義理論到離職後競業禁止約款的控制，第112頁（台北：翰蘆，2009年3月）。

compete）之有效與否，因屬「契約法」範疇，在美國法制中歸屬「州法」（state law）體系，係由各州法院透過判決依各州有效的普通法（common law）及相關法規決斷。也因此，關於競業禁止約款有效性問題，各州法院所持見解未必完全一致。在美國各州中，加州、北達科他州二州州法均明顯傾向否定競業禁止約款的有效性[2]。其中，又以加州最爲著名。在加州，該州法律明文規定，如以契約約定限制他人從事合法專門職業、商業或營業行爲者，該契約原則上概爲無效[3]。從而，除少數極端例外情形外，加州法院多半拒絕承認員工離職後競業禁止約款的有效性。亦有論者認爲，加州法院拒絕承認離職後競業禁止約款有效性的傾向，造就該州人才自由流動，亦是矽谷科技產業發達的原因之一[4]。除加州、北達科他州外，美國其餘各州州法原則上係以「合理標準」（reasonableness test）論斷競業禁止約款有效性[5]。

　　另需說明者爲，依美國契約法，「約因」（consideration）爲契約成立要件，此爲我國契約法所無。競業禁止約款既爲契約，則依美國契約法，「具備有效約因」亦爲該競業禁止約款有效成立的要件之一。如員工係於到職時同時與其雇主簽署競業禁止約款，抑或於升遷或加薪時簽署競業禁止約款，此時均有明確「約因」存在（聘用、升遷、加薪）。但常發生爭議之情形爲，

---

[2] Norman D. Bishara, *Fifty Ways to Leave Your Employer: Relative Enforcement of Covenants Not to Compete, Trends, and Implications for Employee Mobility Police*, 13 J. Bus. L. 751, 757 (2011).

[3] CAL. BUS. & PROF. CODE § 16600 (West 2010) ("Except as provided in this chapter, every contract by which anyone is restrained from engaging in a lawful profession, trade, or business of any kind is to that extent void.").

[4] Ronald J. Gilson, *The Legal Infrastructure of High Technology Industrial Districts: Silicon Valley, Route 128, and Covenants Not To Compete*, 74 N.Y.U.L.Rev. 575 (1999).

[5] 詳參本文「貳、美國競業禁止約款合理標準要件概論」。

如雇主係於僱傭關係「存續中」要求員工簽署競業禁止約款，並以該條款簽署作爲繼續維持僱傭關係的條件，則「維持既已存在的僱傭關係」是否得作爲員工簽署競業禁止約款的有效約因，即有所爭議，亦應一併注意[6]。

本文除前言、結語外，將先概要討論美國競業禁止約款合理標準要件（貳、）其後分別探討「雇主正當營業利益」（參、）「合理範圍限制」（肆、）。

貳、美國競業禁止約款合理標準要件概論

如前所述，除加州、北達科他州外，美國其餘各州州法原則上係以「合理標準」（reasonableness test）論斷競業禁止約款有效性，然此並不代表該州法院對競業禁止約款必然採取完全認可的「正面態度」。例如，麻塞諸賽州最高法院（Massachusetts Supreme Judicial Court）在2004年*Boulanger v. Dukin' Donuts, Inc.*判決[7]中，即曾闡釋：「競業禁止約款僅於符合下列要件時，方能由法院予以執行：1.該約款係爲保護正當營業利益（legitimate business interest）；2.該約款僅於合理時間、合理區域範圍內限制離職員工；3.該約款並未違反公共利益。」[8]此外，麻州最高法院在該案中亦宣示，前開「合理標準」需按個案情形逐一論斷[9]，並無通案標準。

---

[6] Norman D. Bishara & David Orozco, *Using the Resource-Based Theory to Determine Covenant Not to Compete Legitimacy*, 87 Ind. L.J. 979, 986-7 (2012).

[7] 815 N.E.2d 572 (Mass. 2004).

[8] *Id.* at 576-77 ("A covenant not to compete is enforceable only if it is necessary to protect a legitimate business interest, reasonably limited in time and space, and consonant with the public interest.").

[9] *Id.* at 577 ("Covenants not to compete are valid if they are reasonable in light of the facts in each case.").

　　紐約州法亦持類似看法。紐約法院在1999年*BDO Seidman v. Hirshberg*判決[10]中指出，競業禁止約款之限制，僅於符合以下要件時，始能認為「合理」：1.該約款所為限制並未逾越保護雇主正當利益所必要之範圍；2.該約款對員工的轉業自由加諸不當限制（undue hardship）；3.該約款並未違反公共利益。如有違反前開要件之一者，該約款無效[11]。

　　自上可知，「合理標準」的適用，並不代表法院必然承認競業禁止約款的效力，仍須在個案中通過各項要件的檢驗。依前述二州所採「合理標準」，法院均係考量：

　　　　（一）雇主方面是否有應受保護的「正當商業利益」；

　　　　（二）員工方面有無遭受過度不當的限制；

　　　　（三）另亦斟酌系爭競業禁止約款對於「公共利益」是否有所限制侵害。

　　由此亦可知，美國法院在依「合理標準」審查各該競業禁止約款是否有效時，除考量該約款雙方當事人所涉事項外，亦將與「公眾利益」有關的政策因素，納為其判斷標準之一。畢竟，法院承認競業禁止約款的結果，將導致「人才」、「人力」的流動限制，進而限制企業間彼此間的合理競爭，此對公共利益自有所影響[12]。從而，依前述標準，法院實際上是在「雇主」（避免不當競爭）、「員工」（避免過度限制轉業自由）、「社會大眾」

---

[10]　712 N.E. 2d 1220, 1223 (N.Y. 1999).

[11]　*Id.* ("The modern, prevailing common-law standard of reasonableness of employee agreements not to compete applies a three-pronged test. A restraint is reasonable only if it: (1) is no greater than is required for the protection of the legitimate interest of the employer, (2) does not impose undue hardship on the employee, and (3) is not injurious to the public. A violation of any prong renders the covenant invalid.").

[12]　*See e.g.*, Reed, Roberts Assocs, Inc. v. Strauman, 353 N.E.2d 590, 593 (N.Y. 1976) ("[O]ur economy is premised on the competition engendered by the uninhibited flow of services, talent and ideas").

（避免人才資訊過度封閉而造成社會科技發展停滯）的三方利益間，互相權衡，並依個案事實情狀，作成法院認為最為適當的裁決[13]。

除由法院透過判決逐步累積而成之案例法（case law），亦有州立法機關透過立法方式規範競業禁止約款的有效性要件[14]。

此外，在前述三項要件之中，關於「合理範圍限制」之要件，有州法院或州立法認為：一旦競業禁止約款所為限制逾越合理範圍，則該競業禁止約款全部內容概屬無效，不得執行[15]。然而，亦有法院採取所謂「藍鉛筆」原則（blue pencil doctrine），亦即法院得於其所認定「合理」的限制範圍內，承認並執行系爭競業禁止約款的部分約款內容，至於經法院認定不合理的約款內容，則不予執行[16]。從而，關於「合理標準」違反的效果，各州見解不一。但於後者情形，法院即有相當程度的權衡空間。

參、雇主正當營業利益

依美國法，如雇主擬欲依競業禁止約款向其離職員工主張權利，需先證明其確有受該競業禁止約款保護的正當營業利益。此為雇主依競業禁止約款主張權利的前提。換言之，如競業禁

---

[13] Michael J. Garrison & John T. Wendt, *The Evolving Law of Employee Noncompete Agreements: Recent Trends and an Alternative Policy Approach*, 45 Am. Bus. L.J. 107, 115 (2008).

[14] Bishara & Orozco, *supra* note 6, 999, footnotes 121 & 122.

[15] 例如，威斯康辛州即以立法方式規定如競業禁止約款有「過度限制」（overbroad）情形，該條款即屬無效。Wis. Stat. § 103.465 (2004). *See also*, Bishara & Orozco, *supra* note 6, footnote 118.

[16] *See, e.g.*, Hartman v. W.H. Odell, 450 S.E.2d 912, 920 (N.C. App. 1994).

止約款僅在限制離職員工與雇主間的公平自由競爭（free, fair competition），無其他正當營業利益，則該競業禁止約款即屬無效。

依美國各州法院判決案例，較常見的雇主正當利益有三：1.雇主為保護其營業秘密或機密資訊；2.雇主為保護員工在職時所知悉接觸的客戶資訊、客戶名單，乃至於雇主與客戶間的商業合作關係，或者雇主透過長年累月之努力，因而於其客戶主觀認知上所獲得之「良好商譽」（goodwill）；3.雇主曾於員工在職時提供其「特殊技能訓練」或提供其特殊專門知識，並因而投入相當成本[17]。以下討論營業秘密、在職訓練兩項利益。

一、營業秘密、機密資訊

其中，雇主最常主張其與員工簽訂競業禁止約款，係在確保其營業秘密、機密資訊免受不當侵害。當雇主的營業秘密遭離職員工不當使用時，雇主雖得依營業秘密相關法令主張權利，雇主亦時常以「保密條款」方式保護其營業秘密、機密資訊。但競業禁止約款則為「事前防範」洩密行為的常見手段，法院因此亦多肯認雇主得主張其確受競業禁止約款保障其營業秘密的正當利益[18]。

此外，美國部分州法另承認「不可避免」原則（inevitable disclosure doctrine），允許雇主在離職員工轉赴競爭對手任職將無可避免洩漏雇主營業秘密的前提下，請求法院禁止該離職員工至競爭對手任職[19]。

---

[17] Jerry Cohen & Allan S. Gutterman, Trade Secrets Protection and Exploration 176 (1998).

[18] Garrison & Wendt, *supra* note 13, at 116-7.

[19] *See, e.g.,* PepsiCo. v. Redmond, 54 F.3d 1262, 1269 (7th Cir. 1995).

二、在職訓練

　　至於雇主可否以其曾提供員工在職訓練，因而投入相當成本爲由，主張其確有以競業禁止條款保護其正當利益之必要，美國法院則大多認爲應以該訓練涉及「特殊技能」（specialized skills）爲限[20]。故如雇主提供者僅爲「通常知識技能」（ordinary training）訓練，尙不足成爲其得受競業禁止約款保護之正當利益。但如雇主曾於員工在職期間提供「特殊訓練」（extraordinary training），且涉及「特殊技能」之培養，則法院認爲此時雇主已因此投入相當資源（substantial resources），可認屬雇主應受保障的正當利益[21]。

　　當然，亦有法院依個案情形，例外認定雇主所提供的一般性技能訓練得以作爲其受競業禁止約款保護的正當利益。例如，俄亥俄州法院（Ohio Supreme Court）在1991年*Rogers v. runfola & Associates, Inc.*[22]判決中，即認爲該案雇主法庭速記專業人員公司對其員工提供的專業訓練雖僅屬一般技能訓練，並無涉及特殊專業知識，但仍於該案個案中認定，如雇主僅於一年內限定離

---

[20] *See, e.g.*, Club Aluminum Co. v. Young, 160 N.E. 804, 806 (Mass. 1928) ("[A]n employer cannot by contract prevent his employee from using the skill and intelligence acquired or increased and improved through experience or through instruction received in the course of the employment."). *See also*, ILG Indus., Inc. v. Scott, 273 N.E.2d 393, 396 (Ill. 1971) ("One who has worked in a particular field cannot be compelled to erase from his mind all of the general skills, knowledge and expertise acquired through his experience.").

[21] Hapney v. Cent. Garage, Inc., 579 So. 2d 127, 132 (Fla. App. 1991) ("The rationale is that if an employer dedicates time and money to the extraordinary training and education of an employee, whereby the employee attains a unique skill or an enhanced degree of sophistication in an existing skill, then it is unfair to permit that employee to use those skills to the benefit of a competitor when the employee has contracted not to do so.").

[22] 565 N.E.2d 540 (Ohio 1991).

職員工不得於雇主公司所在地從事競業行為，則該專業訓練雖未涉及特殊專業知識，然仍得作為該雇主以競業禁止約款保護之正當營業利益[23]。換言之，該法院係綜合比較「雇主所主張的正當利益」與「競業禁止約款的限制範圍」，依具體個案而為裁決。另在1996年*Borg-Warner Protective Services Corp. v. Guardsmark, Inc.*判決[24]中，亦有類似判決結果。該法院認為該案雇主保全公司提供予其員工（保全人員）的在職訓練（為期二周），亦足以作為雇主以競業禁止約款保護之正當利益[25]。

　　另一方面，亦有州立法明文規定，雇主得於契約約定離職員工於接受在職訓練之後如未繼續任職二年，則應賠償雇主該在職訓練的費用[26]。

肆、合理限制範圍

　　依美國多數州法院所適用的合理標準要件，一個有效且獲得法院承認的競業禁止約款，僅得在「合理範圍」限制員工從事競業行為。此所謂「合理範圍」實際上與前述雇主「正當營業利益」具有連動關係。蓋雇主僅得於其向法院證明其確有受競業禁止約款保護之正當營業利益後，雇主始得於「保障該正當利益」

---

[23] Id. at 554 ("The record reflects that Runfola played a large role in appellees' development as successful court reporters. While employed by Runfola, Rogers and Marrone gained valuable experience in the business which included the use of computerized technology. Runfola invested time and money in equipment, facilities, support staff and training. Much of this training and support, undoubtedly, inured to the benefit of the appellees.").

[24] 946 F. Supp. 495 (E.D. Ky. 1996).

[25] *Id.* at 502.

[26] Colo. Rev. Stat. Ann. § 8-2-113(2)(c) (West 2003).

所必要的「合理範圍」內，請求法院執行該競業禁止條款，並於此「合理範圍」內限制離職員工從事競業行為[27]。

美國法院多自「競業期間」、「限制區域範圍」、「限制行為」三項，判斷各該競業禁止約款有無「過度」限制離職員工的轉業自由。

一、競業期間

就「競業期間」而言，美國法院普遍認為該期間應盡量縮短，始為合理。依論者觀察，美國法院多半認定「半年」至「一年」的競業期間，為合理競業期間[28]。僅有在少數例外情形，法院才會依該例外情形認定「長期」競業禁止期間為合理限制。例如，在2000年*Med. Educ. Assistance Corp. v. State*判決[29]中，田納西州法院基於「公益」考量，認為該案雇主醫學院得以對其所屬醫師、醫學院教授簽訂長達五年的競業禁止約款[30]。蓋該判決認為在醫療資源較為不足的地區，為確保病患就醫權益，醫學院確有正當利益對其所屬醫師、醫學院教授施以較長期的競業期間限制，以維持醫院人力穩定。

在考量「競業期間」是否合理時，美國法院仍係以「雇主所主張的正當營業利益」為判斷依據。例如，如雇主係以「營業秘密」作為其受競業禁止約款保護之正當利益，則法院在認定「競業期間」是否合理時，即會以系爭營業秘密的「有效期間」、「價值期間」，作為論斷準據。例如，1973年*Rector-Phillips-Morse, Inc. v. Vroman*判決[31]中，法院即認為系爭競業禁止約款的

---

[27] Garrison & Wendt, *supra* note 13 117-8.

[28] *Id.* at 117 & Footnote 45.

[29] 19 S.W.3d 803 (Tenn. Ct. App. 2000).

[30] *Id.* at 816.

[31] 253 S.W 2d 1 (1973).

「競業期間」，不得長於該競業禁止約款所欲保護之「營業秘密」的生命週期（useful life），否則即難謂爲合理。

二、限制區域範圍

美國法院曾有案例認爲，如競業禁止條款中未列明競業禁止區域範圍，則該競業禁止約款即應認屬無效[32]。但亦有法院認爲此時仍可由法院依個案情形，酌定一個合理的競業區域範圍[33]。爲避免競業禁止約款因無載明限制區域範圍而遭法院認定無效，一般雇主在擬定競業禁止約款時，多會列明限制區域或地點。常見約定例如：約定離職員工不得在雇主營業處所「特定距離以內」從事競業行爲，亦或者約定離職員工不得在雇主營業處所所在的「特定城市」從事競業行爲。

就此等約定方式，法院在判斷是否合理時，該「限制區域範圍」的面積多寡並非關鍵因素，法院仍是依個案事實情狀作爲判斷基礎。主要考量因素有二：雇主從事營業行爲的地點、離職員工在職期間提供勞務的地點。其中，雇主在競業期間內是否於「限制區域範圍」仍然繼續從事營業行爲，即爲關鍵因素所在。如雇主於限制區域範圍內並無營業行爲，則雇主自無受競業禁止約款保護的合理必要。同時，法院亦可能斟酌：離職員工先前任職期間實際上提供勞務的地點爲何，並將該地點與雇主主張應受保護的正當利益，彼此權衡斟酌。如認爲保護雇主所主張的正當營業利益（例如，特殊專業知識），仍有必要禁止離職員工在其先前提供勞務之地以外的其他地區從事競業行爲，法院即有可能依個案情形認定雇主得請求離職員工在其先前實際提供勞務所在

---

[32] Jarrett v. Hamilton, 346 S.E.2d 875, 877 (Ga. Ct. App. 1986).

[33] Bell Fuel Corp. v. Cattelolico, 544 A.2d 450, 458 (Pa. Super. Ct. 1988).

地以外的其他地區，禁止從事競業行為[34]。

三、限制行為

「限制行為」係指：究竟雇主得以競業禁止約款限制離職員工從事何種競業行為。美國法院在審酌競業禁止約款所列「限制行為」是否合理時，多會依雇主主張的「正當利益」，嚴格審認其「關連性」[35]。例如，在1971年*Karpinski v. Ingrasci*判決[36]，紐約法院即認為該案系爭競業禁止約款雖屬有效，但該案雇主不得限制離職員工（口腔外科醫師）從事牙醫診療行為。其理由在於該案雇主（醫療院所）並未提供牙醫診療服務，故雇主得受系爭競業禁止約款保護的正當利益，實不包含限制離職員工從事其未從事的業務內容。從而，法院雖同意承認系爭競業禁止約款，但就逾越合理範圍之部分（禁止離職員工從事牙醫診療），法院則拒絕執行[37]。

四、違反效果

如前所述，如競業禁止約款約定之「時間」、「區域」、「限制行為」經法院與「雇主所得主張的正當利益」權衡後認屬「過度」、「不合理」的限制，曾有法院判決認為此時即應認此競業禁止約款無效，法院並無自行「調整」約款內容的空間，亦無僅認可執行「部分」約款內容的餘地。

但亦如前述，美國各州法院中亦有法院承認所謂「藍鉛筆原則」，亦即，承認競業禁止約款具有「可分性」（severabil-

---

[34] Orkin Exterminating Co. v. Mills, 127 S.E.2d 796, 797 (Ga. 1962).

[35] Bridgestone/Firestone, Inc. v. Lockhart, 5 F. Supp. 2d 667, 683-84 (S.D. Ind. 1998).

[36] 268 N.E.2d 751 (1971).

[37] *Id.* at 754-55.

ity），縱使約款部分內容經法院認定無效，其餘部分仍屬有效而得由法院承認其效力後予以執行。甚至，多數州法更允許法院在個案中，依其衡平法理，調整、變更雇主與員工所簽署的競業禁止約款內容[38]。如此將適度調和「合理範圍」要件的違反效果，不致使競業禁止約款一旦有「過度」約定情形，即遭法院認定無效。

伍、結語

　　自本文探討可知，美國法院關於「競業禁止約款」有效性判斷，多數州法院採取「合理標準」判斷基準。由法院透過個案審查，依各該案件具體情狀，分就「雇主正當營業利益」、「合理範圍」、「公共利益」等項，逐一審究，併賦予法院相當程度依「衡平法理」酌定適當救濟方法的空間與權限。美國法前述判斷基準及法院審查模式雖富有彈性，但亦有可能因留予法院「高度」權衡空間，而有「難以預測」法院審查結果的疑問。就「法安定性」、「可預測性」面向而言，即有所疑問。但離職員工競業禁止約款「公平與否」，最終仍須按「個案情形」而定，美國法前開審查模式，或許較為允當。相較之下，我國勞動基準法前述修法，明文列舉四項要件，作為法院判斷競業禁止約款有效性的判斷依據。然若機械適用該條文所列各項要件，拘泥文字表面字義，僵化操作法律要件，卻非妥當。似仍應保留給法院在個案中依個案具體情形作成適當裁判的空間，以避免特殊個案因適用該標準而無法獲得適切判決的情況發生。

---

[38] Garrison & Wendt, *supra* note 13, at 130.

11

競業禁止行不行？企業如何保護營業秘密及核心資產

萬國法律事務所資深合夥律師　郭雨嵐

萬國法律事務所合夥律師　汪家倩

壹、營業秘密保護是競爭核心議題

近年科技業新聞不斷，企業間友性或敵意的併購、挖角，高層主管另謀發展、研發團隊投效他人陣營、營業秘密疑遭洩露等事件頻傳，大立光、鴻海、台積電等案件，無不引來業界關注及媒體目光；而在媒體目光之外，非科技產業的人才競爭亦不遑多讓，相關事件雖未必見諸新聞版面，對企業的影響不亞於鎂光燈下的事件。在全球人才流通無甚障礙的現在，一個部門或團隊成員集體轉職，對員工而言，可說是最有籌碼談條件的生涯規劃，因此愈來愈有要走一起走、要留一起留的傾向，提高了人才流動對企業的衝擊。公司如何合法地搶人、留才，如何保護營業秘密及核心資產，在台灣面對國際競爭的攻擊與守備上，變成企業經營者最重要的課題。

貳、競業禁止約款人人用，效果未必相同

想到保護營業秘密、減低成員離職影響，一般企業慣常使用的方式，是在聘僱合約[1]中放入智慧財產權相關條款、保密約定、競業禁止約定等，要求員工確認在職期間產出的智慧財產屬於公司、要對公司機密事項保密、離職後多久不能到競爭對手任職、對違反這些事項的行為約定高額違約金等等；如果早年的聘僱合約並不完備，企業也常在聘僱合約之外，另行要求員工簽署保密合約，同時在合約中放入前述保密跟競業禁止的約定等等。然而，這樣的安排跟約定是否有效？是否足夠？為什麼大家都有

---

[1] 此指公司與特定人員建立關係的那一份合約，其名稱或為聘僱合約、勞動契約、聘任合約、Offer Letter……等不一而足，文件的名字本身並不重要。

這樣的約款，不同案件中，法院卻有不同的判決結果？是因為法官恐龍？因為法院偏頗？因為司法制度因人設事？

　　都不是。答案是因為：魔鬼藏在細節中。一樣是智慧財產權條款、保密約定、競業禁止條款，其中具體約定的內容、跟實際上如何執行的細節，藏了很多眉眉角角，當個案發生爭議的時候，這些細節往往成為決定性因素，使案件出現不同、甚至逆轉的結果。在台灣，法院的判決原則上是公開可查的，可以在各級法院網站及司法院法學資料檢索系統http://jirs.judicial.gov.tw/Index.htm查得；但若是涉及營業秘密的案件跟程序，則編為「營」字案號，判決及裁定不予公開。因案件本身不公開的特性，如非該案件的當事人或律師，無從得知案件事實的細節、判決的內容及理由，這也就是為何外人以為是一模一樣的案件[2]，進了法院卻出現相反結論的理由。我們曾有當事人與其員工的約定，在其他同一公司但不同員工的案件中被法院判為無效，公司求助本所處理，而在本所承辦的案件中，該約定不但仍然能適用，公司也最終獲得有利的結果。這樣的結局，固然與本所經常承辦類似案件、訴訟預備階段即建立正確有效的訴訟策略有關，但就該員工具體個案的事實細節逐一爬梳，找出該案特殊之處加以突破，並適時運用創意，更是處理個案不可或缺的關鍵。

參、競業禁止約款原則上有效，但約定必須合理

　　基本上，公司與員工約定在職期間工作成果的智慧財產權歸屬、以及要求員工對特定事項保密，這些約款的效力，除非違

---

[2]　事實上，除非是同一個案子告兩次，否則根本不會有哪兩個人的案件細節一模一樣。但外界過度簡化的結果，常使人誤以為某種類型的案件都是相似的、甚至相同的。

反法令規定³，否則不至於有問題。然而，縱使已約定了保密義務，公司仍難以完全防免員工基於私利或其他意圖而洩密的可能，因洩密的舉證、追究、因果關係等的證明困難度較高，必須仰賴專業技術及法律團隊協助⁴，且為了向法院說明或界定遭洩的機密為何，可能又製造了因訴訟行為或文件揭露而機密資訊外洩的風險，因而企業經常選擇以競業禁止約款作為公司保密措施的補充及確保。訴訟上，企業針對營業秘密疑遭洩露的案件、或員工跳槽的案件，起訴的事由也經常從「違反競業禁止約款」開始，因為特定人員是否在離職後某段時間內至特定公司任職，在證據調查上較為容易且明確，但隨之而來的問題，即在於競業禁止約款的效力本身是否全無疑問？競業禁止約款是否有其界限？等問題。

　　我國競業禁止條款的發展，過往實務見解一直認為競業禁止的約定原則上有效，但約定必須要合理。民國89年（2000年）8月21日行政院勞工委員會（89）台勞資二字第0036255號函⁵揭示的五個衡量競業禁止約款的原則⁶，很長一段時間被稱為競業禁止五原則，後續各級法院判決雖未完全受此五原則拘束⁷，然

---

³ 例如就員工非職務上的發明，專利法第8條規定如果員工有用到公司資源完成這些發明的話，公司可以支付合理報酬以後利用這些發明，但專利法第9條也規定若公司跟員工所訂的契約使員工不得享受這些非職務上發明的權益，無效。

⁴ 例如，此類案件中如何存證，尤其是多數營業秘密的內容係以電子方式儲存或傳送時，證據如何保全及處理，尤為經驗及專業所在。

⁵ 民國89年8月21日行政院勞工委員會（89）台勞資二字第0036255號函。

⁶ 五個衡量原則：
　1. 企業或雇主須有依競業禁止特約之保護利益存在。
　2. 勞工在原雇主之事業應有一定之職務或地位。
　3. 對勞工就業之對象、期間、區域或職業活動範圍，應有合理之範疇。
　4. 應有補償勞工因競業禁止損失之措施。
　5. 離職勞工之競業行為，是否具有背信或違反誠信原則之事實。

⁷ 例如台灣高等法院93年6月30日92年度再易字第155號民事判決即指出：「行政院勞工委員會89年8月21日（89）台勞資二字第0036255號函固就法院關於競業

而考量競業禁止條款有效與否的斟酌因素大同小異，最高法院判決的立場仍然為「競業禁止約款，乃事業單位為保護其商業機密、營業利益或維持其競爭優勢，要求特定人與其約定在職期間或離職後之一定期間、區域內，不得受僱或經營與其相同或類似之業務工作。基於契約自由原則，此項約款倘具必要性，且所限制之範圍未逾越合理程度而非過當，當事人即應受該約定之拘束」[8]、「離職後競業禁止之約定，其限制之時間、地區、範圍及方式，在社會一般觀念及商業習慣上，可認為合理適當且不危及受限制當事人之經濟生存能力」[9]時有效、「為免受僱人因知悉前僱用人之營業資料而作不公平之競爭，雙方得事先約定於受僱人離職後，在特定期間內不得從事與僱用人相同或類似之行業，以免有不公平之競爭，若此競業禁止之約定期間、內容為合理時，與憲法工作權之保障無違背」[10]。

　　2015年開始，行政部門及立法部門對競業禁止約款尤其有意加以規範。勞動部於2015年10月5日發布「勞資雙方簽訂離職後競業禁止條款參考原則」（於2016年1月14日廢止），雖僅為參考性的原則，當時掀起業界一片波瀾。立法院則於2015年底三讀通過勞動基準法第9-1條，經2015年12月16日總統華總一義字第10400146731號令公布增訂，確立了我國勞動法令明文針對競業禁止條款的規範。該次增訂的勞動基準法第9-1條規定：

　　「未符合下列規定者，雇主不得與勞工為離職後競業禁止之約定：

　　一、雇主有應受保護之正當營業利益。

禁止條款是否合法有效之爭議歸納出五項衡量原則，然法院為裁判時，是否採行政院勞工委員會上開行政見解，有其裁量自由，依上開說明，並不受上開行政見解之拘束。」

[8]　例如最高法院103年9月25日103年度台上字第1984號民事判決。

[9]　例如最高法院103年4月30日103年度台上字第793號民事判決。

[10]　例如最高法院94年9月15日94年度台上字第1688號民事判決。

　　二、勞工擔任之職位或職務，能接觸或使用雇主之營業秘密。

　　三、競業禁止之期間、區域、職業活動之範圍及就業對象，未逾合理範疇。

　　四、雇主對勞工因不從事競業行為所受損失有合理補償。

　　前項第四款所定合理補償，不包括勞工於工作期間所受領之給付。

　　違反第一項各款規定之一者，其約定無效。

　　離職後競業禁止之期間，最長不得逾二年。逾二年者，縮短為二年。」

　　上述勞動基準法第9條之1立法過程中，立法委員曾有多種版本的提案[11]，例如有一版提案係將前述勞動部2015年10月5日勞資雙方簽訂離職後競業禁止條款參考原則的文字納入，要求競業禁止約定必須要以書面為之、競業禁止的約定應以保護雇主的營業秘密或智慧財產權為限、不得構成勞工工作權利之不公平障礙、雇主應該提供的補償金額不得低於勞工離職前月平均工資50%、雇主於勞工在職期間的一切給予，不得作為或取代競業禁止的補償等。最終通過的條文，考慮了企業之間的差異度，保留了實務操作上的彈性，未來如有爭議，諸如應受保護的「正當營業利益」、限制的「合理範圍」、應給予的「合理補償」等，留待法院就具體個案事實判斷。前開勞動基準法關於競業禁止條款之規定，已於104年12月16日公佈施行，各企業相關合約如有競業禁止約定者，即應就具體實施的情況及配套措施全面加以檢討，例如重新檢視與各個員工間競業禁止約定的內容、該員工目前的職位及職務（距當初簽署時可能已有重大調整）、員工接觸的機密資訊範圍、公司對該等機密的管控措施、競業禁止限制的範圍、合理補償的安排及給予等，以免爭議發生時，始發現無從要求員工遵守競業禁止之約定。

---

[11] 參見立法院公報第104卷第88期委員會紀錄第221頁至第281頁。

肆、保護營業秘密與核心資產的終極方案

由前述可知，企業普遍採行的競業禁止條款，在勞動基準法第9條之1出現後，已成為必須全面檢討的對象，且由於法律條文的尚有解釋空間，司法如何判決，仍有空間。目前法令就競業禁止條款的規定，係規定在勞動基準法第9條之1中，亦即其對象為適用勞基法的人員；然而公司營運長、技術長等高階主管，往往都是不適用勞基法的人員，此類人員如無法以競業禁止條款加以約束，對公司的影響至鉅。

簡言之，競業禁止條款對企業而言，可謂必要的措施，但並非充分的措施。在競業禁止對企業而言不是100%安全保障的情形下，究竟企業要如何保護營業秘密、智慧財產、人才等核心資產？以下提供五個心法（Tips），可協助企業建構保護營業秘密與核心資產的終極方案：

Tip 1：從資訊到資產

首先，企業主必須了解，營業秘密跟智慧財產的本質，是「資訊」（information）。包括企業人才貢獻的各種智力、想法、創意、創新、發明……等，也都是一種資訊。資訊本身是無形的、中性的、可發展的、可變化的，有時是範圍不確定的，資訊是各種智慧財產權的最原始、最根本形式，在其符合法定智慧財產權要件、或依法已以契約或其他形式設計充足的保護以前，恐怕無法稱之為資產或權利。而法定的智慧財產權，以我國而言，可大別為專利、商標、著作、營業秘密幾種[12]，各有其歷史脈絡，法律賦予其保護的要件各有不同，權利保護的期限、權利

---

[12] 其他法令（例如透過公平交易法保護trade dress）或契約固然亦可形成智慧財產、無形資產相關權利，為免論述龐雜，在此暫且不談。至於如何保護或利用未必屬於傳統智慧財產權的數據資料（data）亦為重要議題，在此暫且不談。

的範圍、權利的性質及權利內容亦有不同。

　　「從資訊到資產」看似簡單的概念，卻非常重要而基本，此一概念的重要意義在於：資訊不會理所當然成為資產。資訊成為資產的過程，必須有計畫地加以管理，確保其符合法律保護的所有要件，此為企業保護核心資產的基礎工法。具體執行的方式，則如下Tips 2～5所述。

Tip 2：盤點—充分了解企業產出、保有何種資訊與紀錄

　　為確保企業的資訊能有計畫地成為資產，企業必須先就自身的資訊狀態加以盤點，以充分了解企業究竟產出、保有何種資訊。這裡所指的「盤點」，並不只是請智財部門把專利申請清單或專利核准清單拿出來研究這樣的程度。將發明拿去申請專利，這是資訊成為資產的後階段，前階段的部分，企業必須確實掌握究竟內部有哪些概念、想法、發明，必要時可加以發展、投資。例如，某公司研發團隊定期有週會、月會聚集討論最新的專案進度，並鼓勵研發團隊成員就尚未進行或從未嘗試的事項發表開創性的想法，在這些聚會中提出來的點子，有些看似天馬行空、不值一哂，有些則深具市場潛力。對大部分的公司而言，只會注重並投注資源於深具市場潛力的意見，而忽略那些天馬行空的發想，亦不認為這些未被採納的意見需要處理。換言之，企業可能把有市場潛力的意見當成機密資訊加以保護，對似不可行的意見則不在意其是否被傳述、散布，甚至不介意提出意見的員工個人自行加以發展，而未曾留存任何開發紀錄，則日後因科技進步，曾經被認為不可能的執行的技術瓶頸瞬間突破時，企業想回頭掌握當初以為是天馬行空的提案時，已因機密性的喪失、甚至資訊的流失而喪失權利或機會。許多權利歸屬的爭議來自於此，這是即使有競業禁止條款也無法解決的問題。

　　那麼，企業應如何進行盤點？企業每天產出、流通的資訊無數，如何可能真的加以盤點？

　　具體的做法是：以一個主力產品[13]為例，拉一條軸線出來，將這產品從無到有，從構思、開發、生產、到銷售的所有過程羅列出來，並全面性地審閱這些階段所涉及的、會簽署的、或會產出的各式文件範本，詳細了解在什麼時間地點會有什麼資訊產出？此資訊的形式（口頭、書面、電子、混合、其他）為何？性質為何？載體（人腦記憶、手繪文件、電磁紀錄……）為何？何人有權使用？現有何管制或管理措施？有何激勵或配套措施？等等。例如，某公司研發工程師嘗試調配新潤滑劑配方，可能的配方構想及實驗步驟，會記載在紙本的研發記錄簿，並定期以電子形式輸入資料庫，操作公司的設備時，各項數據及實驗結果由系統自動紀錄存檔，新配方的發想者在月會中提出配方構想，畫在白板上向與會成員解說，每次月會討論內容會拍照並以電子方式製作會議紀錄，電子檔在公司intranet中僅供研發部門存取，待實驗有成，研發部門會將配方以電子形式傳送至工廠端，由生產製造部門人員依配方生產並配合量產所需的條件加以微調，製成的新潤滑劑產品除必要的化學物質及法令等申報外，配方及製程細節嚴格保密，不會在任何對外文件或說明書公開……等。

　　以主力產品為例，審閱文件範本，能最有效率地幫助企業理解資訊的產出、流動、保存、及利用的狀態。這樣的檢視初看十分細瑣，實際上是全公司資訊及無形資產管理的縮影，詳予檢視，最容易發現企業資訊管理上的弱點及可改進之處。例如，該公司可能發現公司雖有與員工簽署保密合約，但與生產過程的協力廠商，僅簽署內容簡略的服務合約書或設備採購合約，而不及於保密或製程微調相關權利的歸屬等等。又例如，檢討之後，公司可能發現部分資訊欠缺必要的紀錄制度，以致難以確認或追蹤資訊的範圍、開發者、流程等等。則日後如研發團隊成員離職，

---

[13] 此處的主力產品，可以指商品、服務、技術、及任何企業認為有價值的產出、成果、或所謂的金雞母，並不一定要是實體物。

其新東家推出類似但不同的新潤滑劑競爭產品時，公司可能甚至無從確認究竟有無可對競爭者公司或前員工主張的任何權利，則就所欠缺的環節加以補足，即是資訊盤點的積極效用。

Tip 3：先成機密，分門別類

盤點後，企業應已可理解內部資訊的產出、流動、保存、及利用的狀態，並可逐一檢討要以何種法定的類型加以保護。如前所述，法律所保護的智慧財產要件各別，以專利為例，專利申請案提出前要先予保密，以免喪失新穎性，但專利申請一旦提出，則在一定時間後會予以公開，屆時即喪失其機密性；與之相對的，營業秘密的保護，關鍵在於持續不斷地保持其機密性，營業秘密法保護的「營業秘密」，要件比一般企業定義為機密資訊的東西更嚴格，法律規定的營業秘密必須具有秘密性、必須因其秘密性而有經濟價值、最重要的是營業秘密的所有人必須採取「合理的保密措施」，才能使其成為營業秘密。

因此，對企業而言，最謹慎且容易的做法是：在還不確定要以何種權利形式加以保護前，資訊應該先當成機密處理，並採取合理的保密措施，之後再分門別類加以處理。例如技術領先的程度有限者，考慮優先申請專利，以免他人後來居上甚至捷足先登；技術門檻不高但know-how至屬關鍵者，則以營業秘密加以保護等等。

簡言之，資訊盤點後，企業應對資訊留存紀錄，並依資訊的重要性分類，依其重要性為合理的保密措施，之後再予以篩選、管理、利用。

Tip 4：建立制度，積極管理

將資訊盤點、保密、分門別類後，即可建立相關制度，予以管理、利用。例如，企業應建立篩選資訊的機制及系統，以確認如何評量資訊的重要性、何種資訊應提交予何人為如何之處

理……等；例如，企業應建立提案獎金或其他激勵制度，使員工願意貢獻智力，並能得合理的報酬；例如，企業在合理的保密措施上，除了電子資料庫、網路等管控外，實體的場域也應建立門禁及其他管例措施等。

　　至於制度是否完備、足夠、合於法律要求，可由企業內部人員與外部專業人員合作加以評估、診斷、建議、建構、執行。尤其在法令及實務見解迭有新增、資訊的形式隨科技日益進化的情形下，如何確保公司內部制度的可行性及適法性，宜定期加以檢討，並在預算可行的範圍內，尋求專業的協助。為執行此一任務，通常我們建議當事人內部要有層級夠高、得到充分授權的專責團隊，或至少要有專責人員，以對內對外溝通，並且累積經驗。畢竟，對企業最了解的人是企業內的成員，但對爭訟及實務運作最了解的是外部律師，彼此合作則效用加倍，而若無專責團隊承接並累積，僅責成執行層面的人員照章行事，則前述盤點資訊、建立制度等等的經驗無法累積，對企業而言難以形成豐厚的基礎以保護、利用核心資產，則甚可惜。

Tip 5：企業文化與策略

　　前述的資訊到資產、盤點、先成機密、分門別類、建立制度、積極管理，均是可透過學習、實作、檢討而完成的。然而，企業經營的最上層，乃是企業文化、經營策略之事。每個企業有其獨特的理想、信念、文化，此為現代企業有機且多元的一面，前述步驟固然可協助企業形成制度以保護核心資產、乃至形成良好的智慧財產的組合與管理，但這些均屬「戰術」層面，在戰術的上層，乃是「戰略」層面，影響企業的方向與未來。

　　企業核心資產的建立並非憑空而來，此與經營策略、企業文化都有相關，乃是要綜合有效線索，形成有景深的想法。戰術可以推演、實作可以操練、經驗可以傳承，但要長出一個適合自己事業體的策略，並非他人可以代勞，而是企業經營者與公司上下

員工協力形成並達成。搶人、留才、競爭、及培養人才的議題，終極地與企業文化、信念相關，受其影響，也影響之，最終反映在企業的價值與競爭力上。

伍、給企業的建議

　　以上五個心法，在實戰有絕對的幫助，在備戰與應戰有堅固基礎，不分企業規模及產業別，在考慮營業秘密保護之時，請務必列入考慮。而企業如何興利、除弊，保護核心資產並與國際競爭，執行層面上，必須深諳各國法令、文化、及實務運作，包括各國最新法令變遷及實務見解的變化，且必須充分了解現行可用的工具與制度為何；籌劃層面上，必須累積經驗，定期檢討，當企業採行之制度與現行法令是否相符產生疑問或解釋上的空間時，必須適時尋求專業協助，並在法令及制度之上，帶有創造性地、多層次地反覆思考，以兼顧企業及人才所需。我們樂見並期待台灣大小企業體質健全、制度完善，亦期待我國法制環境在全球競爭下，成為現代企業經營與競爭的推手與助力。

12

訂立勞動契約應注意事項
——新修正勞基法第9條之1之因應

萬國法律事務所資深合夥律師　鍾文岳

壹、前言

　　近年來勞資關係逐漸惡化，過去勞僱之間沒有簽訂任何書面卻終生僱用，且相處融洽的情形業已不多見，員工爲幾天假期抗議鬧得沸沸揚揚，僱主則吝於分享營運利潤，沒有年終獎金或違法低薪僱用的公司時有所聞，勞資互信基礎頻臨破產。究其原因，除國內法令過時不週全，全球化浪潮開發中國家崛起，企業面臨產業高度競爭，隨時面臨被淘汰風險，加上員工意識抬頭，都是造成勞資關係緊張的因素。

　　在產業高度成長的年代，僱主營運穩定，員工向心力強，加上社會型態單純，鮮少聽聞勞資糾紛。但近來社會益趨多元化，勞僱型態需求也包羅萬象，彼此權利義務意識逐漸提高，爲避免紛爭發生的不二法門，除加強勞資溝通之外，將勞資關係的權利義務在訂約時規範清楚，留下書面契約供日後確認依循也非常重要。

　　實務上許多公司在產業高成長年代設立，在全球化浪潮的今天如何因應及繼續成長，除善用科技增加工作效率及降低成本外，如何培育人才繼續開發新技術並使其久任是重要的課題。在台灣並無類似日本在每年四月錄用新畢業生的習慣，業界人員的中途錄用或年終跳槽並非罕見，因此如何利用公平的契約提供員工合理的薪資待遇，並避免熟知公司機密或技術的幹部及專業人員到競爭對手公司工作，以免危害公司的競爭力是本文試著去探討的重要議題。

貳、僱傭、委任與承攬契約的區別及實益

　　「僱傭契約」是指企業與員工約定，員工於固定或不固定之

契約期限內，爲企業提供勞務，而由企業給付報酬之契約（民法第二章第七節第482條以下）。僱傭契約是以提供勞務爲契約內容及以給付勞務爲契約目的，並在公司之指揮監督下提供勞務，亦即勞動力受公司之支配，公司之主要義務爲給付報酬，縱使員工提供之勞務未達到預期之結果，公司仍需給付員工報酬。僱傭關係，隨著時代發展公司規模急速膨脹，公司與員工無法立於平等地位訂立勞動契約，國家爲保護處於弱勢的員工，多對勞動契約之報酬、休假、工作時間、退休、終止等設有最低保障等特別規定。

「委任契約」乃當事人約定，一方委託他方處理事務，他方承諾處理之契約（民法第二章第十節第528條以下）。委任契約之典型，例如：委任律師處理遺產事宜、委任醫師治療傷口、委任仲介代爲銷售房屋等。處理事務得爲法律行爲（如代爲租賃）亦可爲事實行爲（如代爲除草）等。

「承攬契約」乃當事人約定，一方爲他方完成一定之工作，他方等到工作完成，給付報酬之契約（民法第二章第八節第490條以下）。承攬是以勞務成果爲給付內容，以工作完成爲契約目的。承攬契約之重點在於承攬人完成所約定之一定工作，其重點在結果之完成。所謂結果例如：房屋之修繕或油漆、西裝之訂製、製作假牙，又如廣告設計、藝術創作等完成有體物或服務。當然，結果也可能是提供法律意見等之無形服務。在承攬人完成一定工作，定作人應給付報酬。因委任及承攬契約當事人地位較爲平等，故法律上除民法上有補充規定外，原則上尊重當事人之契約自由。

一般而言，僱傭契約提供的是勞務，不僅勞力，尚包括受僱人的專業、經驗、技術及人脈等。而承攬契約通常包括一定工作之完成，除勞務的提供以外，承攬人尚可能包括提供設備、材料及工作場所等。且承攬人的報酬請求權是以完成契約約定之結果爲前提，因此承攬人即使已經提供材料、勞力及工作時間等，若

未能完成契約約定之工作，則仍無報酬請求權。但僱傭契約，僱用人之主要義務為給付報酬，縱使受僱人提供之勞務未達到預期之結果，僱用人仍需給付受僱人報酬。此外，承攬人有自行選擇要以何種方式完成工作的權利，定作人對於如何完成契約約定之工作，無任何干預之權利。但僱傭契約中，僱用人對於受僱人，得具體指定應服勞務之內容及方法；委任契約中，受任人處理事務，亦應遵循委任人之指示。在勞動契約中僱傭、委任及承攬三者區別之實益在於：

勞動契約之判斷標準及區別實益	僱傭	委任	承攬
是否聽從企業指示	是[1]	需受指揮監督但有自由裁量權[2]	不受指揮監督只需完成一定工作[3]
是否有固定工作時間及場所	是	可自由決定	無
定期與否	原則不定期，除非符合一定要件可訂定期契約	契約自由（如不定期可隨時終止）	原則定期

---

[1] 最高法院81年台上字347號判決：「勞動契約之特徵，即在此從屬性。又基於保護勞工之立場，一般就勞動契約關係之成立，均從寬認定，只要有部分從屬性，即應成立。」

[2] 詳參最高法院83年度台上字第1018號判決要旨。

[3] 最高法院89年台上第1620號判決：「當事人以勞務所完成之結果為目的；其承攬人只須於約定之時間完成一個或數個特定之工作，既無特定之雇主，與定作人間尤無從屬關係，其可同時與數位定作人成立數個不同之承攬契約。故二者並不相同。」

勞動契約之判斷標準及區別實益	僱傭	委任	承攬
給付替代性（可否請他人代替完成工作）[4]	否	契約自由（原則上否）	可
忠誠義務（有無背信問題）	有	有	無[5]
競業禁止之約定	契約自由（原則上否）	契約自由（原則上否）	依內容而定，原則上有
常見員工類型	一般正職員工	董事監察人及高階管理職[6]	外包商或派遣員工

---

[4] 民法第484條規定：「受僱人非經僱用人同意，不得使第三人代服勞務」，但承攬契約則無此規定，最高法院65年台上第1978號判決：「承攬人除當事人間有特約外，非必須承攬人自服其勞務，其使用他人，完成工作，亦無不可。」故承攬契約的勞務給付屬可替代性，僱傭契約的勞務給付未經僱用人同意時，屬不可替代性。

[5] 僱傭關係下的員工對公司有服從指揮命令的義務，但是承攬關係下的承攬人忠誠的對象是「工作」而非公司，因此有拒絕公司指揮命令的權利。故承攬人只對「工作的完成」盡其義務，並無服從的對象。

[6] 最高法院90年台上字1795號判決，「公司之員工與公司間係屬僱傭關係或委任關係，應以契約之實質關係為判斷，不得以公司員工職務之名稱遽予推認。」「上訴人於被上訴人公司有相當重要事項之決策權。……上訴人既擔任被上訴人公司總經理，處理被上訴人公司事務有相當之獨立裁量之權限，對被上訴人公司營業之經營有影響力或決定權；雖在事務之處理，或有接受被上訴人公司董事會指示之情事，惟屬為公司之利益為考量地服從，其仍可運用指揮性、計劃性或創作性，對自己所處理之事務加以影響，與勞動契約之受僱人，在人格上及經濟上完全從屬於雇主，對雇主之指示具有規範性質之服從，並不相同，則上訴人於八十七年十月九日以總經理職務退休時，其與被上訴人公司間，應係經理人之委任關係，非屬勞基法所規範之勞僱關係甚明。上訴人雖以勞工保險卡之記載，為上訴人係勞工之證明方法，惟參加勞工保險，非必即為勞動基準法所稱之勞工，此由勞工保險條例第八條第一項第三款規定『雇主』亦得加入勞工保險自明。」

勞動契約之判斷標準及區別實益	僱傭	委任	承攬
是否適用勞基法	適用	不適用	不適用
需提撥6％勞退金	需要	契約自由	不需要
是否需加入勞健保	需要	契約自由	不需要
應否適用工作規則	應適用	應適用	不適用
有無特別休假	有	契約自由	無
加班費	有	契約自由（原則無）	無
終止契約條件	除非符合勞基法規定，否則不得任意終止	不定期可隨時終止	依契約規定

　　至於如果企業為避免勞動基準法規範或及勞退提撥等之勞動成本，考慮將部分員工或經理人變更為委任關係之契約，依目前司法實務，員工與公司間之勞務給付關係是依照法律以事實來綜合判斷，而不單純以一個名為「委任」的契約，就判斷雙方的契約屬性。換言之，如果公司要求與受僱勞工片面簽定承攬契約或委任契約，則由於實際提供勞務的特性，實質上仍是屬於僱傭的性質，雖形式上名為「委任」契約，仍不失為僱傭的特性，則因與契約內容事實不符，雙方間之勞動關係仍極可能被認定屬僱傭關係。

　　法院實務對僱傭契約之特徵主要認為具有人格從屬性與經濟從屬性[7]，故勞動契約之特徵，即在此從屬性。依高等法院之

---

[7]　一般學理上亦認勞動契約當事人之勞工，具有下列特徵：1.人格從屬性，即受僱

見解，「於具體案例中，判斷有無使用從屬關係之基準通常有下列三點：1.是否在指揮監督下從事勞動，即可由（1）對於業務之遂行有無接受指揮監督；（2）對於執行業務之指示有無拒絕之權；（3）工作場所與時間有無受到拘束等三點加以判斷，就勞務提供之代替性之有無，則為補強之要素。2.報酬勞務之對價性。3.若在邊際案例中較難判斷使用從屬性時，尚可斟酌下列要素：雇主性之有無、專屬性之程度與選考之過程等要素[8]。」

　　另外在僱傭契約或委任契約甚難判斷時，也有實務見解在個案中直接認定判斷是否為勞動契約之重點在於「從屬性」，凡具有指揮、命令、監督之從屬關係特性，都屬於「勞動契約」並不以僱傭契約為限。「又勞基法第二條第六款規定，約定勞雇間之契約為勞動契約，並未以僱傭契約為限。準此，凡是具有指揮命令及從屬關係者，均屬之。……則被上訴人就公司事務之處理，上訴人具有指揮命令監督之權限，且被上訴人實際參與公司業務，即屬於勞動契約之範疇，兩造間即有勞基法之適用[9]。」及「勞動契約之特徵，即在此從屬性。又基於保護勞工之立場，一般就勞動契約關係之成立，均從寬認定，只要有部分從屬性，即應成立。足見勞基法所規定之勞動契約，非僅限於典型之僱傭契約，只要該契約具有從屬性勞動性格，縱有承攬之性質，亦應屬勞動契約[10]。」亦即實務上對僱傭契約之認定採較為寬鬆之見解，因此在締結契約時必須特別留意。

人在雇主企業組織內，服從雇主權威，並有接受懲戒或制裁之義務。2.親自履行，不得使用代理人。3.經濟上從屬性，即受僱人並非為自己之營業勞動而是從屬於他人為該他人之目的而勞動。4.納入雇主之生產組織體系，並與同僚間居於分工合作狀態。故勞動契約之特徵，即在此從屬性（參見最高法院81年度台上字第347號判決）。故勞動契約之特徵，即在此從屬性。參見最高法院81年度台上字第347號判決。

[8] 台灣高等法院92年勞上字55號判決參照。

[9] 最高法院89年台上字第2371號判決參照。

[10] 最高法院81年台上字第347號判決參照。

參、僱傭契約內容建議記載事項

　　僱傭契約依法非必需簽訂書面，只要雙方合意即使無書面契約仍然有效，但為保障雙方權益，俾利將來萬一發生糾紛時之舉證，建議仍以簽訂書面契約為宜。此外有些事項雖與勞動條件無直接關係，但若無約定將來雙方終止勞動契約後恐易生紛爭。例如，契約期間內職務上完成之著作其著作權之歸屬，保密條款及競業禁止條款等，茲分別說明如下。

　　與勞動條件相關之事項：

　　（一）勞動契約起訖期間：如為定期契約應記載起迄日，如為不定期契約則應記載起始日，如有試用期則應記載期間（雖目前法律對試用期並無規範，但實務上多數公司仍會約定試用期），但試用期不建議超過六個月。

　　（二）提供勞務之區域及工作性質：記載提供勞務區域及工作性質之目的是為萬一將來有調動之必要時可供判斷。當然一般勞動契約會記載員工同意依公司指示短期出差、調動工作區域及調整工作內容。唯實務上認為如變更工作區域或調整工作內容應符合調動五原則[11]（1.基於企業經營上所必須。2.不得違反勞動契約。3.對勞工薪資及其他勞動條件未作不利益變更。4.調動後工作於原有工作性質為其體能及技術所可勝任。5.調動地點過遠，雇主應予以必要協助）[12]。為符合第2點不違反勞動契約之

---

[11]　勞基法2015年12月16日修正條文第10-1條：雇主調動勞工工作，不得違反勞動契約之約定，並應符合下列原則：一、基於企業經營上所必須，且不得有不當動機及目的。但法律另有規定者，從其規定。二、對勞工之工資及其他勞動條件，未作不利之變更。三、調動後工作為勞工體能及技術可勝任。四、調動工作地點過遠，雇主應予以必要之協助。五、考量勞工及其家庭之生活利益。與先前內政部解釋及司法實務見解略有不同。

[12]　台灣台北地方法院91年度勞訴字第51號判決認為雇主之調動如有遵守調動五原則，亦未有不當之動機或目的者，即調動具合法性時，勞工有接受調動之義

約定，應在勞動契約中記載同意調動工作區域及調整工作內容。此外為判斷是否符合上述調動五原則之第4點「調動後工作於原有工作性質為其體能及技術所可勝任」，建議應將工作內容及區域儘量記載大範圍，以防將來萬一公司小範圍遷移之用。

（三）提供勞務之時間及假日出勤：記載提供勞務時間之目的是作為判斷延長工作時間及休假日出勤應否給付加班費之根據，當然也可直接記載「依公司工作規則規定之工作時間正常上、下班，有調整時亦同。公司認為必要時並得延長工作時間，員工不得拒絕」。至於變形工時之適用依勞動基準法之規定應經工會同意，如無工會應經勞資會議同意，公司除應確認所屬行業可否適用外，也應留下會議記錄俾利證明。

（四）雇用資格：一般公司對員工提出之履歷資料之真偽難以全部確認，且依勞動基準法第12條第1項第1款規定如員工在訂立勞動契約時為虛偽意思表示，使雇主誤信而有受損害之虞者，雇主得不經預告終止契約。因此建議公司應於勞動契約中增加不予雇用之條件，以利將來萬一發現員工履歷資料有偽造之情形時可逕予解雇之規定。例如：依法被通緝但尚未撤銷者。被宣告徒刑，判決確定而未諭知緩刑或未准易科罰金者。使用毒品，經司法機關判決確定者。參加不良幫派組織者等規定。

（五）智慧財產權歸屬：有關職務上之智慧財產權歸屬雖專利法第7條規定「職務發明、新型或設計，其專利申請權及專利權歸屬於雇用人，僱用人應另支付受僱人適當之報酬。但契約另有規定者從其規定。」故縱未在勞動契約中記載專利權歸屬，其權利仍屬公司所有。營業秘密依營業秘密法第3條規定職務上研究或開發之營業秘密亦屬雇用人所有。但職務上之著作依著作權法第11條規定「受雇人於職務上完成之著作，以該受雇人為著作

務，其依勞基法第14條第1項第6款規定終止勞約並請求資遣費的主張，未被法院接受。

人。但契約約定以雇用人爲著作人者，從其約定。」因此若未在勞動契約中約定職務上之著作歸公司所有，依上揭著作權法規定應歸屬員工，恐致公司將來需使用員工職務著作皆須取得員工同意或授權之情形發生。因此建議應在勞動契約中約定契約有效期間內，員工依業務取得之專利、商標、著作及其他智慧財產權，均歸屬於公司。以保障公司之權益[13]。

（六）資訊監督：所謂資訊監督乃指公司在員工工作時間內使用公司設備或網路之行爲公司有權監控。此除有資訊安全保密之考量外，也有隱私權問題。因有些員工利用公司電腦設備或網路進行私人連繫或涉及隱私之行爲，若萬一發生紛爭，公司難以置身事外，又因涉及隱私問題，公司不易處理，因此建議在工作規則之外，應另請員工簽名同意以免將來爭議，因此建議在勞動契約中加入員工同意公司得對其使用辦公室內之設備如電腦系統、電子郵件系統以及網際網路系統等進行監督管控。

（七）在職期間之忠誠義務：近來國際間最爲熱門對公司治理之禁止行收賄要求之員工忠誠義務。一般要求員工於勞動關係存續期間，應忠實執行公司業務並盡善良管理人之注意義務，如有違反致公司受有損害者，負損害賠償責任。員工若未經公司之許可，收受經銷商、委託生產製造工廠等與公司有交易及合作關係或其潛在第三者之回扣、贈與或其他無償給付。目前許多國際大廠或上市公司不僅對員工要求也於與協力廠商之契約中加入不得行收賄之要求。

（八）切結保證不使用前僱主或第三人之機密資訊：非經員工前僱主或他人之書面授權，員工就其在公司之職務行爲，絕不引用或使用任何專屬於員工前僱主或他人之機密資訊；員工應保證不將他人之機密資訊揭露予公司使用。過去曾發生員工擅自使

---

[13] 至於專利法第7條規定之職務發明之適當報酬，建議如有研發單位或職務發明可能性之公司應另訂職務發明相關之獎勵及支付合理報酬之規定，以供遵循。

用前僱主之機密資訊或智慧財產於公司之產品開發或職務行為，致公司接獲員工前僱主之警告函，甚至被告與員工共謀竊取前僱主之營業秘密或侵害其智慧財產權。因此如員工有切結保證不使用前僱主或第三人之機密資訊，至少可免除與員工共謀罪嫌之舉證。

（九）保密協議及競業禁止條款：在2013年營業秘密法修法之前，針對員工因洩漏職務上持有之營業秘密多是以刑法第317條，依法令或契約有守因業務知悉或持有工商秘密之義務，而無故洩漏之者提出刑事告訴，請求檢警協助搜索扣押營業秘密，以免繼續外洩。因法條上規定需依契約有守因業務上知悉或持有工商秘密之義務始屬對象，因此實務上為利舉證多要求簽訂保密協定或在僱傭契約中加以明文。2013年營業秘密法修法之後，該法雖未要求需依契約有保守秘密義務的要件，但應屬當然之解釋，且為免將來雙方針對有無保密義務有所爭執，建議在僱傭契約中予以明文。而有關為保護公司營業秘密進而要求員工離職後簽署競業禁止契約或約定，因目前在勞動基準法第9條之1已予明文，故實務上如何因應實屬重要課題。

肆、保密協議及離職後之競業禁止（勞基法第9條之1之因應）[14]

（一）保密條款或保密協議主要規範員工之守密義務，包括

---

[14] 機密一般以概括及例示方式交互說明，例如，指員工於受僱期間內，因使用公司之設備、資源或因職務關係，直接或間接收受、接觸、知悉、構思、創作或開發之資料及資訊，或標示「密」字或其他類似文字經宣示為機密者，不論其是否以書面為之、是否已完成，亦不問是否可申請、登記專利或其他智慧財產權等，例如：（一）生產、行銷、採購、定價、估價、財務之技巧、資料或通訊，現有顧客及潛在顧客之名單及其需求，公司受僱人、顧客、供應商、經銷

秘密的種類[14]、保守秘密的對象[15]、秘密的使用方式[16]、守密義務的解除方式、期限及違反義務時之損害賠償責任及金額。守密義務的期限當然除勞動契約期間內,尚包括離職後一定期間內仍需繼續保守秘密。至於違反守密義務之損害賠償金額雖不一定需記明,但若不記載一定金額,將來萬一員工發生洩密行為,公司必需舉證證明損失始得請求賠償。唯因洩密行為造成的損失不易證明,縱有營業上之損失是否與洩密有因果關係也難以舉證。故一般建議可記載具體金額或以員工最後所領月薪的幾倍金額作為賠償金,以免將來舉證不易之困擾。

　　(二)「競業禁止」之目的在公司為保護其營業利益或維持其競爭的優勢,要求員工與其約定在在職期間或離職後之一定期間、區域內,不得經營、受僱或參與與公司相同或類似業務之工作。換言之,要求員工簽訂競業禁止條款的目的除避免營業秘密洩漏外,進一步避免員工利用在職務上所獲知之營業秘密在競爭業務創業或受僱於其他公司,而削弱原公司之競爭力。蓋因當營業秘密與員工之本職學能合而為一難以區分時,避免營業秘密外洩的唯一方式就是禁止員工繼續在競爭行業工作。因此公司要求持有或獲知營業秘密的員工承諾不競業有其合理性及必要性,唯

商之資料,以及其他與公司營業活動及方式有關之資料。(二)產品配方、設計以及所有相關之文件。(三)發現、概念及構想,例如研究及發展計劃之特色及結果、程序、公式、發明及與公司產品有關之設備或知識、技術、專門技術、設計、構圖及說明書。(四)其他有關公司之營業或其他活動之事物或資料,且非一般從事類似事業或活動之人所知悉者。(五)由於接觸或知悉上述各項資料或資訊,因而衍生之一切構想。(六)其他依營業秘密法第二條所規定之營業秘密。

[15] 指非經公司事前書面同意或依員工職務之正當履行,不得交付、告知、移轉或以任何方式洩漏予第三人或對外發表,亦不得為自己或第三人所利用或使用之,離職後亦同。

[16] 一般為規範員工持前公司或他人之營業秘密,使用於公司之職務行為,或將他人之機密資訊揭露予公司使用,均可能使公司遭致被訴侵害營業秘密之虞。

員工因工作習得技能卻不能繼續發揮，應該也有憲法所保障工作權的問題，此部分涉及雇主財產權與員工工作權兩個憲法保障權利衝突問題。實務上通常會依實際狀況判斷權利保障的天秤該如何保持平衡。因此，若是勞動契約內載有競業禁止條款，就需特別留意是否內容與員工離職後工作保障的衝突。

　　（三）競業禁止條款一般可分成在職期間與離職後之競業禁止，在職期間之競業禁止條款，一般多要求員工在勞動契約存續期間，非經公司書面同意不得從事或經營與公司直接競爭之商品或服務行為，或於與公司從事相同或類似業務之公司或事業擔任受僱人、受任人或顧問。甚至有更進一步要求不得以自己或他人名義投資（包括直接投資、間接投資或任何其他投資形式）與公司業務相同或類似之事業。至於離職後之競業禁止依2015年12月16日修正通過之勞動基準法第9條之1規定，雇主與勞工為離職後競業禁止之約定，應具備1.雇主有應受保護之正當營業利益。2.勞工擔任之職位或職務，能接觸或使用雇主之營業秘密。3.競業禁止之期間、區域、職業活動之範圍及就業對象，未逾合理範疇。4.雇主對勞工因不從事競業行為所受損失有合理補償。該合理補償，不包括勞工於工作期間所受領之給付。未具備上述條件者其約定無效。離職後競業禁止之期間，最長不得逾二年。逾二年者，縮短為二年。現行勞動基準法第9條之1之規定並非新創，內容多屬目前實務見解的明文化，雖然上述要件中最受矚目的所謂「合理補償」在現行勞基法中並未規定[17]，但勞動部在

---

[17] 勞動部曾於2016年2月4日預告「勞動基準法施行細則」第7條之1、第7條之2、第7條之3修正草案（預告終止日：105.03.1），其中除第7條之1規範競業禁止約定應以書面訂之，第7條之2針對競業禁止的期間不超過二年，禁止之區域應以公司具體營業活動範圍為限，禁止之範圍及就業對象應具體明確並限於與公司相同或類似且有競爭關係者。最重要第7條之3則就合理補償提出參考要件，包括足以維持勞工生活所需、與不從事競業工作之損失、與競業禁止期間、區域、活動範圍及就業對象範疇是否相當、補償標準之合理性等，其中並就合理

2016年10月7日公告之「勞動基準法施行細則」新增第7條之1、第7條之2、第7條之3中除針對競業禁止之期間、區域、職業活動範圍及就業對象不得超出合理範疇有所規定外，並對何謂『合理補償』提出判斷標準，例如：每月補償金額不得低於勞工離職時月平均工資的50%之標準，雖該50%的標準並非絕對，但仍應考量勞工因此不能取得符合其個人技能之勞務對價，且影響其技術之提升，就此，雇主應考量勞工技能減損、職業生涯轉換過程培訓支出及不從事競業行為之經濟損失等因素，給予必要之代償措施，照顧受競業禁止約定拘束之勞工，使其不因轉業自由遭限制而影響原有生活，尚非僅以薪資收入為代償唯一考量[18]。因此相信該離職時月薪50%的標準將會是日後實務運作時重要參考的材料。

　　（四）上揭「勞動基準法施行細則」新增之第7條之1主要規定離職後之競業禁止約定應以書面為之，且由公司與勞工各執一份為憑。唯該條立法理由也載明該規定僅是訓示規定，並非強制規定，換言之，縱競業禁止約定未以書面訂立亦非當然無效，規定僅是便於雙方日後舉證，避免衍生紛爭之目的。而第7條之2主要是針對勞動基準法第9條之1第1項第3款規定，提出判斷競業禁止之時間、地域、對象、職業活動範圍等是否逾越合理範疇之標準，例如，禁止期間，不得逾越公司欲保護之營業秘密或技術資訊之生命週期[19]，且最長不得逾二年。禁止之區域，應以原

補償提出具體標準即勞工離職時月平均工資之50%，但上揭修訂在2016年6月公告之施行細則並不在其中。

[18] 勞動基準法施行細則第7條之3條文立法理由參照。

[19] 公司對於所欲保護之營業秘密或技術資訊，在各行業及時期之情形不盡相同，於判斷競業禁止之合理期間時，應考量該公司欲保護營業秘密或技術資訊之生命週期等因素，非可一概而論，但又訂有不得超過二年之上限。至於所稱營業秘密或技術資訊之生命週期，係指從產品的誕生或推出開始，經過成長而後銷售量減少，終至退出市場為止之歷程（參酌台灣台北地方法院93年度勞訴字第

雇主實際營業活動之範圍為限[20]。禁止之職業活動範圍，應具體明確，且與勞工原職業活動範圍相同或類似。禁止之就業對象，應具體明確，並以與原公司之營業活動相同或類似，且有競爭關係者為限。最後第7條之3則是針對勞動基準法第9條之1第1項第4款所訂之「合理補償」訂定綜合考量之例示因素，例如，每月補償金額不低於勞工離職時一個月平均工資50%。金額是否足以維持勞工離職後競業禁止期間之生活所需，金額與勞工遵守競業禁止之期間、區域、職業活動範圍及就業對象之範疇所受損失是否相當[21]，及其他與判斷補償基準合理性有關之事項。至於補償，雙方應約定離職後一次預為給付或按月給付[22]。此施行細則所提出之判斷標準為行政機關所提出之參考，實務上並無拘束司

109號判決、台灣高等法院99年度重上字第137號判決），此期間內公司有因營業秘密或技術資訊所生企業利益，從而該期間內有對員工要求履行競業禁止之合理性。基此，公司欲保護之營業秘密或技術資訊之生命週期如為一年時，即應以一年為其競業禁止期間。再者，即便合理期間超過二年（例如三年）者，考慮離職勞工之工作權，亦應縮短為二年。上揭施行細則第七條之二條文立法理由可資參照。

[20] 競業禁止之區域，原則上以勞工離職時，原公司實際從事營業活動之地理區域為限（如該公司具有地域性，即應以該公司實際從事營業活動之地理區域或行政區域為限。），以保障雇主正當利益及避免對勞工有顯失公平之情形，可參酌台灣新北地方法院103年度勞訴字第118號判決及上揭施行細則第7條之2條文立法理由。

[21] 參酌相關台灣台中地方法院96年度勞訴字第40號判決、智慧財產法院104年度民暫字第23號裁定，明確規範公司對勞工因不從事競業行為所受損失之合理補償範圍應綜合考量下列事項：每月補償金額是否不低於勞工離職時一個月平均工資50%、補償金額是否足以維持競業禁止期間生活所需，並應考量勞工遵守競業禁止之期間、區域、職業活動範圍及就業對象之範疇所受損失。舉例而言，如限制期間愈長，或區域、範圍愈廣泛，對勞工就業權利及生活維持即愈不利，原公司所應給予之補償即相對提高。上揭施行細則第7條之3條文立法理由參照。

[22] 合理補償，得為現金、有價證券或其他具相當價值之財產，且因競業禁止期間勞工所領取之代償金額係為維持該期間生活所需，故規定勞雇雙方應先行約定給付方式，以避免爭議。上揭施行細則第7條之3條文立法理由參照。

法機關就個案判斷之效力。

（五）至於違反競業禁止約定之效果，因違反時造成之損失與洩密相同難以舉證，縱有造成營業上之損失是否與違反競業禁止約款有因果關係也難以證明。因此一般實務上多以記載違反規定者如經公司以書面通知停止其行為而仍未改正時，員工除應賠償公司因此所受之損害外，並應另行支付公司一定金額做為懲罰性違約金。當然如公司未依約定支付合理補償金者，也應視為公司同意員工得不受競業禁止之限制。

（六）由現行勞動基準法、其施行細則規定或已廢止之「勞資雙方簽訂離職後競業禁止條款參考原則」均未對競業禁止條款何時簽訂有所說明。以現實狀態而言，若在員工提出辭呈後雙方始協議簽訂競業禁止條款，則因大多數離職員工都已先找好下一份工作始提出辭呈，除非員工已決定離開與公司有競爭關係的行業或不再從事相關業務，則尚有簽署之可能。否則可能下一份工作即是在有競爭關係的公司工作或將來仍可能繼續從事相關業務，則可以想見雙方對競業禁止的區域、範圍、對象及補償金等將難以達成合意，若無法簽署則員工將完全不受競業限制，公司縱使一再退讓禁止區域、範圍、對象等條件，員工也無同意之必要，因此提出辭呈後雙方始協議簽訂競業禁止條款在現實上似並不可行。反之，若在員工剛進入公司時簽訂競業禁止條款，則若依上揭已廢止之「勞資雙方簽訂離職後競業禁止條款參考原則」或勞動部公告施行的「勞動基準法施行細則」第7條之1至第7條之3的規定，均要求禁止之區域應以公司具體營業活動範圍為限，禁止之範圍及就業對象應具體明確，並限於與公司相同或類似且有競爭關係者，則在公司既無法預知員工何時離職的情形下，又如何能預知多年後員工離職時公司的具體營業活動範圍？又將來與公司相同或類似且有競爭關係者為何人？既無法預測判斷又如何具體明確？因此如要符合現行勞動基準法及其施行細則之規定，縱使在員工剛進入公司時簽訂競業禁止條款也存在

相當不可預測或不明確的要件。

　　從實務觀點建議公司對競業禁止條款的內容應分成兩階段確認，亦即仍應在員工剛進入公司時簽訂書面競業禁止約款，但該約款僅記載雙方有此合意，至於相關細節例如：對競業禁止的區域、範圍、對象及補償金等則於日後員工提出辭呈時，再由公司提示或雙方協議，當然若員工對公司提示之競業禁止的區域、範圍、對象及補償金等條件有爭議或認為不合理時，員工自得請求法院判斷競業禁止條款的效力或合理的條件，若雙方無法針對相關細節達成合意，則公司或員工亦可請求法院判斷何謂合理條件。不過法院程序曠日廢時，立於公司立場當然希望該等禁止條件由公司單方向員工提示後生效，若員工有爭議時再起訴請求判斷其合理性及有效性，但公司在向員工提示禁止條件的同時也需支付合理補償，日後若經法院判斷禁止條件超出法令規定合理範圍，或補償超過或顯不相當時，仍可再就補償金額多寡提請法院判斷。實務上曾發生員工申請留職停薪後未申請復職即直接到競爭對手公司工作，之後公司寄發信函要求員工自競爭對手公司離職，不但依原競業禁止條款約定，給付競業禁止補償費外，還另行給予增額競業禁止補償費，且依員工原任職之具體業務內容，限縮競業禁止範圍，並請其至公司辦理離職手續及領取競業禁止補償費等。而此等事後措施也獲得法院認定公司所訂競業禁止條款具有合理性，而最終判決命離職員工不得在競爭對手公司任職並須賠償公司違約金[23]。由上揭案例可知，實務上對於競業禁止條件是否經雙方合意並非重點，縱經雙方合意如非屬合理條件，法院仍可能認定員工只是迫於僱傭契約而簽署，最終仍不受競業禁止條款規範，反之如禁止條件合理，縱未經雙方合意，僅是公司片面提出，法院仍可能認定員工應受競業禁止條款之拘束。

---

[23] 第二審判決103年度民營上字第6號及第一審判決103年度民營訴字第2號參照。

伍、結語

　　面對高度競爭的企業環境，公司除要面對外面的企業競爭，對內如何改善工作環境，穩定員工心情，進而提高向心力及工作效率，相信是所有企業經營的重要課題。而穩定的勞動關係繫於公平且合理的勞動契約，但隨著經濟成長經營環境等外在環境的變化，公平合理的標準也隨時代而在更改，如何訂立公平且能維持長久的勞動契約除需多站在員工立場思考外，隨時注意法令的變動也是不可或缺。為使企業能更理解目前勞動契約變動的趨勢，本文試著針對公司比較不易理解的委任及僱傭關係之差異，去說明現今企業經營善用高階經理人時訂定委任契約的實益及風險。而訂立勞動契約時，為避免日後發生紛爭應注意記載何種項目及內容，也是公司經營必須留意的。最後因應2015年12月台灣勞動基準法增訂第9條之1離職後競業禁止約定之要件及效果，及2016年10月主管機關勞動部修訂公告之施行細則，針對競業禁止約定中之合理範疇之判斷標準及合理補償應考量之因素等修法動態，實務運作上公司如何與員工協商競業禁止條款應是目前企業最頭痛的議題，雖然目前尚無太多實務案例，但面對近來層出不窮洩密及違反競業禁止約定的事件，本文的整理及建議希望能對企業經營及整體勞動環境的改善能有所助益。

13

企業有關保密之注意事項

萬國法律事務所資深合夥律師　鍾文岳

壹、前言

隨著企業商業活動的日趨複雜，及網路的使用日益頻繁，近來有關企業或國家保密的話題非常受到矚目，從傳聞中國利用網軍竊取美國軍事機密，到台灣手機大廠HTC內部洩密案，甚至連台灣的最高檢察首長及總統也不甘寂寞涉及洩密嫌疑的調查，加上這一、兩年來有關個人資料保護法及營業秘密法的修正，加重企業對於保密的義務及處罰，及企業洩密造成國家競爭力衰退，已影響國家安全，都讓國家及企業不得不更加正視這個課題。

雖然企業的保密義務並不單純限於營業秘密，尚包括因業務上所保有之個人資料，但因營業秘密所直接規範保護的對象是企業，而個人資料保護的直接保護對象是個人資料的所有人─個人，若有使用或洩露等侵害個資之行為，雖也會使企業負相關法律責任，但基本上兩者保護的法益並不完全相同，況有部分的個人資料也是屬於營業秘密，因限於篇幅本文在此僅就企業的自我保護的觀點來探討營業秘密應如何管理及因應。

因營業秘密沒有如商標專利必須註冊登記，也沒有如著作權一樣有明確且廣泛的範圍，所以實務上一般首要面臨的問題就是如何確定該文件或資訊是否屬於營業秘密？如何事前預防秘密的洩漏及事後如何舉證追究責任？萬一員工洩露公司負有保密義務之機密時，應如何舉證免責？等等都是企業今後必須謹慎面對之課題。

貳、如何認定是否屬於營業秘密

實務上要主張營業秘密遭受侵害，首要困難就是舉證遭洩

露的是屬於營業秘密，而依營業秘密法第2條規定，「本法所稱營業秘密，係指方法、技術、製程、配方、程式、設計或其他可用於生產、銷售或經營之資訊，而符合左列要件者：一、非一般涉及該類資訊之人所知者。二、因其秘密性而具有實際或潛在之經濟價值者。三、所有人已採取合理之保密措施者」，因此，要確認是否屬營業秘密的判斷，除前提必須為可用於生產、銷售或經營之資訊外，尚必須同時具備1.「秘密性」（非一般涉及該類資訊之人所知）。2.「經濟價值」（因其秘密性而具有實際或潛在之經濟價值）及3.「保密措施」（所有人已採取合理之保密措施）等三要件。

　　（一）所謂「秘密性」而言，營業秘密法第2條既已規定「秘密性」必須為「非一般涉及該類資訊之人所知者」，換言之，資訊不僅是一般公眾所不知，還必須是其所屬領域一般之人亦無從所知悉，始符「秘密性」之要件。因此，例如僅記載名稱與電話及住址之客戶名單，或者僅記載原料之供應商等資訊[1]、報價資料[2]、先前技術[3]，因屬於市場上可輕易獲知之資訊，而欠缺「秘密性」（非一般涉及該類資訊之人所知）此一要件；相對而言，如果該名單係依據其經驗、長期累積與分類等所建立，並載有客戶之重要背景、業務情形、特殊需求、客戶內部具實際影響力之成員等內容者或契約中所約定之具體金額、授權內容及實際分配比例等[4]，因屬「非一般涉及該類資訊之人所知者」，則應具有秘密性。營業秘密雖非絕對地不為人知，但也不可能因保密協議之約定而擴張其範圍，其重點在於該項資訊必須客觀上不易讓他人得以合法之方式（例如還原工程）可得而知，且所有人

---

[1]　台灣台南地方法院94年度重訴字第210號判決參照。

[2]　智慧財產法院99年度民著訴字第77號判決參照。

[3]　智慧財產法院100年度民專上字第17號判決參照。

[4]　智慧財產法院99年度民著抗字第15號判決參照。

必須盡合理之努力將該項資訊限於特定範圍之人可知[5]。

（二）就「經濟價值」而言，實務上係採取廣泛之認定，因此只要該資訊對其營業或市場競爭具有重要性或價值性，不論是已完成或尚在開發中，均可認為具有經濟價值性，因此，價值可為現實價值，亦可為潛在價值。基此，於實際案件中，只要可證明該資訊對其營業或業務上具有重要性、具有改良公眾已知方案優點、開發該資訊所付出之成本、維持該資訊機密性所付出之成本或者他人願為取得該資訊所願付出之對價等，均可符合「經濟價值」之要件，甚至，企業的失敗經驗，因企業經營者由於「失敗經驗」，付出代價，日後方知規避危險與錯誤，邁向成功，亦具有現實或潛在價值，而符合「經濟價值」之要件。因此，於實際案例中，本要件甚少成為爭執之關鍵，反而，因營業秘密的「經濟價值」往往來自於其機密性，是以是否符合營業秘密之關鍵，往往在於「保密措施」要件之認定。

（三）「保密措施」之要件乃是營業秘密與其他智慧財產權最大不同之處，在其他諸如專利、商標、著作權等智慧財產權，均以公開揭示為必要，然而，欲取得營業秘密之保護，其所有人主觀上必須有保護之意願，且客觀上要有保密的積極作為，如其他人能依正當方法取得資訊，即無保護之必要。對於何謂「合理之保密措施」，法律並無明文規定，而應依個案、該等資訊的重要性或機密性做不同之處置。

企業可以針對該等資訊進行整理、分析，以提升該等資訊之獨特性，並落實一套可行的營業秘密管理機制，如此可以增加法院確認該等資訊為營業秘密之機率。例如：實施門禁管制、限制員工或進入公司之人員不得攜帶有照相功能之手機、禁止員工使用即時通訊軟體、禁止員工使用USB或其他可存取之設備等，以避免員工任意攜走公司之資料。又機密等級文件需單位主管以上

---

[5]　智慧財產法院98年度民著上字第26號參照。

同意者才能接觸等均屬之。

　　因營業秘密之保護其主要目的在於維護競爭秩序，原則上並無權利取得之問題，自無由主管機關加以審查、註冊，或由法院確認其權利之問題，反而只是法院在遇到具體個案時，才個案審酌是否滿足上開營業秘密或工商秘密之要件。但不同於其他智慧財產權，營業秘密一旦遭到侵害後，往往造成企業競爭優勢的極大損害，且營業秘密遭外洩後，亦無法有效地回復其秘密性，因此，事前的妥善防護、採取適宜之保密措施，才是根本解決之道，畢竟營業秘密侵害案件發生後的補救，總不如事前周全防範來得有效；而且，一旦建立完善的保密措施，例如，採取簽訂保密協議之方式，或者以電子、書面或其他方式記載接觸或取得資訊者之姓名、時間、接觸或取得之資訊內容及目的等，即使事後仍不幸發生侵害事件，仍能有效保存相關證據，甚至除主張營業秘密侵害外，於民事上尚能主張契約上之債務不履行或違約責任。

參、權利侵害之態樣

　　對於侵害營業秘密的行為態樣，營業秘密法第10條例示了下列幾種常見的情形，但並不以此為限：

　　（一）以不正當方法取得營業秘密者，其中「不正當方法」係指竊盜、詐欺、脅迫、賄賂、擅自重製、違反保密義務、引誘他人違反其保密義務或其他類似方法，包括公司內部員工竊取公司營業秘密，或者外部商業間諜非法入侵公司，或以詐騙、脅迫、賄賂等方式取得營業秘密等，均包括在內；然而，由於營業秘密法本質上並未賦予排他權，因此，倘若於市面上取得產品，自行進行產品分析或以「還原工程」（Reverse Engineering）得知他人營業秘密者，並不構成營業秘密的侵害。

（二）知悉或因重大過失而不知其為前款之營業秘密，而取得、使用或洩漏者。此款之適用必須以行為自始知悉或因重大過失而不知該等資訊係屬「以不正當方法取得者」，其後進而取得、使用或洩漏，若係善意不知、僅有輕過失而不知或取得營業秘密後始知悉者，均不構成本款之情事。

（三）取得營業秘密後，知悉或因重大過失而不知其為「以不正當方法取得營業秘密者」，而使用或洩漏者，因此，取得營業秘密後始知悉者（事後惡意），雖不構成前款之侵害態樣，但仍構成本款之情形。

（四）因法律行為取得營業秘密，而以不正當方法使用或洩漏者。例如，行為人基於雇傭、委任、代理、承攬或授權等法律關係合法取得營業秘密，卻擅自使用、重製或違反保密義務而洩漏予第三人，均屬本款之情形。

（五）依法令有守營業秘密之義務，而使用或無故洩漏者。例如，公務員因承辦公務而知悉或持有他人之營業秘密者，依營業秘密法第9條第1項有保密義務，或者，當事人、代理人、辯護人、鑑定人、證人及其他相關之人，因司法機關偵查或審理而知悉或持有他人營業秘密者，依營業秘密法第9條第2項亦有保密義務，卻恣意使用或無故洩漏者即屬之。

2013年1月11日修正通過之營業秘密法，對於較為嚴重之侵害行為，明文規定為犯罪行為，並課以刑事責任。依該法第13條之1之規定，行為人主觀上必須具備意圖為自己或第三人不法之利益，或損害營業秘密所有人之利益，並有以下客觀犯罪行為態樣：

（一）以竊取、侵占、詐術、脅迫、擅自重製或其他不正方法而取得營業秘密，或取得後進而使用、洩漏者，立法理由並明確指出此係針對不法取得及非法使用之「產業間諜」所為之規範。而所謂不正方法係指例如以窺視、竊聽而加以探知取得該營業秘密之行為方式。

（二）知悉或持有營業秘密，未經授權或逾越權範圍而重製、使用或洩漏該營業秘密者。例如：擅自重製含有營業秘密之電磁紀錄，以電傳方式洩漏予他人。

（三）持有營業秘密，經營業秘密所有人告知應刪除、銷燬後，不為刪除、銷燬或隱匿該營業秘密者。第2、3款之規範態樣在於行為人原本基於合法原因取得營業秘密，但嗣後卻逾越授權範圍而重製、使用或洩漏，或是經營業秘密所有人告知後仍消極不為刪除、銷燬或隱匿，與第1款以積極不正方法取得、使用或洩漏之行為不同。

（四）明知他人悉或持有之營業秘密有前三款所定情形，而取得、使用或洩漏者。營業秘密之惡意轉得人也加以處罰，但僅限於具有直接故意之惡意轉得人始該當。

肆、如何防止營業秘密洩漏及洩漏之免責舉證

營業秘密洩漏之防止與公司負有保密義務之機密遭洩漏時之刑事並罰及免責舉證（營業秘密法第13條之4[6]）實際上是一體兩面，若能事前採取合宜的保密措施，例如平時做好保密宣導或教育訓練，且與員工或被授權人簽訂保密協議，不僅可預防營業秘密洩漏，縱使萬一洩漏也可有效減輕所應負之舉證責任，反面言之若公司因員工洩漏他人營業秘密遭刑事處罰，而因監督不力被併罰時，若能舉證已採取適當的保密措施盡力防止洩密發生也可減輕甚至免除刑罰。

---

[6] 新修正通過之營業秘密法第13條之4規定：法人之代表人、法人或自然人之代理人、受雇人或其他從業人員，因執行業務，犯第13條之1洩漏營業秘密及第13條之2域外加重處法之罪者，除依該條規定處罰其行為人外，對該法人或自然人亦科該條之罰金。但法人之代表人或自然人對於犯罪之發生，已盡力為防止行為者，不在此限。

　　具體而言，在權利人與行為人間存有保密協議等契約關係存在時，權利人只要證明該契約所約定之資訊遭外洩或行為人有其他違約之情事即可[7]，不需舉證是否符合上揭秘密性及保密措施。例如：保密條款可以具體約定「不得將標有機密、confidential或其他類似字樣之資訊以任何形式揭露予第三人」，則萬一將來遭洩漏時，權利人只要證明該等資料上標有「機密」等字樣，且行為人揭露予第三人知悉即可，至於該等資料是否符合「營業秘密法」所規定之三要件、行為人有無故意或過失等，均非違約責任所論，甚至多數契約中亦會明文約定違約金，如此權利人即無須舉證證明損害，或適度減輕損害賠償及因果關係之舉證責任。

　　至於舉證免除刑責之規定除讓法人或自然人雇主有機會於事後舉證而得以證明其已盡力防止侵害營業秘密之發生，避免企業被員工之個人違法行為而毀掉企業形象，並造成罰金之損失外，更可予企業事先盡力防止犯罪發生之獎勵，而達到預防營業秘密洩漏之目的。

　　至於實際上如何管理，大致可從對內的「員工管理」、「資訊保存及安全管理」及對外的「秘密的揭露及保密協議締結」等三方面來著手，謹簡略說明如下：

　　（一）對員工之管理：從實務案件發生營業秘密洩漏的比例看來，因員工的有意或無意而洩漏秘密約占全體案件的約九成，因設備故障或遭駭客入侵之比率約僅占一成，因此加強對人員的管理及提高警覺意識是保密措施首要工作。例如：實施門禁管制、限制人員不得使用附有照相功能之攜帶裝置、禁止員工使用有洩漏風險的網路、電子郵件、即時通訊軟體、USB或其他可存取之設備等，以避免員工任意外洩資料。另與有必要接觸該資訊之員工、被授權人或其他相關人員及實體簽署保密協議（Non

---

[7]　台灣高等法院88年度重勞上字第5號判決參照。

Disclosure Agreement, NDA）。告知接觸該資訊人員該資訊之重要性及機密性，並適時舉辦認知宣導及教育訓練。而為避免員工所開發之創作物係抄襲他人，甚且係利用自前雇主處所取得之機密資訊，而導致公司遭權利人主張侵害智慧財產權或妨害營業秘密，應於任用員工時在僱用契約內明確約定保密條款外，還要有不侵害他人智慧財產權及相關權利之保證條款及賠償罰則，以確保公司權益。實務上認為縱使與受僱人訂有保密契約，但若範圍不明確無法使受僱人足以判斷構成保密資訊與否，如僱用人得以「管制電腦之使用、設定密碼、使用者須記錄、主管核准等等」作為其認定資訊是否具有保密性之依據，亦應將該等資訊行諸於文字，俾使受僱人知悉於符合何種要件下之資訊屬於秘密，且屬契約約定之保密範圍內，不能僅憑僱用人事後之主觀認知何種資訊具有秘密性，即屬契約約定之保密範圍。[8]

（二）資訊保存及安全管理：營業秘密應依其重要性及機密性，分類標示機密等級保存，例如：密級文件需課長以上同意者才能接觸，而機密級就需經理或部長級同意，極機密等級則需總經理同意者始能接觸等規定，並責成專屬人員依不同之層級或權限加以控管與銷毀，以確保無權限之人無法任意接觸或取得。而接觸或取得秘密資訊者應登記其姓名、接觸時間、接觸或取得之資訊內容及目的等，俾利事後查核確認。另應建立事故預防、通報、應變及稽核機制，並作成書面規則。

（三）秘密的揭露及保密協議締結：在對外揭露企業之營業秘密前應先與對方簽訂NDA（Non Disclosure Agreement, NDA）應已是一般企業的常識，但NDA中得將「特定標的」列入機密資訊之範疇，使原本不屬秘密之事項，因契約之特別約定成為應予秘密之事項，使對方依約因此負有保密之義務。此外契約中對那些資訊屬於「機密資訊」負有保密義務，應於契約內明

---

[8] 智慧財產法院98年度民著上字第26號參照。

確約定或事後執行時可得特定，例如：以口頭等方式告知之機密資訊，則得於告知時先表明即將告知之事項係屬機密資訊，事後再以書面載明先前口頭所告知之事項並通知對方應負保密義務。而交付之資訊或物品務必留存交付之憑證，實務上就曾發生因無法證明已交付營業秘密，且遭對方否認而敗訴之案例。

另保密契約中針對保密期間有因雙方協議而有變動，一般而言可要求雙方授權或交易期滿後一定期間內仍負保密義務，以維持技術之優勢，此種要求實務上認為並無違法。而實務上也常見為避免營業秘密或競爭優勢喪失，於契約中約定反挖角條款，禁止對方在契約存續期間、屆滿、終止或解除後一定期間內，不得聘僱我方員工或為競業行為。

伍、法律上可主張之權利

營業秘密遭洩漏後可以同時透過民事求償或提起刑事自訴（告訴、告發）之方式處理。茲分述如後。

一、民事救濟部分

就侵權責任部分，權利人可依營業秘密法第11條第1項之規定，於營業秘密受侵害時，被害人得請求立即停止取得、洩漏或使用，有侵害之虞者，得請求防止洩漏或使用，並可同時依同條第2項之規定，請求對侵害行為作成之物或專供侵害所用之物之銷燬或為其他必要之處置，而此均不以行為人有故意或過失為必要。

就損害賠償方面，權利人可依營業秘密法第13條第1項規定，就下列方式擇一請求損害賠償：

（一）依民法第216條之規定請求。但被害人不能證明其損

害時，得以其使用時依通常情形可得預期之利益，減除被侵害後使用同一營業秘密所得利益之差額，為其所受損害。

（二）請求侵害人因侵害行為所得之利益。但侵害人不能證明其成本或必要費用時，以其侵害行為所得之全部收入，為其所得利益。

（三）侵害行為如屬故意，法院得因被害人之請求，依侵害情節，酌定損害額以上之賠償，但不得超過已證明損害額之三倍，此為懲罰性的損害賠償。

然而，因營業秘密法等規定，仍屬侵權行為法之規定，因此，權利人主張營業秘密法上開權利時，需舉證證明遭侵害之資訊符合營業秘密法所規定之三項要件，此外權利人更需進一步證明行為人侵害的事實（即「不當取得營業秘密」或「任意外洩」之事實），而在科技發達的現代，侵害人可輕易透過各種手段複製、攜出或洩漏營業秘密予第三人而不被查知，於現實舉證上實屬困難；尤甚，權利人亦須舉證證明行為人主觀上有故意或過失，並且，必須舉證證明其所受之損害範圍及因果關係成立等事實，舉證責任不可謂不重，此亦是2013年修法前，單純以「營業秘密法」請求民事賠償之案例，於實務上甚少之原因，縱有以其他智慧財產權及營業秘密侵害之案例，但單純營業秘密部分因舉證困難亦多以敗訴收場。

鑑於過往營業秘密之侵害行為，多於侵害人處實施，單靠原告舉證證明被告有侵害行為相當困難，往往需要侵害人提供相關資料，因此，現行智慧財產案件審理法第10條之1規定，侵害營業秘密之民事訴訟，如原告就其主張營業秘密受侵害或有受侵害之虞之事實已釋明者，而被告否認其行為時，法院應定期命被告就其否認為具體之答辯；如無正當理由逾期未答辯或答辯非具體者，法院得審酌情形認原告已釋明內容為真實。明確對被告否認原告之主張時，要求於一定期日內應具體答辯，以助於訴訟迅速進行。因此被告所負之答辯義務，應是積極之否認答辯義務，

故對於否認之事項，應附具體理由加以說明；例如該系爭特定營業秘密是自己獨立得知、設計研發、以及如何得知之管道或方式等。同時如被告無正當理由逾期未答辯或答辯非具體者，法院得審酌情形認為原告已釋明之內容為真實。

二、刑事告訴部分

2013年1月30日修正之營業秘密法部分條文，已增訂刑事責任之處罰，過去權利人多係透過普通刑法第317條妨害工商秘密罪及刑法第318條之1利用電腦洩密罪之告訴以追究行為人的刑事責任，因罪刑不重（法定刑最重為二年以下有期徒刑）與犯罪所得不成比例。

有鑑於此，加以受美國1996年經濟間諜法（The Economic Espionage Act, EEA）制定之影響，經濟部智慧財產局將屬於嚴重侵害營業秘密之行為，增訂刑事處罰，以加強保護營業秘密，該草案並於2013年1月經立法院三讀通過經公告施行，增訂意圖為自己或第三人不法之利益，或損害營業秘密所有人之利益，而有下列情形之一[9]，處5年以下有期徒刑或拘役，得併科新台幣5萬元以上1,000萬元以下罰金，同時亦處罰未遂犯。另增訂域外使用之加重處罰[10]及刑事罰兩罰[11]之規定。而為促進犯罪事實真相之發現，也參考國內外「窩裡反」之作法，例外採取告訴可分原則，換言之，將來行為人（離職員工）只要吐實情況，權利人

---

[9]　詳如上揭參、權利侵害態樣。

[10]　營業秘密法第13條之2，意圖為在外國、大陸地區、香港或澳門使用，而犯前條第1項各款之罪者，處1年以上10年以下有期徒刑，得併科新台幣300萬元以上5,000萬元以下之罰金，同時亦處罰未遂犯。

[11]　第13條之4增訂，法人之代表人、法人或自然人之代理人、受雇人或其他從業人員，因執行業務侵害營業秘密而須負擔刑事責任時，除依本法處罰其行為人外，對該法人亦科以各該條之罰金等兩罰規定，並適用告訴不可分原則。

可以選擇不告離職員工或撤回告訴，而僅針對竊取營業秘密之競爭公司提告，預計可提高訴訟效率，並得以讓權利人多一個籌碼。而增加刑事責任處罰規定也可及時阻止侵害繼續擴大，並減輕權利人的舉證義務。此由營業秘密法2013年修法後侵害營業秘密案件急速增加，侵害及賠償金額也再創新高可知。

實務上也確實因增訂刑事責任後，透過檢調搜索扣押方式破獲不少社會矚目的竊取營業秘密的案件，特別是離職員工在離職前竊取公司營業或技術機密資料，到國外即將就職的公司，或離職後勾結在職員工竊取就職公司所需之業界機密資料，甚至挖角原就職公司的整個技術或開發團隊，此種機密資料之價值，低則數千萬元，高者多達百億元，而該企業其背後可能都有國家政府介入，無怪歐美日等先進國家都將企業洩密問題認為是國安問題，因為已經嚴重影響國家競爭力，而非單獨企業的問題。

陸、結語

在產業逐漸全球化的風潮裡，企業惟有透過不斷創新才能生存，而創新並非一朝一夕，需要不斷累積經驗及失敗匯集眾人智慧的結晶，而這些智慧結晶若遭外洩往往可能使競爭對手搶先一步研發甚至發表創新成果，而使努力功虧一簣。因此近年透過產業間諜或人才挖角手段以獲取產業機密，乃後進企業加速參入市場的唯一手段。因此擁有技術及創新成果的企業如何維護自己的競爭優勢，除降低成本及擴大規模等商業手段外，強化研發成果等營業秘密的保護是今後企業必須面臨的重要課題。

有鑑於此，營業秘密法增訂洩密的刑事責任及加重被告舉證義務等希望強化營業秘密的保護，惟能否因應日新月異的科技及資訊的進步尚有觀察的必要。但站在風險控管、紛爭預防及避免潛在訟爭發生時難以舉證之角度，建議企業與其事後追溯法律

責任不如事前做好預防工作，於平日即先對於相關資訊檔案分類管理，區分機密性之等級，並就機密等級高者相應就硬體設備或者軟體使用權限兩方面限縮管理具有使用權限者之範圍。對人方面，除平時進行保密的教育訓練外，可利用簽立保密協議書、加強宣導企業機密資訊管理規則、紀錄列管取得機密資訊人員讀取使用機密資訊之時間等方式，確保機密資訊獲得保護。如此一來，不僅可有效降低及衡平企業於潛在訟爭發生時之舉證釋明責任，萬一發生員工洩漏公司客戶之營業機密時也可舉證刑事免責。

14

台灣結合矯正措施

萬國法律事務所助理合夥律師　陳幼宜

壹、前言

一、台灣大車隊與其他計程車客運申報結合內容[1]

　　台灣大車隊股份有限公司（下稱「台灣大車隊」）前於民國102年與泛亞計程車客運服務有限公司（下稱「泛亞」）簽訂「標的使用契約書」，由泛亞將其所有之計程車派遣設備、叫車電話、乘客（含客戶）資料、生財器具、泛亞車隊隊員契約書及其所有權利義務、泛亞車隊品牌商標及現有排班點之權利義務，交由台灣大車隊使用5年，台灣大車隊並得直接控制泛亞之業務經營。

　　此外，台灣大車隊因投資持有龍星車隊股份有限公司（下稱「龍星公司」）70%股權，於民國102年透過龍星公司，與龍典計程車客運服務股份有限公司（下稱「龍星公司」）及皇星計程車客運服務業有限公司（下稱「皇星公司」）簽立「標的使用契約書」，由龍典公司及皇星公司將其所有之計程車派遣設備、生財器具、大愛車隊及婦協車隊隊員契約書，以及其所有權利義務、車隊品牌商標等權利及設備，交由龍星公司使用5年，而台灣大車隊因而得直接或間接控制龍星公司、龍典公司及皇星公司之業務經營[2]。

　　由於上開情形符合公平交易法第10條第1項第3款與第5款（當時公平交易法第6條第1項第3款與第5款）之結合態樣[3]，且

---

[1] 公平交易委員會公結字第104001號結合案件決定書（中華民國104年1月29日）及公平交易委員會公結字第104002號結合案件決定書（中華民國104年1月29日）。

[2] 本二件之產品市場為「計程車客運服務業」，至於地理市場則為台北共同營業區（即台北市、新北市、桃園市、基隆市及宜蘭縣）。

[3] 公平交易法第10條第規定：「本法所稱結合，指事業有下列情形之一者：一、與他事業合併。

參與結合事業符合第11條第1項[4]第2款之申報門檻，申報人遂向公平交易委員會（下稱「公平會」）申報事業結合。

　　由於本案相關市場為「台北共同營業區計程車派遣服務市場」，依據當時民國102年台北市公共運輸處等相關機構所提供資料，台灣大車隊之市場占有率超過50%[5]，因此即便其他申報人之市場占有率並不高[6]，公平會認為結合後，由於參與結合事業於相關市場之占有率高達50%以上，具有顯著之市場力量，有濫用其市場地位之可能，進而對相關市場競爭造成影響，但另一方面，公平會亦認為該結合可能促進相關產業之整體經濟發展，進而提升消費者利益，因此對其決定附加結合矯正措施（Merger Remedies），確保結合對整體經濟利益大於限制競爭之不利益。

　　二、持有或取得他事業之股份或出資額，達到他事業有表決權股份總數或資本總額三分之一以上。

　　三、受讓或承租他事業全部或主要部分之營業或財產。

　　四、與他事業經常共同經營或受他事業委託經營。

　　五、直接或間接控制他事業之業務經營或人事任免。

　　計算前項第二款之股份或出資額時，應將與該事業具有控制與從屬關係之事業及與該事業受同一事業或數事業控制之從屬關係事業所持有或取得他事業之股份或出資額一併計入。」

[4]　公平交易法第11條第1項規定：「事業結合時，有下列情形之一者，應先向主管機關提出申報：

　　一、事業因結合而使其市場占有率達三分之一。

　　二、參與結合之一事業，其市場占有率達四分之一。

　　三、參與結合之事業，其上一會計年度銷售金額，超過主管機關所公告之金額。」

[5]　中華民國102年1月時，台灣大車隊市場占有率為54.61%；中華民國102年4月時，台灣大車隊市場占有率為53.26%。

[6]　中華民國102年1月時，龍典公司及皇星公司之市場占有率分別為2.13%及1.39%；中華民國102年4月時，泛亞之市場占有率為1.2%。

二、法規依據

公平交易法第13條第1項規定，「對於事業結合之申報，如其結合，對整體經濟利益大於限制競爭之不利益者，主管機關不得禁止其結合。」因此，台灣競爭主管機關（即公平會）於審查事業結合申報案件時，會針對所申報之結合案件所可能造成之整理經濟利益與限制競爭之不利益二者間去作衡量與評估，以作為決定核准或禁止該結合之依據。而公平會於審查時，若認為事業間之結合行為雖可能會限制相關市場之競爭，但另一方面亦認為該結合可能促進相關產業之整體經濟發展，進而提升消費者利益時，則依據公平交易法第13條第2項[7]，公平會負有一彈性處理之機制[8]，並非單純僅能對結合案件為禁止或不禁止結合之決定；亦即，於該等情形時，公平會得對於結合申報案件所為之決定附加合適之條件或負擔，確保結合對於整體經濟利益大於限制競爭之不利益。

據此，於前述台灣大車隊股份有限公司與其他計程車客運申報事業結合決定案中，雖因參與結合事業結合後於台北共同營業區計程車派遣服務市場之占有率達50%以上，具有顯著之市場力量，但基於下列因素，公平會認為上開結合行為對整體經濟利益大於限制競爭之不利益，因此不禁止其結合，但仍透過附加行為管制之結合矯正措施，以確保參與結合事業之結合行為其整體經濟利益大於限制競爭之不利益（包括計程車駕駛人公平之派遣機會、避免結合後商品價格或服務報酬恣意提高等）：

（一）相關市場因尚有其他派遣業者參與競爭，因此倘若參

---

[7] 公平交易法第13條第2項規定：「主管機關對於第十一條第八項申報案件所為之決定，得附加條件或負擔，以確保整體經濟利益大於限制競爭之不利益。」

[8] 公平交易法第13條第2項之立法理由考慮到：「按事業結合所涉及之經濟情況萬端，為使中央主管機關有一彈性處理之機制，有賦予其就不禁止之結合附加附款之必要。」

與結合事業擅自提高服務費，可能會流失駕駛人，且駕駛人轉換至其他車隊，並無任何轉換成本，因此公平會不認為結合後，參與結合事業可恣意提高商品價格或服務報酬。

（二）因參與結合事業與其他競爭者之營業規模及競爭條件懸殊，且計程車派遣或客運服務，仍具地緣特性，區域市場之競爭條件仍有差異，故認為上開結合案並無顯著減損相關市場之競爭程度，且因參進計程車派遣服務市場困難度並不高，仍有新車隊參進市場，且倘加計其他派遣服務之車輛數，則該市場之集中度將更為降低，因此認為上開結合行為並無明顯增強參與結合事業之市場力。

（三）參與結合事業共用台灣大車隊衛星派遣系統及設備，可節省成本，提升設備利用率，進而提升派遣效率，達到規模經濟、減少空車率、乘客候車時間外，且因台灣大車隊之派遣系統可追蹤車輛行車軌跡，記錄乘客資料，使消費者使用該服務之安全性提升，有助於提升經濟利益及消費者利益等整體經濟利益。

貳、申報案件附款類型及未履行附款之處分

公平會於審查結合申報案件時，可能對其決定所附加之條件或負擔，依據「公平交易委員會對於結合申報案件之處理原則」（下稱「結合申報處理原則」）第14項規定，有「結構面之矯正措施」（structural remedies）以及「行為面之矯正措施」（behavioral remedies）二種。藉由上開二種矯正措施，公平會希望得消除因結合所可能造成之限制競爭疑慮，並確保整體經濟利益大於限制競爭之不利益。

其中有關「結構面之矯正措施」（structural remedies），通常係對結合事業要求為結構上或組織上之改變，例如：要求參

與結合事業採取處分所持有之股份或資產、轉讓部分營業或免除擔任職務（例如董事、監察人）等措施。另一方面，「行為面之矯正措施」（behavioral remedies）主要係對參與結合事業之營業或將來行為為相當之限制或監督，例如：要求參與結合事業持續供應關鍵性設施或投入要素予其他非參與結合事業、授權非參與結合事業使用其智慧財產權、不得為獨家交易，或不得為差別待遇或搭售等措施。但除上述結合申報處理原則所列措施外，公平會亦得視情況附加其他合適之條件或負擔，並不以上開措施為限。

以上開台灣大車隊股份有限公司與其他計程車客運申報事業結合決定案為例，公平會對其決定所附加者則為「行為面之矯正措施」：

（一）參與結合事業不得以不公平之方法，直接或間接阻礙他事業參與競爭，或為其他濫用市場地位之行為。

（二）參與結合事業應確保至使用契約書屆滿前，不得無正當理由對參加派遣服務之計程車駕駛人給予差別待遇。

（三）參與結合事業對於計程車派遣服務收取之月租費、派遣費、通訊費等服務費用組合之價格，應確保至「標的使用契約書」屆滿前有不高於申報結合時價格之選項與種類。

至於未履行附款之處分，依公平交易法第39條第1項規定[9]，於公平會附加負擔之決定後，倘若參與結合之事業未依決定履行負擔，公平會得視結合案件之情形，為禁止其結合、限期令其分設事業、處分全部或部分股份、轉讓部分營業、免除擔任職務或為其他必要之處分，並得就違反之事業處以罰鍰。

---

[9]　公平交易法第39條第1項規定：「事業違反第11條第1項、第7項規定而為結合，或申報後經主管機關禁止其結合而為結合，或未履行第13條第2項對於結合所附加之負擔者，主管機關得禁止其結合、限期令其分設事業、處分全部或部分股份、轉讓部分營業、免除擔任職務或為其他必要之處分，並得處新台幣20萬元以上5000萬元以下罰鍰。」

參、其他案例說明

以下謹說明部分公平會近年來就其決定附加條件或負擔之案件：

一、LG Electronics, Inc.等4家事業共同經營One-Red, LLC 結合申報決定案[10]

（一）結合內容

LG Electronics, Inc.擬由其他三家事業[11]各自取得One-Red, LLC 8.33%股權，結合後將各取得One-Red, LLC四分之一股權，且共同經營該公司並組成專利聯盟，由One-Red, LLC擔任製造向下相容之DVD產品所需之必要專利之授權公司[12]。

因上開情形符合公平交易法第10條第1項第4款（當時公平交易法第6條第1項第4款）之結合態樣，且參與結合事業符合第11條第1項第3款之申報門檻[13]，申報人遂對公平會提出結合申報；公平會並於民國102年1月23日決議通過，並提出5項附加條件，准予參與結合事業組專利聯盟。

---

[10] 公平交易委員會公結字第102002號結合案件決定書（中華民國102年1月24日）。

[11] 即Pioneer Corporation、Koninklijke Philips Electronics N.V.與Sony Corporation。

[12] 本結合之產品市場為含DVD在內相關光儲存媒體之產品市場、技術市場及創新市場，地理市場則為台灣。

[13] 公平交易法第11條第1項第3款規定：「事業結合時，有下列情形之一者，應先向主管機關提出申報：……三、參與結合之事業，其上一會計年度銷售金額，超過主管機關所公告之金額。」

（二）整體經濟利益與限制競爭不利益間之評估

關於本案，公平會認為四家參與結合事業（即申報人）本身擁有製造DVD產品所需專利技術，亦實際從事DVD產品之生產。依案關專利聯盟相關契約顯示，該專利聯盟將只包含經獨立專利專家定期審核之必要性、互補性專利及有效專利，且該聯盟非屬封閉性專利聯盟，須對所有必要專利持有人開放；另所有參與本聯盟之授權人必須以合理無差別待遇之條件對要求單獨授權之被授權人個別進行授權；並訂有相關條款禁止授權人揭露機密資訊，避免聯盟成員共謀之可能性，亦有避免授權人取得被授權人在出貨前申請批次授權時所提交資訊之條款。另外，該聯盟回饋授權之範圍僅限必要專利，且允許回饋授權之授權人能獨自授權其專利，避免因回饋授權而降低被授權人之研發誘因。專利聯盟相關契約中亦無任何條款阻止授權人使用競爭技術、開發競爭性標準或產品。因此，公平會認為專利聯盟之授權行為及結合後公司之經營行為尚無限制競爭效果。

另一方面，公平會認為若禁止本結合，我國DVD產品製造商須逐一向各專利持有人進行授權協商，造成之交易成本及加總之權利金，預期將比經由One-Red, LLC取得授權為高，故透過專利聯盟進行DVD必要專利之授權，可預期將使國內製造廠商容易取得必要專利之授權，降低交易成本，並避免侵權及訴訟風險，使其更容易為消費者利益而互相競爭。另參與結合事業本身亦從事DVD產品之製造與銷售，專利聯盟增加使用授權人必要專利之機會，應可增進下游市場競爭，且不使授權人取得成本資料等敏感資訊，亦防止敏感資訊在授權人間相互交換，不致對上下游垂直競爭形成不利影響。

因此，公平會認為本結合案有助於降低我國事業取得授權之交易成本，對整體經濟利益大於限制競爭不利益。但為避免申報人有利用專利聯盟進行限制競爭行為，公平會仍以附加行為管制

之前提下，不禁止參與結合事業所進行之結合。

（三）不禁止結合之附加附款

關於本案，公平會委員會議決議依公平交易法規定附加負擔不禁止結合，以確保整體經濟利益。公平會所附加之負擔如下：

1. 申報人不得針對DVD產品有價格或產量之限制協議、交換重要交易資訊等聯合行為。

2. 申報人與One-Red, LLC不得限制被授權人技術使用範圍、交易對象及產品價格。

3. 申報人與One-Red, LLC不得限制被授權人爭執經授權之專利之必要性及有效性。

4. 申報人與One-Red, LLC不得限制被授權人於授權期間或期滿後研發、製造、使用、銷售競爭商品或採用競爭技術。

5. 申報人與One-Red, LLC不得拒絕提供被授權人有關授權專利之內容、範圍或專利有效期限等。

依上述，公平會就本案決定所附加者均為規範或限制結合事業競爭行為之「行為面之矯正措施」（behavioral remedies）。

二、中華電信等6家事業[14]合資設立新事業經營信託服務管理（Trusted Service Management, TSM）平台結合申報決定案[15]

（一）結合內容

為推動國內NFC手機應用服務發展，本案申報人擬合資設

---

[14] 即中華電信股份有限公司、台灣大哥大股份有限公司、亞太電信股份有限公司、威寶電信股份有限公司、悠遊卡投資控股股份有限公司及遠傳電信股份有限公司。

[15] 公平交易委員會公結字第102001號結合案件決定書（中華民國102年1月23日）。

立新設事業經營信託服務管理（Trusted Service Management, TSM）平台及提供認證管理服務[16]，扮演第三方信託營運角色，接受銀行、智慧票卡等業者委託營運NFC手機整合應用服務，讓NFC手機未來可整合信用卡、智慧卡、票證功能，以感應方式刷卡購物、搭乘大眾交通工具。上開情形因符合公平交易法第10條第1項第4款（當時公平交易法第6條第1項第4款）之結合態樣，且參與結合事業符合第11條第1項第2款之申報門檻，申報人遂向公平會提出結合申報。但因參與結合之五家電信公司在行動電信市場有高達99%之市場占有率，未來可能影響行動支付市場之公平競爭，故公平會以附加限制條件方式不禁止結合。

（二）整體經濟利益與限制競爭不利益間之評估

公平會認為：

1. 本案有助於終端載具及應用之創新研發，降低系統設備建置與整合成本，減少無效率之浪費，進而產生規模經濟及網路效應之正面經濟利益，並促進國內不同產業或相同產業間之合作與競爭，使相關業者提供更優質多元之服務內容，除對消費者具正面意義外，並可提升國際競爭力。另此新興交易模式，可提高消費便利性及交易效率，預計可帶動國內消費市場及國內經濟成長等整體經濟利益。

2. 電信業尚屬高度管制行業，行動通信服務費率受國家通訊傳播委員會管制，且參與結合事業經營新設事業預期所獲收入與原經營之電信業收入差距甚大，尚難因本結合案而產生單方效

---

[16] 本結合案之產品市場為參與結合事業主要營業之行動通信服務市場、交通電子票證市場；以及合資新設事業所經營之行動支付平台市場，及其上游市場安全元件發行市場，下游市場小額支付工具市場。地理市場部分，有關本結合案行動通信服務、小額支付工具、交通電子票證及行動支付平台之地理市場應界定為全國，至於安全元件發行之地理市場最小為全國，最大則可擴大至全球。

果、共同效果等水平結合之限制競爭疑慮。

3. 本案結合後，因先驅者優勢及規模經濟與網路效應下，長期而言，或將形成獨占或寡占之市場結構，而不排除新事業於行動支付平台市場有濫用市場力量之可能性。惟行動支付平台市場尚無法令及資本之進入障礙，及考量近距離無線通訊（NFC）技術與產業特性，新設事業仍須面臨強大競爭。縱新設事業未來如有較高市場占有率，並不表示新設事業必然擁有市場控制力。

4. 但在安全元件發行市場、小額支付工具市場、交通電子票證市場與行動支付平台市場之垂直結合下，則不排除發生新設事業或參與結合事業有不當差別待遇之行為，或以損害特定事業為目的，共同抵制或杯葛等限制競爭或妨礙公平競爭之虞行為，或阻礙其他行動支付平台業者在行動裝置上實現行動支付之可能性等閉鎖效果，從而產生限制競爭疑慮。

（三）不禁止結合之附加附款

鑒於過去行動通信業者曾有單獨發展行動支付應用服務之先導試驗，惟均因市場規模無法擴大而終告失敗之經驗，復參酌國外行動支付平台發展經驗亦多有電信事業合作共同成立行動支付平台之前例，且國外競爭主管機關經評估市場相關因素後亦尚無認有限制競爭不利益大於整體經濟利益情事，又本案或有可能產生之限制競爭或不公平競爭疑慮，實得透過附加結構及行為管制之必要負擔，公平會針對本案附加下列矯正措施，以期透過附加結構及行為管制之必要負擔，消弭目前可能產生之限制競爭不利益，並不禁止其結合：

1. 行為面矯正措施

（1）新設事業及參與結合事業無正當理由，不得拒絕參與結合事業之水平競爭者（包含行動通信及電子票證業者）自由進

入或退出（即持有、取得或處分股份）新設事業。新設事業及參
與結合事業當基於資本投資之開放、自由原則，依法對外募股，
募集對象包括但不限於參與結合事業之水平競爭者。

（2）新設事業不得經營或提供 融專屬相關業務或服務。
但先報送公平會評估整體經濟利益大於限制競爭之不利益，並經
公平會書面同意者，不在此限。

（3）無正當理由，新設事業及參與結合事業不得拒絕其他
行動支付平台互連及介接之要求，亦不得阻礙其他行動支付平台
在行動裝置上實現行動支付之可能性。

（4）新設事業無正當理由，不得在服務供應商及安全元件
發行者之服務條件上，給予參與結合事業（包含其關係企業）特
別優惠。

（5）新設事業無正當理由，不得對服務供應商及安全元件
發行者，為差別待遇之行為。

（6）新設事業及參與結合事業不得以損害特定事業為目
的，而有共同抵制或杯葛等限制競爭或妨礙公平競爭之虞行為。

（7）新設事業應於信託服務管理平台正式服務2個月前，
提供公平會經營信託服務管理平台業務之辦法（包含但不限於與
服務供應商及安全元件發行者間合作業務具體內容），並於相關
辦法實施前上網公告。

（8）新設事業應於信託服務管理平台正式服務2個月前，
提供公平會符合相關法令規定有關實施個人及交易資料保護之辦
法，並於相關辦法實施前上網公告。

（9）新設事業應於設立後5年內，於每年3月底前提供公平
會下列相關資訊：股東名冊、上一年度營業額、合作之服務供應
商家數與名稱、經營信託服務管理平台業務之辦法、非申報書內
記載之新增業務項目。

2. 結構面矯正措施

（1）新設事業設立4年後，參與結合之電信事業（包含其關係企業）持有或取得新設事業之股份或出資額，合計不得超過新設事業有表決權股份或資本總額之二分之一。

（2）新設事業設立4年後，參與結合之悠遊卡投資控股股份有限公司（包含其關係企業），持有或取得新設事業之股份或出資額，不得超過新設事業有表決權股份或資本總額十分之一。

就本案，公平會除附加「行為面之矯正措施」（behavioral remedies）（例如不得給予特別優惠，或為共同抵制或杯葛等限制競爭或妨礙公平競爭之虞行為）外，並就電信業者及悠遊卡投資控股股份有限公司對新設事業之股權比例作一定之限制。

三、旺中寬頻媒體股份有限公司結合申報決定案[17]

（一）結合內容

在台灣，有線電視版圖一直處於市場競爭非常激烈之狀態。先前旺中寬頻媒體股份有限公司（下稱「旺中寬頻媒體」）擬透過持有安順開發股份有限公司（下稱「安順開發」）及博康開發股份有限公司（下稱「博康開發」）之全部普通股股份，從而控制安順開發、博康開發及其從屬公司（含中嘉網路股份有限公司等11家有線電視系統經營者）之財務、業務經營及人事任免[18]。

---

[17] 公平交易委員會公結字第100003號結合案件決定書（中華民國100年4月29日）。

[18] 本結合之產品市場為有線廣播電視系統服務市場、衛星廣播電視節目供應市場、無店面零售之電子購物，及郵購業市場；地理市場部分，關於有線廣播電視系統服務，為主管機關所劃分之各該「有線廣播電視系統經營區域」、衛星廣播電視節目供應服務及無店面零售之電子購物及郵購業，則以我國境內為地理市場。

因上開情形符合公平交易法第10條第1項第2款及第5款（當時公平交易法第6條第1項第2款及第5款）之結合態樣，且參與結合事業符合第11條第1項第2款之申報門檻，申報人遂向公平會提出結合申報。公平會以附加11項負擔之方式有條件通過本件結合案，其中包括限制購物台頻道數、禁止股東交叉經營等。

（二）整體經濟利益與限制競爭不利益間之評估

1. 公平會認為，本案涉及水平、垂直及多角化結合等多種結合型態。在結構面上，參與結合事業所控制之有線電視系統經營者總收視戶數尚未逾越市場總收視戶比例三分之一；參與結合事業所供應之頻道節目數，亦尚未逾越有線電視系統經營者可利用頻道數四分之一等顯著限制競爭不利益情事[19]。

2. 但公平會認為這項結合對有線廣播電視系統服務市場、衛星廣播電視節目供應市場及無店面零售之電子購物，以及郵購業市場仍有部分限制競爭之疑慮，考量未來有線廣播電視法修法後，將以直轄市、縣（市）為最小經營區域，參與結合之部分有

---

[19] 「公平交易委員會對於有線電視相關事業之規範說明」第5點第2項規定，「有線電視相關事業之垂直結合，如參與結合之一事業具有控制或從屬關係之有線廣播電視系統經營者及有線電視節目播送系統，其訂戶數於結合前合計已超過全國總訂戶數四分之一而未滿三分之一時，公平會認具有顯著限制競爭疑慮，於審酌整體經濟之利益時，將著重考量下列因素：（一）結合是否促進有線電視數位化發展。（二）結合是否有助於節目內容多元化。（三）結合是否有助於跨平台產業之競爭。（四）結合是否促進數位匯流發展與競爭。（五）結合是否提供消費者多元選擇。」
「公平交易委員會對於有線電視相關事業之規範說明」第5點第3項規定，「有線電視相關事業之垂直結合有下列情形者，該結合之限制競爭不利益明顯大於整體經濟利益：（一）參與結合之有線電視頻道供應者及其控制或從屬關係之事業，其頻道節目數合計超過可利用頻道之四分之一。（二）參與結合之事業及其具有控制或從屬關係之有線廣播電視系統經營者及有線電視節目播送系統，其訂戶數合計超過全國總訂戶數三分之一。」

線電視系統與申報人上層股東在同一行政區域，未來彼此將具有潛在之競爭關係，如果透過股東權利之行使，進而獲知申報人所屬之有線電視系統經營動態及競爭策略，不排除會導致類似共同效果或事業平行行為之可能性。

3. 另一方面，參與結合事業如濫用在有線廣播電視系統服務市場及衛星廣播電視節目供應市場之優勢地位，透過不當拒絕交易、差別待遇或與非參與結合事業共同杯葛等手段，將影響有線廣播電視系統服務市場及衛星廣播電視節目供應市場交易秩序。

4. 同時，公平會並考量參與結合事業、東森國際、森森百貨、聯維及新永安間之持股關係與董監事派任情形，經營 U Life 電視購物業務之森森百貨與參與結合事業之關係密切，如旺中寬頻媒體或其控制從屬公司利用相對市場優勢地位，對其他電視購物業者要租用有線電視系統之廣告專用頻道，有不當拒絕交易、差別待遇或共同杯葛等情事時，將有足使其他電視購物業者主要營收減少，進而被迫退出市場之限制競爭疑慮。

（三）不禁止結合之附加附款

公平會經考量現有法令管制架構、未來有線廣播電視及衛星廣播電視市場發展趨勢、相關市場結構與競爭、產官學各界意見、技術發展及維持未來數位匯流後市場競爭性等因素後，認為本件結合對整體經濟利益大於限制競爭不利益，因而依公平交易法規定不禁止結合，但仍附加如下11項負擔：

1. 行為面矯正措施

（1）參與結合事業及其控制與從屬公司除現有自製、代理之類比衛星廣播電視頻道節目外，未經公平會同意，不得再增加其他自製、代理之類比衛星廣播電視頻道節目。

（2）參與結合事業及其控制與從屬公司未經公平會同意，不得自製或代理電視購物廣告節目。

（3）參與結合事業及其控制與從屬公司自製、代理之衛星廣播電視頻道節目，不得無正當理由拒絕授權予其他有線電視系統經營者、直播衛星廣播電視服務經營者、多媒體內容傳輸服務經營者，或其他具競爭關係之有線或無線網路傳輸訊號之頻道服務提供者，或為其他差別待遇之行為。

（4）參與結合事業及其控制與從屬公司自製、代理之衛星廣播電視頻道節目，不得無正當理由以不同價格或價格以外之條件授權予其他有線電視系統經營者、直播衛星廣播電視服務經營者、多媒體內容傳輸服務經營者，或其他具競爭關係之有線或無線網路傳輸訊號之頻道服務提供者。

（5）參與結合事業及其控制與從屬公司就廣告專用頻道與廣告業者或電視購物業者合作播送商品廣告或電視購物廣告節目，不得為無正當理由拒絕交易、差別待遇，或與非參與結合事業共同杯葛廣告業者或電視購物業者。

（6）參與結合事業及其控制與從屬公司應於結合實施後次日起，履行例如「積極完成有線電視數位化及有線電視系統網路之雙向化建設，以增進消費者收視節目選擇之自由」、「積極提供多元數位服務選擇，保障低收入戶之數位媒體近用權，並以優惠價格提供低收入戶收視數位頻道節目」等有益於整體經濟利益之事項。

（7）申報人應於結合實施後次日起5年內，於每年7月1日前，提供例如「參與結合事業及其控制與從屬公司自製、代理銷售之衛星廣播電視頻道節目之名稱及代理契約書」等資料予公平會。

（8）申報人於結合實施後次日起5年內，參與結合事業及其控制與從屬公司之董事、監察人、經理人及公司章程變更異動時，應送交公平會。

2. 結構面矯正措施

（1）參與結合事業及其控制與從屬公司未經公平會同意，其董事、監察人或經理人不得擔任東森國際、中天電視、聯維有線電視、新永安有線電視及寶福有線電視之董事、監察人或經理人；亦不得由該等企業之董事、監察人或經理人擔任參與結合事業及其控制與從屬公司之董事、監察人或經理人。

（2）參與結合事業及其控制與從屬公司之董事、監察人或經理人未經公平會同意，不得擔任參與結合事業以外之其他有線電視系統經營者及其控制與從屬公司之董事、監察人或經理人。

（3）申報人及其控制與從屬公司，於其股東未來轉讓持股時，須盡力促成該等股份優先轉讓予原股東，或以其他方式買回該等股份，以維持股權結構單純化。

本結合案雖通過公平會審核，但因涉及媒體合併可能引發之媒體專業自主、言論集中化、資金來源等問題，尚須經國家傳播通訊委員會（NCC）、經濟部投資審議委員會等其他單位進行評估並通過審查後，始得為之。

肆、小結

當公平會審查結合申報案件時，如認為該結合行為可能會對市場競爭造成不利益，即得以結合矯正措施（Merger Remedies）為條件或負擔，確保該結合對整體經濟利益大於限制競爭之不利益，進而有效地維持或回復相關市場競爭。但該結合矯正措施應為必要的、明確的、可執行、有效的，且應可在一定期間內獲得所欲達到之監督或控制效益。因此，於確認結合行為應加諸結合矯正措施之必要性後，何種條件或負擔應被附加（例如應附加行為面或結構面矯正措施，或二者應併存），即應視各個

結合行爲對其相關市場競爭所可能造成之影響而定。倘若附加矯
正措施無法有效修正結合行爲對市場競爭所造成之影響時,且二
者相衡下又認爲限制競爭之不利益恐大於整體經濟利益,則該結
合即可能被公平會所禁止。相對地,若公平會所加諸之條件或負
擔,已影響參與結合事業結合行爲之實際經濟效益時,則參與結
合事業亦可能決定不進行該結合,以致影響相關產業之發展及消
費者權益,亦非衆所樂見之結果。是以,如何於必要時,附加一
可以維持市場競爭、手段與期間適當、符合經濟成本效益,且不
致影響結合經濟效益之矯正措施,實爲一值得深究及探討之大課
題。

15

淺談贈品金額限制

萬國法律事務所助理合夥律師　陳幼宜

壹、前言

　　光輝十月通常為各大百貨公司週年慶大戰登場之時點，各家百貨公司無不以滿千送百、消費滿額送、卡友回饋等誘人優惠，甚至有業者祭出送百萬名車或小豪宅住宿權等超級大獎，吸引消費大眾前往消費。然2013年5月23日[1]，公平交易委員會（以下簡稱「公平會」）就台北金融大樓股份有限公司（以下簡稱「台北101」）舉辦之抽獎活動，以「……系爭抽獎活動之最大獎項，藉由上揭廣告文宣明確宣示與傳達，已對交易相對人具招徠效果且易形成誘因，致影響交易相對人判斷是否交易之決定及有競爭關係事業之交易機會……」以及「……以當日單筆消費達新台幣3,000元作為參加最大獎項之抽獎資格，消費愈多，得獎機會愈高，此交易條件確有可能造成其他競爭者之交易相對人為取得抽獎機會，轉而與其交易之效果……」等理由，對台北101開罰新台幣10萬元。

　　據報載[2]，受上開公平會處分之影響，各家百貨業者之贈品均大幅縮水，有些則未推出抽獎大禮。雖公平會係好意希望廠商能將行銷主力放在商品及服務上，不應該用不合理之高價贈品來吸引民眾消費，故以妨礙公平競爭為由，開罰台北101，惟大部分消費者，可能由於百貨抽獎均大幅縮水，似乎不領情而認為政府管太多。

---

[1]　公平交易委員會2013年5月23日公處字第102066號處分書。

[2]　http://tw.news.yahoo.com/%E9%80%B1%E5%B9%B4%E6%85%B6%E7%8D%8E%E5%93%81%E5%A4%AA%E9%AB%98%E5%83%B9-%E5%8F%B0%E5%8C%97101%E8%A2%AB%E5%85%AC%E5%B9%B3%E6%9C%83%E8%A3%81%E7%BD%B0-104312172.html.

貳、公平會相關規定及函釋

　　針對不當贈品贈獎行為是否違反公平交易法乙事，公平會曾於1992年8月6日[3]表示：「公平交易法原則下並不禁止提供贈品之促銷行為，惟如贈品內容已達到『利誘』之程度而有妨礙公平競爭之虞，則涉嫌違反公平交易法第19條第3款『以脅迫、利誘或其他不正當之方法，使競爭者之交易相對人與自己交易之行為。』[4]之規定。所謂『利誘』，前經本會81年4月29日第28次委員會議決議：係指事業不以品質、價格及服務爭取顧客，而利用顧客之射倖、暴利心理，以利益影響顧客對商品或服務為正常之選擇，從而誘使顧客與自己交易行為……」

　　嗣後，鑒於國內產業界舉辦抽獎、贈獎促銷活動日益頻繁，且贈獎金額不斷提高，導致市場上同業間相互跟進負擔沈重，且如提供之利益超過一定程度時，交易相對人可能主要是基於該鉅額利益之考量始與業者從事交易，而非商品或服務本身之品質、價格等因素，影響市場競爭秩序。於是公平會於2015年修正公布公平交易法第23條規定，並依該條第2項規定授權訂定「事業提供贈品贈獎額度辦法」（以下簡稱「贈品辦法」），希冀藉以訂定明確規範，以供業界導循。

　　關於何謂「贈品」及「贈獎」，贈品辦法第2條規定，「贈品」係指事業為爭取交易之機會，以附隨、無償之方式，所提供具市場價值之商品或服務，而「贈獎」係指事業為爭取交易之機會，於商品或服務之外，依抽籤或其他射倖之方式，所無償提供獎金或具市場價值之商品或服務。但因事業為爭取交易之機會

---

[3]　（81）公參字第01422號函。

[4]　公平交易法第19條第3款之禁制規定已移列至第23條：「事業不得以不當提供贈品、贈獎之方法，爭取交易之機會。前項贈品、贈獎之範圍、不當提供之額度及其他相關事項之辦法，由主管機關定之。」

所提供贈品、贈獎類型繁多，故贈品辦法第3條以負面表列之方式，明文將不屬於「贈品」及「贈獎」之範圍排除在外。

　　另贈品辦法第4條規定，商品或服務價值在新台幣100元以上者，贈品價值上限為商品或服務價值之二分之一；商品或服務價值在新台幣100元以下者，贈品價值上限則為新台幣50元。而有關贈獎總額之上限，贈品辦法第5條係以事業上一會計年度之銷售金額為分界，其規定如下：「事業辦理贈獎，其全年贈獎總額之上限如下：（一）上一會計年度之銷售金額在新台幣30億元以上者，為新台幣6億元。（二）上一會計年度之銷售金額超過新台幣7億5仟萬元，未滿新台幣30億元者，為銷售金額的五分之一。（三）上一會計年度之銷售金額在新台幣7億5仟萬元以下者，為新台幣1億5仟萬元。」至於最大獎項之金額，贈品辦法第6條則明訂：「事業辦理贈獎，其最大獎項之金額，不得超過新台幣500萬元。」

　　違反公平交易法第23條規定之事業，公平交易委員會得限期令停止、改正其行為或採取必要更正措施，並得處新台幣5萬元以上2,500萬元以下罰鍰；屆期仍不停止、改正其行為或未採取必要更正措施者，得繼續限期令停止、改正其行為或採取必要更正措施，並按次處新台幣10萬元以上5,000萬元以下罰鍰，至停止、改正其行為或採取必要更正措施為止（公平交易法第42條）。

參、特定產品與產業之贈品（贈獎）金額限制

一、酒類產品

　　目前市面上，尤其是夏天，常見一些美式餐廳、大賣場，甚至便利商店針對酒類產品進行促銷活動。然為了落實菸酒管理

法第37條第2款規定所稱酒類產品爲促銷時「不得鼓勵或提倡飲酒」，財政部於2003年針對酒類促銷活動之贈品或贈獎金額上限爲相關規範[5]。違反相關規範者，依菸酒管理法第53條規定，得處新台幣10萬元以上50萬元以下罰鍰。

有關酒類產品促銷之金額限制，主要係規定於第2點及第4點。該規定第2點表示：「二、酒類爲廣告促銷時，贈送贈品之金額不得超過當次酒品交易金額之三分之一，且最高金額不得超過新台幣一千元。贈品之金額原則上係以業者提供之『取得成本』作爲認定依據。」

此外，該規定第4點，分別就事業辦理酒品贈獎之「全年贈獎總額」與「個別贈獎活動獎額」訂定上限，惟相關上限均遠低於贈品辦法之規定：

「（一）『全年贈獎總額』之上限依上一會計年度之銷售金額分成三個級距如下：

1. 上一會計年度之銷售金額在新台幣10億元以上者，爲新台幣5千萬元。

2. 上一會計年度之銷售金額超過新台幣2億5千萬元，未滿新台幣10億元者，爲銷售金額百分之五。

3. 上一會計年度之銷售金額在新台幣2億5千萬元以下者，爲新台幣1250萬元。

（二）『個別贈獎活動獎額』，不得超過新台幣10萬元。」

二、金融業

至於銀行業部分，中華民國銀行公會會員自律公約[6]（以下

---

[5]　財政部2003年11月21日台財庫字第0920063501號令。

[6]　中華民國1994年1月11日財政部（83）台財融字第822267556號函核定。

簡稱「自律規範」）則於第18條第1項就贈品與贈獎為相關規
定，

> 「會員舉辦贈品或贈獎活動時，應注意下列各款規定：
>
> 一、應注意遵循銀行法第34條規定。
>
> 二、應按業務類別，分別適用各該業務法令規定，注意辦理
> 各該業務提供贈品、贈獎之限制。
>
> 三、為維持合理競爭秩序，會員舉辦贈品或贈獎活動應注意
> 避免流於浮濫。
>
> 四、應依誠實信用及充分揭露原則辦理，並就活動內容及條
> 件，善盡告知義務。
>
> 五、應依銷售金額或客群貢獻度等訂定合理之贈品或贈獎價
> 額，並注意遵循『公平交易委員會對於贈品贈獎促銷額度案件之
> 處理原則』[7]相關規定。
>
> 六、金融性產品不宜作為贈品或贈獎活動之標的。
>
> 七、因舉辦贈品或贈獎活動而取得個人資料時，應注意遵循
> 『個人資料保護法』相關規定。」

另自律規範第18條第2項並定義「贈品」為附隨商品交易或
服務之行為，客戶必定可獲得本商品或服務以外之物品或服務；
而「贈獎」則係指附隨商品交易或服務之行為，客戶因機會中獎
或達一定門檻，始能取得本商品或服務以外之物品或服務。

至於其他金融產業，「信託業營運範圍受益權轉讓限制風
險揭露及行銷訂約管理辦法」（「信託業就其公司形象或所從事
之信託業務為廣告、業務招攬及營業促銷活動時，除法令另有規
定外，應……不得提供贈品或以其他利益招攬業務。但在主管
機關核定範圍內，不在此限。」）[8]「期貨信託事業管理規則」

---

[7] 已由2015年依公平交易法第23條訂定之「事業提供贈品贈獎額度辦法」取代。

[8] 信託業營運範圍受益權轉讓限制風險揭露及行銷訂約管理辦法第20條第1項第2
款。

（「期貨信託事業爲廣告、公開說明會及其他營業促銷活動時，不得有下列行爲……提供贈品或以其他利益勸誘他人購買受益憑證。但主管機關另有規定者，不在此限。」）[9]「期貨信託基金管理辦法」（「期貨信託事業對不特定人爲廣告、公開說明會及其他營業促銷活動時，不得有下列行爲……提供贈品或以其他利益勸誘他人購買受益憑證。但主管機關另有規定者，不在此限。」）[10]及「證券投資信託事業管理規則」（「證券投資信託事業爲廣告、公開說明會及其他營業促銷活動時，不得有下列行爲……提供贈品或以其他利益勸誘他人購買受益憑證。但本會另有規定者，不在此限。」）[11]等則分別規定，除法令另有規定外，相關產業爲廣告、業務招攬及營業促銷活動時，均不得提供贈品或以其他利益招攬業務。

肆、公平會相關處分

　　案例一[12]：台北101於2012年經檢舉其舉辦之GLAMOUR 101抽獎活動（以下簡稱「系爭抽獎活動」），最大獎項爲Audi A6 Hybrid汽車一輛，其價值根據Audi公布的售價爲新台幣289萬元，被公平會認定違反而處以新台幣10萬元罰鍰。

　　本案中，公平會以「……系爭抽獎活動之最大獎項，藉由上揭廣告文宣明確宣示與傳達，已對交易相對人具招徠效果且易形成誘因，致影響交易相對人判斷是否交易之決定及有競爭關係事業之交易機會……並以當日單筆消費達新台幣3,000元作爲參加

---

[9]　期貨信託事業管理規則第32條第1項第3款。

[10]　期貨信託基金管理辦法第23條第1項第3款。

[11]　證券投資信託事業管理規則第22條第1項第3款。

[12]　同註1。

最大獎項之抽獎資格，消費愈多，得獎機會愈高，此交易條件確有可能造成其他競爭者之交易相對人為取得抽獎機會，轉而與其交易之效果。上開行為非屬事業以較有利之價格、數量、品質、服務或其他條件爭取交易機會，顯悖於公平交易法第4條所揭櫫之效能競爭精神……又被處分人為國內頗具盛名之地標建築物，以高額贈獎之抽獎方式，誘發交易相對人之投機射倖心理，藉以影響交易相對人對商品或服務之正常選擇，進而爭取交易機會，此種競爭手段有違商業倫理與效能競爭，並足使其他有競爭關係事業喪失公平交易機會之虞，致對競爭秩序產生不良影響，而有限制競爭或妨礙公平競爭之虞」等理由，認為台北101已違反公平交易法第19條第3款規定[13]。

雖台北101以該獎項係以其場地租金與台灣奧迪公司互易而來，且於規劃活動時該車型並未上市，故並不知價格，表示並非故意違法，惟公平會表示於規劃舉辦系爭抽獎活動時，該最大獎項雖尚未上市，但台北101應可事先藉由查詢其他已上市之車系價格以避免有違法情事。此外，雖台北101聲稱於週年慶期間營業額目標達成率較同業為低，舉辦系爭抽獎活動並未使其營業額高於同業，惟公平會表示，營業額目標未達或較低，並不影響舉辦系爭抽獎活動對市場競爭之影響，而仍認定其違法。

案例二[14]：某電訊業者推出「辦光纖送有線電視」促銷方案（即凡申辦「15M/4M」或「30M/8M」速率之光纖寬頻上網服務1個月，即送有線電視服務1個月，申辦「15M/4M」或「30M/8M」速率之光纖寬頻上網服務2個月，即送有線電視服務2個月，以此類推），公平會認為贈品價值已逾服務價值之二分之一，認定為以不當提供贈品之方法爭取交易機會之行為，違反公平交易法第23條規定，而處以新台幣5萬元罰鍰。

---

[13] 同註4。

[14] 公平交易委員會2015年5月19日公處字第104036號處分書。

本案中，公平會以「……系爭方案之贈品價值已超過服務價值之二分之一，逾越『贈品贈獎額度辦法』第4條規定之上限，被處分人藉前開贈品方式影響交易相對人對服務之正常選擇，進而爭取交易機會，此種競爭手段有違商業倫理與效能競爭，並足使其他有競爭關係事業喪失公平交易機會，致對競爭秩序產生不良影響，而有妨礙公平競爭之虞」等理由，認為該電訊業者已構成公平交易法第23條規定之違反。

雖然該電訊業者以申辦用戶不會再享有特別有季繳、半年繳、年繳之優惠，且該系爭方案贈送之有線電視服務為分組付費B組頻道，故該方案僅限可播放分組付費B組頻道之地區申辦等理由抗辯，但公平會認為有線電視B組頻道服務符合「贈品贈獎額度辦法」所規範之「贈品」定義，且經查用戶倘申辦「15M/4M」速率3個月至1年，贈品價值約為服務價值之54%至71%，用戶倘申辦「30M/8M」速率4個月至1年，贈品價值約為服務價值之53%至63%，前開兩種速率之贈品價值均已逾服務價值之二分之一。另用戶倘申辦2年，「15M/4M」及「30M/8M」兩種速率之贈品價值約為服務價值之75%及66%，贈品價值亦已逾服務價值之二分之一，因而認定其係以不當提供贈品之方法爭取交易機會之行為，已違反公平交易法第23條規定。

伍、小結

往年之百貨大戰，消費大眾最期待者莫過於各家百貨公司所推出之限定優惠商品、消費滿額送、信用卡公司卡友回饋等促銷以及豐富抽獎活動，惟公平會為避免各百貨公司僅以獎項吸引客戶，而非以服務或商品爭取客戶，2013年首次對獎項金額逾處理原則之事業開罰。想當然爾，各百貨公司為避免受罰，最大獎項均亦多大幅縮水。雖公平會一片好意，但民眾似乎不領情，認

為反正百貨公司商品大同小異，僅提供之促銷活動或限定商品稍有不同，故週年慶大戰期間，當然就以誰家提供之贈品吸引人就往哪裡消費。惟考量這種各家百貨公司僅相互比較贈品大小，而恐忽略服務及商品品質等其他競爭之重要因素，實對其他欲進入相關市場或原本市場規模即較小之競爭者不利，相對地，若因此導致該等市場競爭者選擇不進入或甚至退出市場，消費大眾並將少了其他消費選擇之機會，到最後真正受不利益者，當然會是消費大眾本身。

　　因此，雖然以身為消費者之立場，同意百貨公司週年慶提供之獎品或獎項當然是最大最好，但公平交易法第4條明文規定：「本法所稱競爭，謂二以上事業在市場上以較有利之價格、數量、品質、服務或其他條件爭取交易機會之行為。」另公平交易法所稱「利誘」，即係指事業不以品質、價格及服務爭取交易，而利用顧客射倖、暴利心理，以利益影響顧客對商品或服務之正常選擇，從而誘使顧客與自己交易之行為。是以，雖然事業為爭取交易機會舉辦贈品贈獎活動，為常見之商業競爭行為，但提醒事業於辦理贈品贈獎活動時，宜注意遵守公平會相關規定，以免觸法。

16

公平交易法第22條及第25條有關仿襲產品外觀之實務案例解析

萬國法律事務所助理合夥律師　呂靜怡

壹、前言

　　隨著經營方式的推陳出新，近幾年，市場上每每可見國人的創意巧思。然禍福相倚，隨著創意而來的，卻也是仿襲不斷。如果權利人有將產品外觀申請商標註冊加以保護，得以商標法主張權利較無問題；然若權利人未將產品外觀註冊為商標，則只能視是否構成公平交易法第22條或第25條規定而主張權利。

　　模仿，是人類的天性，也可說是社會進步的原動力，人類終究是透過模仿傳承了幾千年文明。那麼，在法律之前，合法仿襲產品外觀的界線，究竟在哪裡？過去智慧財產法院實務上，雖曾有過零星幾件仿襲產品外觀的案例，但肯認保護的實質見解並不多見，近幾年卻可見許多創新及精闢的見解，殊值參酌。本文擬整理實務上智慧財產法院關於仿襲產品外觀案例就公平交易法第22條（舊法第20條）及第25條（舊法第24條）的適用情形，藉以分析了解此等案件的實務見解及態度。又公平交易法在104年2月修正施行，究竟修正施行前後，對於此等案件之實務態度有何影響？本文將一併討論。

貳、公平交易法於民國104年2月4日修正施行前之相關案例

一、「SUBWAY」潛艇堡餐廳裝潢案，不構成舊公平法第20、24條之違反（智慧財產法院98年度民公上字第1號，判決日98.10.01）

（一）事實

　　原告起訴主張其創設並經營世界知名之「SUBWAY」三明

治速食店加盟連鎖餐廳，被告等卻以SUBBER名稱經營與原告相同之潛艇堡三明治餐廳，且餐廳之內外部裝潢、設計及相關設備擺設皆極度近似原告加盟店外觀，顯然抄襲原告加盟店裝潢設計、外觀等服務表徵，致與原告營業或服務產生混淆，違反（舊）公平交易法第20條第1項第2款及第24條規定行為。

本案一審台北地院96年度重訴字第90號判決原告之訴駁回。二審智慧法院98年度民公上字第1號維持原判，認為不構成舊公平法第20條及第24條之違反，三審最高法院100年度台上字第124號已裁定上訴駁回確定。

（二）判決見解

智慧財產法院98年度民公上字第1號判決主要認定如下：

1. 原告之餐廳裝潢，並非「表徵」，故本案無舊公平法第20條之違反：

「上訴人SUBWAY加盟商裝潢所使用之綠色及黃色組合，為自然界既存普遍之顏色，且該顏色組合並未經上訴人單獨註冊為顏色組合商標，且上訴人不能證明該顏色組合之裝潢為相關事業或消費者所普遍認知具表彰服務來源之功能，故該**綠色及黃色之裝潢並非上開所稱表徵**。其次，上訴人主張被上訴人使用與其相同之三明治點餐看板、麵包陳列盤、餅乾陳列盤、三明治製作餐台、自助式飲料台、陰陽圖案餐桌椅、門口之「OPEN」霓虹燈、自助式飲料台及上訴人自美國進口之垃圾桶，並使用其所設計之磚塊圖案餐廳牆壁及特定顏色、圖案組合地板磁磚之設計及點餐看板部分，**觀之上開物品均為營業慣用之容器、包裝、外觀、或具實用或技術機能之功能性形狀及用途，並非用以表彰服務或來源功能，依前開規定，仍非屬上開所稱表徵。**」

2. 消費者施以一般注意即可發現兩造為不同營業主體，故不能認為被告有故意攀附或高度抄襲之行為，並無舊公平法第

24條之違反：

「惟本件被上訴人所經營之SUBBER加盟店之商標、招牌及部分裝潢與上訴人之加盟店均有不同，普通之消費者於購買時，若施以一般之注意，即可發現其係不同之營業主體，尚不能因此即認被上訴人等有故意攀附上訴人商譽或高度抄襲之情形。……可見被上訴人已明確表示其SUBBER與上訴人經營之SUBWAY並不相同，乃全新之品牌，難謂其有攀附上訴人商譽及知名度之行為。公交會亦認為被上訴人並未違反公平交易法第24條規定。」

二、山羊頭乳液案，構成舊公平法24條之違反（智慧法院99年度民公訴字第6號）

99年度民公訴字第6號		裁判日1000624
權利人商標圖樣	權利人產品[1]	被控侵權產品[2]
註冊第953821號 ADD+		

（一）事實

原告主張其在坊間實體通路發現，被告所製造、販賣之「艾柔保濕舒壓潤膚乳液」、「艾柔橙花美白潤膚乳液」等商

---

[1]　圖片摘自https://tw.buy.yahoo.com/webservice/gdimage.ashx?id=3911591&s=400&t=0&sq=1。

[2]　圖片摘自http://www.momoshop.com.tw/upload/78/70/23/DSC09764.jpg。

品，使用與原告ADD商品完全相同之按壓瓶容器、山羊頭同心圓圈標識。且同心圓圈間之英文標示、瓶蓋封條貼紙之英文文字「THE GOAT IS COMES FROM CHAMPION VARIETY OF THECASH-MERE」、瓶蓋圓形標籤之「SKIN」、「APPROVAL」等文字之內容、編排方式、商品標籤及瓶蓋封條貼紙之配色等識別商品來源之重要特徵，均與ADD商品之外包裝完全相同。且本案業經公平會調查結果認定，縱認ADD商品不合於公平交易法第20條規定之要件，被告仍有違反公平交易法第24條之高度抄襲行為。

（二）判決見解

99年度民公訴字第6號：「……足證被告詠璿公司系爭商品之按壓瓶容器與外包裝標籤，均有高度抄襲原告ADD商品之情事。……被告詠璿公司不進行系爭商品之外觀設計，以作為提升其競爭優勢或地位之方法，反以高度抄襲ADD商品之獨特外型，藉以攀附ADD商品外觀與其廣告效果，從事系爭商品行銷，致交易相對人誤以為系爭商品屬ADD商品同一來源或同系列商品，該高度抄襲行為係榨取原告努力，以求推展系爭商品之顯失公平行為，對ADD商品市場之整體交易秩序與市場占有造成損害，具有商業競爭倫理之可非難性，足以影響公平競爭賴以維繫之交易秩序，核屬違反公平交易法第24條規定，洵堪認定。」

三、營養調理機外觀案，SUPER MUM BL-1200全方位專業營養機，一審認定構成舊公平法第24條之侵害，二審認定不侵權（智慧法院100年度民公上字第1號，裁判日101.11.08）

（一）事實

　　原告主張其調理機擁有80年以上之歷史，並在美國取得立體商標之保護（美國註冊第3261079號、第3261080號），且早於十多年前即進口至台灣販售。詎被告之營養機抄襲原告之調理機的商品外觀，外觀高度近似，不僅完全抄襲模仿原告首創之上方圓形下方四方形飾以四面菱形花紋之容杯之重要商品表徵，其基座造型、操作控制面板、面板上開關及調速鈕之位置均完全相同，且其紙箱包裝圖案亦刻意抄襲原告以蔬果充滿原告前揭容杯及佈滿四周的著名圖案爲相近似的表現方式，實已與原告之調理機混淆，其刻意抄襲原告之調理機之商品外觀，榨取原告之努力成果，實已侵害以品質服務等效能競爭本質之公平競爭。

　　本案原告之設計專利已經失效，原告共分別對三個被告提起三件民事訴訟，除上開案件外，另外尚有小太陽冰沙調理機案（101年度民公上字第2號、100年度民公訴字第4號，一、二審判決皆認定不構成侵權）；及勳風調理機案（99民公上字第4號、98年度民公訴字第3號，然一審判決認定侵權，二審認定不侵權）。惟三件之二審法院結論均認爲縱然二造商品外觀近似，但均已使用了不同的品牌行銷，消費者可以區辨而無混淆之虞，且該外觀並非消費者選購之因素。有趣的是，三個案件中有二個案件，一審原本是認爲侵權，二審才推翻一審見解，認爲不構成侵權。

（二）判決見解

100年度民公上字第1號：「……二者外觀可謂幾近相同，已於前述。惟『商品外觀幾近相同』與『高度抄襲外觀設計』係屬二事，被上訴人仍應提出其他證據證明上訴人確有高度抄襲被上訴人之調理機的外觀設計，而不當榨取被上訴人因其努力成果，不符合商業競爭倫理，始謂足以影響交易秩序之顯失公平行為，不得逕以二者有關容杯及基座的外觀設計極為近似，遽謂上訴人即有足以影響交易秩序之顯失公平之……。因此，被上訴人之調理機與上訴人之系爭營養機，其品牌標示之名稱不同，佐以各自品牌字樣、商標圖樣及文字簡介說明等情，消費者僅須只**要施以普通注意，即可分辨二者之不同，難認消費者有混淆之虞**。此外，消費者購買調理機、營養機之商品，其考慮的項目包含預算、需要的功能、容量等，商品外觀至多僅為其中之一的考量因素。……，欲購買調理機、營養機的消費者對各該產品的馬達轉速、鋼刀、容杯及其杯蓋等材質及功用等多有一定之認識，當能藉由廣告DM或產品簡介輕易辨別二者在功能上之差異，並無混淆之虞，則被上訴人之調理機的外觀設計在產品性能、產品來源指標上所扮演之角色非屬重要，**難為左右消費者購買之動機**。」

惟針對是否會混淆問題，本案一審法院卻為相反認定：「……是乍然視之予人寓目印象仍屬高度近似，難以立即區別其中差異。至於所謂其餘按鍵之功能不同云云，縱屬確實，然功能既非本件比對之重點，自仍無法因此解免被告產品外觀與原告產品外觀高度近似之事實……堪認被告就其抄襲所支出之成本與因而取得之競爭優勢，顯不相當。是被告高度抄襲原告商品之外觀，顯係不符合商業競爭倫理之不公平競爭行為，核屬違反公平交易法第24條之規定。」

四、Race包款案，不構成舊公平法第24條之違反（智慧法院101年度民商上字第3號，裁判日101.09.27）

權利人商品圖示[3]

附表一（上訴人之「Race」系列商品，本院卷第1冊第63頁）

IMRC-01	IMRC-02 Front	IMRC-02 Back
IMRC-03	IMRC-04	IMRC-05

被控侵權產品圖示

附表二（被上訴人二公司之「Sylvain」引導系列商品。本院卷第1冊第285至287頁）

1.引導系列橫式短夾	2.引導系列上蓋郵差包	3.引導系列2way多功能側背包	4.引導系列上蓋直式側背包
5.引導系列可上翻短夾	6.引導系列名片夾	7.引導系列肩背側背兩用包	8.引導系列模式側背小包

---

[3]　權利人產品照片及被控侵權產品照片均摘自司法院網站本案判決附件。

（一）事實

　　原告主張其「Race」系列商品設計係由比利時設計師所創作，且時間早於被告，原告曾提供「Race」系列商品樣品予被告，顯見被告於推出「Sylvain」引導系列袋包前確曾接觸過「Race」系列商品，加以二商標商品外觀幾乎完全相同，被告顯然是抄襲原告享有專屬製造、銷售權利之「Race」系列包款外觀設計，搶先於台灣市場上市。故「Sylvain」引導系列包款的外觀設計，完全抄襲原告之「Race」系列包款的外觀設計，而榨取原告努力之結果。

（二）判決見解

　　101年度民商上字第3號：「查上訴人之『Race』系列包款與被上訴人二公司之『Sylvain』引導系列袋包，其外觀固均爲雙色條紋設計，以底色塊襯托雙色條紋，二者外觀可謂近似，惟**不得僅以此遽謂被上訴人二公司即有足以影響交易秩序之顯失公平的行爲。**……上訴人未能證明其雙色條紋設計的外觀特徵或造型用色具有獨特性，已爲消費者所周知屬上訴人之包款，而成爲消費者識別該商品之外觀設計，且消費者購買袋包之商品，其考慮的項目包含預算、需要的功能、容量等，商品外觀至多僅爲其中之一的考量因素，則上訴人之『Race』系列包款的雙色條紋外觀設計在產品功能、產品來源指標上所扮演之角色非屬重要，**難爲左右消費者購買之動機。**2.綜上，上訴人主張『Sylvain』引導系列袋包高度抄襲上訴人之『Race』系列包款之外觀設計，而不當榨取上訴人的努力成果，有足以影響交易秩序之顯失公平行爲云云，委無可採。」

五、紳藍威士忌六角柱形酒瓶案，法院認為原告之六角柱形酒瓶包裝，已成為表徵，故本案構成舊公平法第20條之違反（智慧法院101年度民公訴字第3號，裁判日101.12.28）

（一）事實

原告主張其紳藍（Prime Blue）威士忌之特色為六角柱狀玻璃瓶身，外包裝為六角柱狀，經原告長期使用及大量廣告行銷，而為表徵。被告公司以極近相同之外包裝對外販售Duke Blue WHISKY即藍爵威士忌，故意透過外觀抄襲方式進入賣場等通路販售系爭產品，使交易相對人誤以為兩者屬同一來源、同系列產品，顯已違反舊公平交易法第20條第1項第1款、第24條之規定。

（二）判決見解

1. 法院認為原告之產品包裝構成「表徵」：

101年度民公訴字第3號：「然原告主張之表徵，非僅為六角柱形酒瓶與外包裝盒，而須結合其設色與比例綜合以觀，是被告僅以之前已有六角柱形之外包裝盒專利，或其他酒品或非酒類商品亦有六角柱形之包裝，抗辯原告『紳藍』之包裝設計無法表彰商品來源，非為表徵云云，即非可採。……從而，被告既未能舉出市面上另有以系爭包裝為包裝之產品，則其抗辯系爭包裝無法表彰商品來源云云，要不可採，應認系爭包裝為原告『紳藍』所獨有……，而前開市調亦顯示消費者認同『紳藍』之包裝設計於各大品牌中最有特色，足見原告上開努力亦確實有其效果，從而，應認系爭包裝已經長期使用而達到相關大眾所共知並以之為區別商品來源之認定對象，為消費者普遍認知並與原告『紳藍』產品連結，足以表徵原告商品之來源，揆諸首揭說明，系爭包裝已為原告『紳藍』為相關消費者所普遍認知之之表徵。」

2. 被告商品與原告產品會造成混淆：

101年度民公訴字第3號：「系爭產品包裝亦為修長之六角柱造形，高度、比例與原告『紳藍』肉眼難辨不同，設色亦均以深藍色為基底，搭配黑色、金色及白色之飾邊或字體，其他如品名標籤貼附於玻璃酒瓶之位置、玻璃酒瓶略帶弧度之曲線亦與原告『紳藍』如出一轍，應認給予消費者之寓目印象十分相近。至於前述兩造產品包裝於色調、人形或鴿子圖樣、浮雕有無、瓶蓋標籤長度、產品標示標籤、瓶底厚度等處雖略有差異，但已屬細節上之不同，不影響包裝整體予消費者寓目印象相近之事實。從而，本院認被告於系爭產品已對原告之系爭包裝表徵為類似之使用，致與原告產品混淆。」

3. 有趣的是，本案雖然原告曾向公平會檢舉，但公平會認為不構成第20條，法院還特別闡述不受公平會見解所拘束，但自公平會處分後，被告的行為沒有故意：

101年度民公訴字第3號：「是公平會前既曾對系爭產品未違反公平交易法第20條第1項第1款及第24條表示意見，**雖與本院判斷不同，且其意見不能拘束本院，然畢竟公平會為公平交易法之主管機關，被告信賴該會之意見而主張其無違反公平交易法之故意或過失，難謂無理由，是應認公平會於100年7月28日作出上開判斷意見後，即免除被告公司違反公平法之故意或過失。**惟在公平會於100年7月28日作出上開判斷意見前，被告公司有無故意或過失，仍應依其客觀情狀判斷。衡諸原告『紳藍』為具相當知名度之知名威士忌，已如前述，被告復為產銷威士忌酒之業者，當無不知原告『紳藍』系爭包裝之理，而系爭產品之包裝與原告『紳藍』極為類似，亦如前述，自其類似程度、及被告當知原告『紳藍』之包裝設計以觀，已足認定被告係刻意仿效原告『紳藍』之系爭包裝，是被告於100年7月28日前產銷系爭產品而對原告表徵為類似使用之行為，應認有違反公平交易法之故意。」

六、玫瑰四物飲案，不構成舊公平法第20、24條之違反（但構成著作權侵害，智慧法院101年度民公上字第6號，本案業經最高法院103年度台上字第1544號上訴駁回確定）

101年度民公上字第6號		裁判日1021024
權利人商標圖樣	權利人產品[4]	被控侵權產品
註冊第01229196號		申請第099055465號

（一）事實

　　原告佳格公司主張被告之產品外包裝抄襲原告產品，構成商標權、著作權、舊公平法第20、24條的侵害。法院結論認為構成著作權侵害。至於公平交易法第20、24條部分，一審（100年度民公訴字第5號）認定不構成侵害，二審則未論公平交易法之部分。

（二）一審判決見解

　　100年度民公訴字第5號：「原告所提證據資料既無法證明原告『玫瑰四物飲』、『青木瓜四物飲』產品之外觀包裝業已符合公平交易法第20條第1項第1款所稱之表徵，則原告主張被告

---

[4] 摘自網頁http://www.27022702.com.tw/goods.php?id=2734（最後瀏覽日2018/4/13）。

製造銷售系爭產品一、二之行為，違反公平交易法第20條第1項第1款之規定，尚無可採。……普通消費者於市場上見到此類商品外觀包裝時，僅會聯想到該商品係屬『玫瑰四物飲』、『青木瓜四物飲』產品之外觀包裝，但不致於聯想到該商品非原告產銷之『玫瑰四物飲』、『青木瓜四物飲』產品莫屬，自難遽認原告『玫瑰四物飲』、『青木瓜四物飲』產品之外觀包裝因特別顯著之獨特性而得以辨別為來自原告產銷之產品，並已成為消費者辨認原告『玫瑰四物飲』、『青木瓜四物飲』產品來源之重要印象。另原告所提證據資料尚無法證明被告除產品外觀相似外，有何積極欺瞞或消極隱匿重要交易資訊致引消費者錯誤方式從事交易之行為，復無法證明被告販賣外觀相似之系爭產品行為，對原告造成何種權益之損失，或如何影響原告於市場上之競爭地位，亦無法證明被告有『欺罔』或『顯失公平』而『足以影響交易秩序』之行為，或其受有何種因不當競爭所受之侵害或侵害之虞。」

七、CMoney系統資料庫案，法院認為構成舊公平法第24條之違反（智慧法院101年民公上第4號，裁判日102.7.4）

（一）事實

1. 原告起訴主張其主要業務為各國財經資料庫之建置與銷售，提供使用者進行證券金融市場基本分析所需之財經專業資訊與數據。原告就其財經資料庫投入相當程度之努力，詎被告全曜財經資訊股份有限公司竟藉抄襲之取巧手段，自原告售出之資料庫客戶端，系統化地擷取、複製資料庫之內容，再轉化為被告自身販賣之「CMoney法人投資決策支援系統」（下稱CMoney系統）內財經資料，利用因此取得之成本優勢，採惡意低價競爭策

略藉以招攬眾多使用者，此對原告及其他合法同業競爭者構成顯失公平情事，已侵害原告之權益。

2. 原告曾於99年3月12日向公平會對被告提出不公平競爭之檢舉，經公平會調查後於100年4月21日以公處字第100059號處分書認定被告公司不當抄襲原告之財經資料庫內容，混充為自身投資決策分析系統之資料庫內容，榨取他事業之努力成果，違反公平交易法第24條規定，並經最高行政法院於102年3月29日以102年度裁字第398號裁定駁回上訴確定在案。

（二）判決見解

101年度民公上字第4號：「被上訴人公司就此減省原應付出之成本，將使其系統產品於市場上較上訴人之產品更具競爭性，被上訴人公司此高度抄襲之行為，乃榨取他事業（即上訴人）之努力成果，對於其他須透過自身效能競爭努力爭取交易機會之競爭者而言，被上訴人公司逕行取得他事業已編製完成財經資料之行為，應屬不公平之競爭行為，對於上訴人及其他遵守公平競爭原則之競爭者，顯有侵害商業競爭倫理之非難性，應該當影響交易秩序之顯失公平行為，是上訴人主張被上訴人公司違反公平交易法第24條規定，即屬有據。」

八、電動滑台案，法院判決明文闡釋，未取得專利權者，不得禁止他人仿襲外觀，亦不構成舊公平法第20、24條之違反（智慧法院102年度民著訴字第3號，裁判日103.08.15）

（一）事實

原告主張，被告公司散布登載有仿冒原告所著設計圖之產品型錄，及仿冒原告所販賣之產品外觀設計及產品名稱，致消費者

嚴重混淆商品之來源，違反舊公平交易法第20條第1項、第24項規定。

被告主張，被告產品上之兩道溝槽，係基於為了在加工過程中使產品能有更高之精密度，與提高產品之良率，使將來客戶實際使用該產品時，因為該兩道溝槽之設計，可以降低產品材料可能發生之變形機率等為理由，足見該兩道溝槽是必要之設計，功能性之設計，絕非原告所稱之非功能性外觀設計。

（二）判決見解

本案智慧財產法院102年度民著訴字第3號判決：「商品慣用形狀及具實用或技術機能之功能性形狀，因欠缺識別力，應非公平交易法所保護之表徵。倘將具有實用功能性之商品外觀，作為受公平交易法之保護，而禁止他人模仿之標的，無異變相的於專利制度以外，取得使用此種具有功能性外觀的獨占排他權，不僅與專利法的制度目的明顯違背，甚至將造成市面上其他與某具知名度之商品具有相同或類似不具識別性之外觀之商品有違法之風險，反而對競爭秩序產生更大不良之影響。……又判斷商品表徵是否混淆時，應斟酌商品整體的差異，並非只限於某一商品外觀予以判斷。且消費者購買如MP3之電子商品，其考慮的項目包含預算、需要的功能、需要的容量大小及有無指定特定品牌等，商品外觀並非重要的判斷標準。……原告等之產品為手動及電動滑台設計圖型錄，此類商品是為供各工廠施作產品生產精密模具組件之用，此類係基於實用技術、功能所需而製作之設計圖，並非公平交易法第20條所稱之表徵。又原告商品之外觀並未在國內取得專利保護，被告應有權製作與銷售與原告等之外觀類似之商品，而包括原告等及被告在內之其他生產之同類商品外觀亦有相近之處，因此，商品之性能、品質及廠牌才是該商品之相關大眾，即具有專業技術之機械人員選購時所考慮因素，兩造所製作

之型錄均標示各該公司名稱，且均標示於該產品、包裝之明顯位置及說明書封面，自有足以區別商品來源之標示，該等專業人士僅需施以普通注意力，**即無對二商品產生混淆誤認之虞，難謂被告有榨取原告努力成果，損害其市場利益情事，並無違反公平交易法第24條之規定。**」（但本案抄襲型錄部分經認定構成著作權侵害）

九、鞋款外觀案，法院認為不構成舊公平法第24條之違反（智慧法院102年度民商上字第14號）[5]

102年度民商上字第14號		裁判日1031225
權利人商標圖樣	權利人產品[5]	被控侵權產品
註冊第01507267號		

（一）事實

原告主張其為世界知名之皮件、靴鞋製造商，其所有「CAMPER」商標之靴鞋、皮件相關商品，廣為相關事業或消費者普遍認知，「CAMPER」商標並經經濟部智慧財產局認定為著名商標，被告公司未經原告之同意或授權，竟製造並販售使用相同或近似原告所有系爭二商標圖樣鞋類產品，侵害原告商標權。且經過多年努力，原告產品於我國市場競爭上具有高度獨特

---

[5] 權利人產品及被控侵權產品照片摘自司法院智財法院本案判決資料庫附件。

性，並擁有一定經濟利益，然被告製造販賣之鞋款，高度抄襲原告產品，積極攀附原告知名「CAMPER」商品、榨取原告努力成果，而有違反公平交易法第24條之行為。

被告則主張，製鞋業之運作乃跟隨消費流行趨勢，原告指稱被告抄襲之鞋款，皆為當季之消費流行，多家業者有類似鞋款。原告亦未舉證證明其鞋款在市場上的佔有狀態，難認原告之鞋款有其市場競爭上之獨特性，何況被告多數鞋款皆有標明「MON-TOYA」之字樣，並不會使消費者誤以為原告與被告之鞋款係為同一來源。

（二）判決內容

102年度民商上字第14號：「惟『商品外觀幾近相同』與『高度抄襲外觀設計』係屬二事，上訴人仍應證明被上訴人公司確有高度抄襲上訴人1至5號鞋的外觀設計，而不當榨取上訴人因其努力成果，不符合商業競爭倫理，始謂足以影響交易秩序之顯失公平行為，不得逕以二者鞋款有關的外觀設計極為近似，遽謂被上訴人公司即有足以影響交易秩序之顯失公平之行為，合先敘明。……上訴人未能證明其1至5號鞋的外觀特徵或造型具有競爭上之獨特性，已為相關消費者所周知，而成為辨認上訴人之鞋款來源的重要印象，足使消費者於市場上見到該鞋款外觀時，即會立即聯想到該鞋款商品必為上訴人產銷之1至5號鞋。雖系爭6至9號鞋之外觀設計近似於上訴人1至5號鞋，然並無證據證明被上訴人公司有使相關消費者誤以為兩者屬同一來源、同系列商品或關係企業之效果等不當競爭優勢，影響上訴人市場上之競爭地位。故上訴人主張系爭6至9號鞋高度抄襲上訴人1至5號鞋之外觀設計，而不當榨取上訴人的努力成果，有足以影響交易秩序之顯失公平行為云云，要無足取。」

十、小結

由上數個案例介紹可知，在104年2月公平法修正施行前，實務上以舊公平法第20、24條主張外觀仿襲的案例，幾乎難以成功。除了紳藍威士忌六角柱形酒瓶案，法院認為構成表徵而有舊公平法第20條之違反外（該案二審102民公上1號司法院裁判網顯示兩造於二審中和解），其餘僅有CMoney系統案及山羊頭乳液案經智慧法院認定基於舊公平交易法第24條構成侵權。

但細讀CMoney系統案及山羊頭乳液案判決內容可知，該兩案例，在法院判決前，權利人業已向公平會檢舉並經公平交易委員會處分認定被告違反舊公平交易法第24條規定，亦即該案業經公平會調查，由於公平會有行政調查權，相關事實證據可能在公平會審理過程呈現，法院後續裁判自可本於該等證據認定事實，權利人較無舉證上的困難。

參、公平法104年修正施行後的影響

惟公平交易法自民國104年2月4日修正施行後，新法第42條的行政裁處權已經刪除仿襲表徵的部分，因此對於仿襲表徵的部分雖然仍得依公平交易法第22條主張，但僅能透過民事訴訟程序維權，無法再經由向公平會檢舉以處分相對人。

新的公平法將仿襲表徵部分的行政責任刪除，是因為該條規定主要是基於商標法補充規範的地位而保護未經註冊的著名商標或表徵等，然侵害已註冊著名商標在新法第22條第2項已經明文排除公平法的適用故無行政責任，若未註冊表徵反而可向公平會檢舉而有行政責任，恐導致法益保護輕重失衡，故新法第42條將侵害未註冊表徵等的行政責任規定刪除，原舊法第35條的刑

事責任於新法第34條中也一併刪除[6]。

　　至於新法第25條帝王條款的部分，究竟公平會往後仍否會繼續行使行政調查權處理高度抄襲產品外觀之行為？亦即，雖然因為新法第42條的修正，權利人已經不能基於新法第22條向公平會檢舉而只能向法院起訴，那麼，權利人可否仍基於新法第25條規定主張高度抄襲，而向公平會檢舉，畢竟新法第42條並未刪除新法第25條的行政責任？

　　104年8月智慧局曾針對此問題召集公平會代表及學者專家研商討論（見智慧局104年8月4日「攀附他人商譽及高度抄襲等不正競爭行為規範研商會議紀錄」[7]。當時公平會的代表曾表示：「因為修正後公平法第22條的規範只有民事責任，而修正後的公平法第25條卻還有行政責任，此時就有規範失衡的情況，所以我們有研議是否修掉這部分。但在有關攀附商譽這部分，因網站『關鍵字』的案子，攀附其他事業名稱的行為，我們處理過的案件較多，這部分我們仍會繼續處理，**只就表徵高度抄襲的侵害類型，則請當事人去法院主張，我們不會處理**。（三）對於攀附商譽、高度抄襲的類型，如果我們仍訂在公平法第25條處理原則中，本會就要行政裁處，這時候就會與前述公平法第22條間產生規範失衡的問題，本會認為即便修掉這部分，應不影響當事人向法院主張的民事救濟的權利。（四）本次會議意見，如何在公平法第25條處理原則中說明第25條的適用類型及本會依行政裁處的類型差異，我們會帶回去研議，是不是在處理原則內說明，檢舉人仍然可以向民事法院請求救濟，讓外界了解。」

---

[6]　詳見104年施行之公平交易法第22、25、34、42條修正理由。

[7]　詳見智慧局104年8月4日攀附他人商譽及高度抄襲等不正競爭行為規範研商會議紀錄，網址https://www.tipo.gov.tw/ct.asp?xItem=557759&ctNode=7127&mp=1（最後瀏覽日2018/4/13）。

　　本次會議結論，學者與會的學者及專家一致認為：「攀附他人商譽及高度抄襲行為類型仍應由公平法第25條規定來規範，未來公平會修訂公平法第25條案件處理原則時，希望能參考本次會議與會學者專家的意見，研議出一個好的作法，讓法院與各界能夠了解，針對攀附他人商譽及高度抄襲行為類型，公平會即使不作行政介入，但仍屬公平法第25條所規範類型，以作為當事人向法院尋求民事救濟的請求權基礎。」

　　是以，新法第25條帝王條款部分，雖然此次修法並未刪除高度抄襲行為之行政調查權，但公平會似乎已透過處理原則將之排除，此由106年1月13日新頒布之「公平交易委員會對於公平交易法第二十五條案件之處理原則」（以下簡稱「第25條處理原則」），可窺見一二。

　　在此之前，舊第25條處理原則第7條就榨取他人努力成果係規定：「判斷是否違法原則上應考量（一）遭攀附或高度抄襲之標的，應係該事業已投入相當程度之努力，於市場上擁有一定之經濟利益，而已被系爭行為所榨取；（二）其攀附或抄襲之結果，應有使交易相對人誤以為兩者屬同一來源、同系列產品或關係企業之效果等。惟倘其所採行手段可非難性甚高（如完全一致之抄襲）者，縱非屬前述二因素之情形，仍有違法之虞，應依個案實際情形，綜合判斷之。其常見行為態樣有：（1）攀附他人商譽，判斷是否為本條所保護之商譽，應考量該品牌是否於市場上具有相當之知名度，且市場上之相關業者或消費者會產生一定品質之聯想。（2）高度抄襲，判斷高度抄襲，應綜合考量①該項抄襲是否達『完全一致』或『高度近似』之程度；②抄襲人所付出之努力成本與因而取得之競爭優勢或利益之關聯性及相當性；及③遭抄襲之標的於市場競爭上之獨特性及占有狀態。（3）利用他人努力，推展自己商品或服務之行為。」

　　惟106年1月第25條處理原則修正後，第7條就榨取他人努力成果已修正為：「如：1.使用他事業名稱作為關鍵字廣告，或以

使用他事業名稱爲自身名稱、使用與他事業名稱、表徵或經營業務等相關之文字爲自身營運宣傳等方式攀附他人商譽，使人誤認兩者屬同一來源或有一定關係，藉以推展自身商品或服務。2.以他人表徵註冊爲自身網域名稱，增加自身交易機會。3.利用網頁之程式設計，不當使用他人表徵，增進自身網站到訪率。4.抄襲他人投入相當努力建置之網站資料，混充爲自身網站或資料庫之內容，藉以增加自身交易機會。5.眞品平行輸入，以積極行爲使人誤認係代理商進口銷售之商品。」似乎未再著墨於高度抄襲的部分。並且，此處理原則第9條進一步規定：「事業因他事業涉及未合致公平交易法第二十二條之高度抄襲行爲而受有損害者，得循公平交易法民事救濟途徑解決。」似針對第22條以外之高度抄襲行爲，建議權利人提民事訴訟解決。再者，近幾年，公平會似乎未再見對於高度抄襲行爲爲處分，足見針對高度抄襲行爲，未來似只能透過民事訴訟程序適用該帝王條款爲主張。然鑒於民事訴訟程序中，原告通常必須負擔舉證責任，在沒有公平會行政調查權事先介入取得相關事證下，原告恐較難以舉證。

肆、公平交易法於民國104年修正施行後之相關案例

一、甘百氏巧克力案，法院明文闡釋，已註冊商標，排除公平法之適用（105年度民公訴字第5號）

　　（一）公平法第22條第2項已明文規定排除已註冊商標之適用，故在甘百氏巧克力包裝案，法院判決明文揭示，商標已註冊者即無第22條之適用：

105年度民公訴字第5號		裁判日1060922
權利人商標圖樣	權利人產品[8]	被控侵權產品
註冊第1433055號 **HERSHEY'S** 註冊第202127號		

　　105年度民公訴字第5號：「至水滴形巧克力之外觀……
（1）公平交易法第20條於104年2月4日修正施行，條次變更第
22條，並增訂第2項：『前項姓名、商號或公司名稱、商標、商
品容器、包裝、外觀或其他顯示他人商品或服務之表徵，依法註
冊取得商標權者，不適用之。』其立法理由為『本條所保護之表
徵倘屬已註冊商標，應逕適用商標法相關規定，不再於本法重複
保護，為資明確，爰增訂第二項』，是稽依法取得註冊商標者，
不論是著名之姓名、**商號或公司名稱、商標、商品容器、包裝、
外觀**或其他顯示他人商品或服務之表徵，皆非公平交易法保護之
對象。是原告主張被告使用系爭註冊商標，而違反修正後即現行
公平交易法第22條第1項第1款『以著名之他人姓名、商號或公
司名稱、商標、商品容器、包裝、外觀或其他顯示他人商品之表
徵，於同一或類似之商品，為相同或近似之使用，致與他人商品
混淆，或販賣、運送、輸出或輸入使用該項表徵之商品者。』之
規定，於法顯然無據。」
　　（二）惟公平法第25條，法無明文排除註冊商標之適用，
亦即並無如第22條第2項規定，那麼，究竟註冊商標，有無排除
公平法第25條之適用？

---

[8]　權利人產品及被控侵權產品照片摘自司法院智財法院本案判決資料庫附件。

　　此在前開甘百氏巧克力案判決，法院更進一步闡釋「原告之註冊商標之權利非公平交易法保障之範圍」，似乎意指，只要商標註冊，非但排除第22條適用，亦排除第25條適用。

　　105年度民公訴字第5號：「公平交易法第25條明文：『除本法另有規定者外，事業亦不得為其他足以影響交易秩序之欺罔或顯失公平之行為。』是必有足以影響交易秩序之欺罔或顯失公平之行為始足。原告雖主張其於市場上努力行銷多年，使其Her-shey's商標及水滴商標廣為國內外消費者認識，於市場上擁有一定經濟利益，被告不只使用近似於原告之商標，且刻意製造與原告產品極度相似之外包裝及產品，意圖攀附原告之商譽，使一般消費者產生混淆。然如前所述，原告之註冊商標之權利非公平交易法保障之範圍；……且系爭商標非修正後公平交易法保護之對象；……」

二、構成公平法第22條之案例

　　（一）百摺行李箱案，有兩件，智慧法院104年民公訴第9號及104年民公訴第3號，均認為百摺設計構成表徵，故被告構成公平法第22條之違反。然在104年民公訴第9號案件，法院認為被告之行為同時該當公平法第22條及第25條之違反；而在104民公訴3號中間判決，法院僅論及公平法第22條之違反：

104民公訴9	
原告產品	被告產品

1. 百摺設計構成著名表徵：

104年度民公訴9號：「上開特徵整體形塑原告行李箱具有沿著行李箱表面最長邊延伸複數相互平行之等寬約1吋平面長溝槽與區隔長溝槽之複數個平行立體折紋，其立體折紋形成明暗反光與平面之亮度不同之『百摺設計』外觀……原告行李箱『百褶設計』表徵之概念強度固然不強，惟原告自始即有意以『百褶設計』作為行李箱之表徵，且相關行李箱商品外觀全部使用『百褶設計』，並長期忠實地傳達其行李箱具有『百褶設計』之概念，廣告行銷或媒體報導亦廣泛正確地傳達『百褶設計』係原告行李箱之經典表徵；此外，原告營業額大幅成長，暨品牌形象深入相關事業及消費者等各情，堪認原告行李箱外觀『百摺設計』之表徵具有高度市場強度，而為相關事業、消費者所普遍認知，並與原告之行李箱商品連結。是堪認原告行李箱外觀『百褶設計』具有區別商品來源之功能，且為著名表徵。」

2. 另一個百摺行李箱案，104年民公訴第3號，被告尚且抗辯功能性問題，但法院不採，認百摺設計並無功能性問題，仍可為表徵：

104年度民公訴第3號：「不能以行李箱之外觀表徵具有耐重抗壓之功效，即論該外觀係功能性形狀而不得作表徵，必須該外觀特徵已成為行李箱市場中慣用或缺少此特徵則使行李箱喪失其應具備之基本功能，例如，行李箱須有輪子設計，幾乎是行李箱共通之基本形態，應不在禁止仿冒之內；相對地如行李箱之箱體外觀表徵具備耐重抗壓等功效，惟該外觀表徵並非係達到該等功效不可或缺之表徵，仍有其他可資選擇之外觀特徵等待業者研發精進，即不能謂外觀表徵具備功效而不得成為商品之表徵，故於尚有其他選擇之情形下，如允許他人得使用兼具功能性之著名外觀表徵，無異鼓勵冒用他人競爭成果。……況原告之『百摺設計』之表徵係指附表1所呈現之表徵者，並非包含所有縱向摺紋均為原告所獨占，如其他縱向摺紋呈現異於原告『百摺設計』所

突顯之視覺表徵，當非在限制之列，是自不因原告行李箱『百摺設計』同時具備行李箱之應備功能即不得為商品表徵。」

3. 構成於同一或類似之商品，為相同或近似之使用：

104年度民公訴第9號：「系爭商品外觀亦呈現行李箱表面最長邊延伸複數相互平行之等寬長溝槽與長溝槽間之複數個平行折紋，及折紋與溝槽平面明暗反光之不同亮度之寓目印象，而該部分適與相關事業或消費者對原告行李箱百摺設計表徵之主要部分印象相似，隔時異地觀察兩造之行李箱，主要部分印象相似，足使一般相關事業或消費者產生混淆誤認之虞，應認被告等系爭商品對原告行李箱外觀之上開表徵已為近似之使用。」

4. 有致混淆誤認之虞：

104年度民公訴第9號：「相關事業或消費者選購時就行李箱之外觀會施予注意，而被告等之系爭侵權商品與原告行李箱『百摺設計』為近似之使用，相關事業或消費者選購時就外觀有誤認系爭商品係原告行李箱之虞或認二者具關連，加以兩造商品具有同質性，價格上亦難完全區辨，相關事業或消費者亦不易由銷售管道判別兩造行李箱之來源，堪認被告等販賣、行銷或進口之系爭商品與原告行李箱商品有混淆誤認之虞。」

5. 104年度民公訴9號判決見解，尚且認為此案同時購成公平法第22條及25條之違反：

104年度民公訴第9號：「被告等販賣行銷或進口系爭侵權商品，既可認與原告行李箱商品有混淆誤認之虞，故被告等販賣行銷或進口系爭侵權商品，近似於原告所有如附表1系爭『百摺設計』，而具有公平法第22條第1項第1款……原告品牌形象深入相關事業及消費者，原告行李箱外觀『百摺設計』之表徵具有高度市場強度，而為相關事業、消費者所普遍認知，並與原告之行李箱商品連結，就行李箱產業而言，大都知悉原告系爭附表1所示『百摺設計』主要使用於行李箱之外觀標識，故可推認被告等販賣販賣行銷或進口系爭侵權商品，有高度抄襲及攀附系

爭『百褶設計』，原告主張被告等行銷販賣或進口系爭侵權商品，因行李箱使用相同或近似於原告所有如附表1系爭『百褶設計』，而有**現行公平法第25條**之足以影響交易秩序之欺罔或顯失公平之行為，為有理由。」

（二）TAIAN-ETACOM公司名稱案，被告在合資契約終止後仍繼續使用包含授權人著名表徵Eta-com之英文公司名稱，同時構成第22條及第25條之違反：

1. Eta-com構成表徵，本案有第22條之違反

104年民公上第6號：「安達康公司與『Eta-com』集團之合作授權關係既然已經終止，安達康公司商品名稱由『betobar-r』更改為『tecobar』之時，應知將其英文公司名稱中之『Eta-com』移除以免爭議，且持續使用『Eta-com』為英文公司名稱之特取部份，並以Eta-com集團作為廣告宣傳，使其公司英文名稱中使用之『ETACOM』指向『Eta-com』集團之商品與服務來源，有致相關業者及消費者產生混淆誤認，實已對Eta-com集團之商譽造成損害，更嚴重損害相關業者及消費者之權益，**實乃攀附艾泰康公司商譽之不公平競爭行為，嚴重影響交易秩序並造成與他人商品或營業相混淆，顯屬違反我國現行公平交易法第22條第1項第1款及第2款**（即修正前公平交易法第20條第1項第1款及第2款）規定之違法行為。」

2. 本案也構成第25條違反

104年度民公上第6號：「再者，安達康公司就系爭商標之使用原本既是來自於Eta-Com集團之授權，而在艾泰康公司於我國申請系爭商標註冊前，系爭商標已為著名商標，已有如前述，故安達康公司『且於艾泰康公司申請系爭商標之多年前即已使用』之辯解，顯然並不可採。4.依據以上事證，足以證明安達康**公司不僅持續攀附Eta-com集團聲譽，有致相關業者及消費者混**

淆誤認之虞，實已構成修正前公平交易法第24條及現行公平交易法第25條規定之不正當競爭行為」

三、構成公平法第25條的案例

（一）全球城市小姐名稱案，法院認為「全球城市小姐」並非表徵，故本案不構成第22條違反，然構成第25條之違反

1. 不構成第22條之違反

　　105年度民公訴字第2號：「原告之名稱為『中華全球城市選拔協會』，『全球城市小姐』僅係原告舉辦之選美活動名稱，並非原告之名稱，自非屬公平交易法第22條所指之姓名、商號或公司名稱。……本院認為由原告提出之證據，尚無法證明其舉辦之『全球城市小姐選拔大賽』名稱已成為著名之服務表徵。（三）原告不能證明其舉辦之『全球城市小姐選拔大賽』名稱，已成為原告著名之服務表徵，從而，原告主張被告仿襲原告之選美活動名稱，舉辦『全球城市天使選拔大賽』，違反公平交易法第22條第1項第2款，尚非有理。」

2. 但構成第25條之違反

　　105年度民公訴字第2號：「……堪認原告所舉辦之『全球城市小姐選拔大賽』，雖未達到相關事業或消費者所普遍認知之著名程度，惟因持續舉辦已達十年，且具有相當之規模，且在原告持續努力耕耘之下，在華人地區已具有一定之知名度，……且被告於上開授權關係終止後，竟於104年8月未獲原告授權，另以『2015第二屆全球城市天使選拔大賽』之名稱，在台灣舉辦選美活動，與原告之『全球城市小姐選拔大賽』名稱高度近似，且被告之『全球城市天使選拔大賽』並無第一屆，所謂第一屆實

係原告授權之『2014年第九屆全球城市小姐暨全球城市天使香港區總決賽』，顯係攀附原告長期經營『全球城市小姐選拔大賽』所獲得之知名度，及市場上之經濟利益，且其攀附或抄襲之結果，足以使交易相對人（贊助廠商）誤以為兩者屬同一來源或具有關連性，將減損原告在選美活動市場上具有之獨特性，進一步影響原告贊助廠商之贊助意願，自屬影響交易秩序之顯失公平之行為，被告所為已違反公平交易法第25條規定。」

（二）五姊妹翻譯社案，法院認為構成第25條之違反（智慧法院104年度民公上字第3號）

104年度民公上字第3號：「就戴正平於網站上以『美加打字行』、『哈佛數位翻譯社』、『哈佛翻譯社』之名稱在網路上從事翻譯業務，並在大樓電梯貼告示、更改大樓外牆廣告電話部分：……然其有關店家介紹卻均為『五姊妹翻譯社』，由其上開網頁內容可知，戴正平除使用與美加公司特取名稱、陳謙中所營哈佛翻譯社名稱相同之『美加』、『哈佛』外，其網頁上自稱是台北市翻譯商業同業公會會員，然事實上只有陳謙中才是台北市翻譯商業同業公會會員，顯見戴正平上開行為係在誤導相關消費者以為上開網頁提供翻譯服務之人為美加公司或陳謙中所營之哈佛翻譯社。此外，戴正平於103年2月間將陳謙中『哈佛翻譯社廣告招牌00000000』的電話予以遮蔽，再貼上自己的電話『00000000』，並另貼標示引導陳謙中的哈佛翻譯社客戶到『六樓』，不僅有誤導並掠奪陳謙中潛在客戶之意圖甚明，……準此，戴正平上開行為，已構成修正前公平法第24條、現行第25條規定之『足以影響交易秩序之欺罔或顯失公平之行為』，堪予認定。」

（三）使用台灣房屋系統租售資料案，構成第25條之違反

104年度民公上字第2號：「上訴人所屬網站上之不動產租售資料，或因上訴人信譽卓著，屋主自願提供房屋租賃資料，或上訴人投入大量人力、物力、時間，以長期建立之商譽，由眾多仲介經紀人、業務員探訪、招攬客源，並實際確認不動產之地點、面積、屋齡、使用及產權情形後，再由行政人員分類、整理、彙總、建檔等，歷經周折、繁複之程序，始登載於該等事業之網站上，惟被上訴人就上開物件之招攬或重要資訊未作任何之努力與付出，復未徵得上訴人之同意，即擅自以連結之方式連結至上訴人之網站，大量擴充為己身網站內容，使上訴人之網站功能遭到取代，且極易誤導不知情使用者，誤認其與上訴人有合作關係。被上訴人榨取上訴人網站所登載之不動產租售資料，擴充為己身網站之資料，以達自身經濟目的之行為，核屬榨取他人之努力成果，足以影響價格、品質、服務等效能競爭本質為中心之交易秩序，並對其他遵守公平競爭本質之競爭者而言，**構成顯失公平，而具商業競爭倫理之非難性，業已違反修正前公平法第24條及現行公平法第25條之規定。……」**

四、不構成第25條之違反

此有室內空氣品質顯示看板案，法院並不構成第25條之違反（智慧法院104民公訴字第6號）：

104民公訴字第6號：「系爭產品與泰威產品外觀可謂幾近相同，而構成高度近似，業如前述，惟**『商品外觀幾近相同』與『高度抄襲外觀設計』係屬二事**，原告仍應提出其他證據證明被告泰威公司確有高度抄襲系爭產品外觀設計，而不當榨取原告因其努力成果，不符合商業競爭倫理，始謂足以影響交易秩序之顯

失公平行爲，不得遽以二者有關的整體外觀設計極爲近似，遽謂被告二公司即有足以影響交易秩序之顯失公平之行爲。……是依原告所提上開證據資料，益難認系爭產品外觀因特別顯著之獨特性而得以辨別爲來自原告產銷之系爭產品，並已成爲消費者辨認原告販售之系爭產品來源之重要印象，且足使消費者於市場上見到該商品外觀時，即會立即聯想到該商品必爲原告產銷之系爭產品，則被告泰威公司製造銷售系爭產品之交易行爲，自無高度抄襲系爭產品或攀附原告商譽之榨取他人努力成果行爲，使原告陷於相對不利之競爭地位，而足以影響交易秩序之顯失公平行爲。」

原告產品	被告商品

伍、爭點探討

一、新舊法適用問題

　　侵權行爲本應適用行爲時法律，但此處則更進一步探討，針對排除侵害之請求，是否新舊法規定之要件均須符合？

（一）應適用行爲時法律

　　104年度民公上字第3號：「按除法規有特別規定外，程序

從新實體從舊爲適用法規之原則，亦即權利義務本體之發生及其內容如何，均應適用行爲時或事實發生時所施行法律之規定（最高法院91年度台上字第1411號判決參照）。查公平法於104年2月4日修正公布，是戴正平之行爲是否違反公平交易法，應依該侵權行爲時間分別適用新舊法。」

（二）但若是請求排除侵害，尚須符合現行有效之公平法規定，有判解甚至認爲新舊公平法要件均須符合

1. 104年度民公上字第2號：「得請求排除之侵害，須現尚存在；有無侵害之虞，須就現在既存之危險狀況加以判斷，是其認定自應依現行有效之公平法規定（最高法院87年度台上字第2319號判決可供參照）。」

2. 104年度民公上字第6號：「現行條文將『相關事業或消費者所普遍認知』修正爲『著名』部分，僅係統一法條用語，以避免發生爭議，並無實質改變規定內容，惟將『爲相同或類似之使用』，修正爲『於同一或類似之商品（服務），爲相同或近似之使用』部分，係增加構成要件之限制，故現行之規定較修正前爲嚴格，艾泰康公司主張安達康公司違反公平交易法之行爲時間，雖發生於公平交易法修正前，惟艾泰康公司請求排除侵害，係向後發生效力，本院認爲艾泰康公司之請求須同時符合修正前及本院判決時現行公平交易法之規定，始屬正當。」

二、第25條與其他各條之關係

公平法第25條與其他各條之關係，究爲如何？是可以並行適用？或只能適用其一？由前所述各案例見解，也可見莫衷一是。有見解認爲可並行適用，故同時構成第22條及第25條者；但也有謂不構成第22條，卻可構成第25條者；卻也有謂既然不

構成第22條，也無庸討論第25條問題者。足見實務上就此部份之見解，著實紛雜。

（一）可同時構成第22條及第25條者

104年度民公訴字第9號：「既認被告等販賣行銷或進口系爭侵權商品，近似於原告所有如附表1系爭『百褶設計』，而具有公平法第22條第1項第1款侵害原告系爭『百褶設計』表徵情事，且構成公平法第25條之足以影響交易秩序之欺罔或顯失公平之行為……」

（二）已構成第21或22條就無庸再討論第25條

1. 106年度民公上字第2號：「美商功夫茶公司另主張，紅茗公司等之行為另違反公平交易法第25條之規定，惟按，公平交易法第25條係作為同法其他條文既有違法行為類型之補充規定，某一違法行為如已為同法之其他條文規定所涵蓋，即無適用本條之餘地，本院認為紅茗公司等之行為已違反公平交易法第21條第1項之規定，即無再適用同法第25條之餘地。」

2. 106民公訴15：「本條為不公平競爭行為之概括性規定，倘同法其他條文規定對於某違法行為已充分評價其不法性，或該個別規定已窮盡規範該行為之不法內涵，則該行為僅有構成或不構成該個別條文規定的問題，即無再適用本條之餘地（公平交易委員會對於公平交易法第25條案件之處理原則第2點參照）。本件被告出去走走公司於附表一系爭廣告所為虛偽不實或引人錯誤表示之行為，已構成公平交易法第21條第4項準用第1項及第24條規定之違反，誠如前述，故其違法行為之不法性已充分評價，即無再予適用公平交易法第25條概括規定之餘地，併予敘明。」

3. 第22條不構成就不能再討論第25條：

　　106年度民公訴字第10號：「除本法另有規定者外，事業亦不得為其他足以影響交易秩序之欺罔或顯失公平之行為，公平交易法第25條定有明文，其所謂『其他』，係指該條之前各條規定（包括該法第22條第1項第1款）外之行為，因此公平交易法第25條與該條之前其他規定之行為樣態或類型，並不重疊。然原告主張：主張公平交易法第25、30條，係主張因被告公司使用類似原告主張之商品表徵（見本案卷第175頁），被告違反公平交易法第25條規定，仍回歸『Kosui』品牌盒子等語（見本案卷第229頁），顯然並非主張被告有何公平交易法第25條所稱之『其他』行為，而仍係主張被告違反該法第22條第1項第1款之行為，經核與該法第25條『其他』之要件不符，故無理由。……故公平交易法第22條第1項第1款既以『著名表徵』為要件，則『侵害表徵』之行為，已為同法第22條第1項第1款規定涵蓋殆盡，並充分評價該行為之不法性，且公平交易法第22條第1項第1款規定已窮盡規範該行為之不法內涵，則該同一『侵害表徵』之行為態樣或類型，僅有個別條文規定之問題，亦即僅有構成或不構成公平交易法第22條第1項第1款規定之問題，而無由再適用同法第25條補充規範之餘地，因此在原告不具表徵或表徵不著名時，自不得再主張其表徵不著名亦有構成同法第25條之餘地，否則如仍認構成同法第25條規定，公平交易法第22條第1項第1款所稱之『著名』要件，即無必要。尤其公平交易法第25條係以『欺罔』或『顯失公平』為要件，所謂『欺罔』，係指故意而非過失，且係『足以影響交易秩序』之故意，而非使商品或表徵相同或近似之故意；另『顯失公平』之『顯』字，亦表達需達『非常明顯』之程度，始足該當，更見公平交易法第25條規定要件之嚴格，及其所具之『補充』性質，故應嚴謹適用。」

（三）縱不構成第22條，亦可構成第25條之違反

104年度民公上第6號：「本條與公平交易法其他條文適用之區隔，應只有『補充原則』關係之適用，即本條僅能適用於公平交易法其他條文規定所未涵蓋之行為，若公平交易法之其他條文規定對於某違法行為已涵蓋殆盡，即該個別規定已充分評價該行為之不法性，或該個別規定已窮盡規範該行為之不法內涵，則該行為僅有構成或不構成該個別條文規定的問題，而無由再就本條加以補充規範之餘地。反之，如該個別條文規定評價該違法行為後仍具剩餘的不法內涵，始有以本條加以補充規範之餘地（公平交易委員會對於公平交易法第25條案件之處理原則參見）。本件安達康公司之行為，已認定為違反修正前公平交易法第20條第1項第1、2款及現行公平交易法第22條第1項第1、2款規定，已和上述，**惟縱認無違反修正前公平交易法第20條第1項第1、2款及現行公平交易法第22條第1項第1、2款規定，亦有違反修正前公平交易法第24條及現行公平交易法第25條之規定，**詳如後述。」

三、損害賠償額之計算

（一）違反公平法第22條之部分

1. 百摺行李箱案，法院係類推商標法，以查獲商品倍數之方式計算損害賠償：

104年度民公訴第9號：「美國早期之不公平競爭法案例，皆牽涉廠商希望將自己的商品假冒成他人之商品，此等詐欺的行為不僅欺騙消費者，使消費者購買到自己不想要的商品，也盜用競爭者的已經建立商譽。若消費者基於信賴而購買，但品質不符期待，將會使商標權人聲譽受損、遭受營業上損失。而為維持其

商譽，商標權人乃會致力於商品或服務品質的維持，即消費者僅需辨認商標即可判斷其品質。故應可認商標法為公平交易法所保護公平競爭之具體規定。我國公平法關於第30條『事業違反本法之規定，致侵害他人權益者，應負損害賠償責任』，如何確定損害賠償金額，僅有在同法第31條第2項規定『侵害人如因侵害行為受有利益者，被害人得請求專依該項利益計算損害額』。本件被告等減損及侵害系爭『百褶設計』識別性之行為，**係高度抄襲及攀附系爭『百褶設計』侵害原告『百褶設計』之表徵，而應可認與侵害『商標權』相當，故原告另主張類推適用商標法第71條第1項第3款規定『就查獲侵害商標權商品之零售單價一千五百倍以下之金額。但所查獲商品超過一千五百件時，以其總價定賠償金額』計算損害賠償金額**（本院卷二第315頁），應有理由。」

2. 紳藍威士忌六角柱形酒瓶，法院係依被告所得利益為計算損害額之基礎，並因被告為故意行為，法院尚酌定1.5倍賠償額：

101年度民公訴字第3號：「按『事業違反本法之規定，致侵害他人權益者，應負損害賠償責任』、『法院因前條被害人之請求，如為事業之故意行為，得依侵害情節，酌定損害額以上之賠償。但不得超過已證明損害額之三倍。侵害人如因侵害行為受有利益者，**被害人得請求專依該項利益計算損害額**』，公平交易法第31、32條定有明文。……總銷售額為1,109,200元【計算式：3,760×295 ＝ 1,109,200】。又因被告為故意侵害，經審酌兩造產品包裝類似程度、原告資本額30,000,000元，被告公司資本額3,000,000元（參本院卷（一）第101至102頁公司基本資料查詢）等一切情況，本院認應以已證明損害額之1.5倍酌定賠償，即1,663,800元……」。

（二）公平法第25條部分

1. 美加翻譯社案，依民訴第222條酌定損害賠償額：

「美加公司、陳謙中既已證明受有損害，惟就其損害額之證明確實顯有重大困難，依民事訴訟法第222條第2項之規定，本院自得審酌一切情況，依所得心證定其數額。本院審酌戴正平各該不公平競爭行為之時間、行為態樣、其主觀上惡性非輕、對美加公及陳謙中所可能造成之損害、所可能獲得之利益等，認……應賠償美加公司、陳謙中各15萬元，均為有理由，應予准許。」

2. ADD+山羊頭乳液案，依被告銷售商品所得利益計算，且不扣除固定成本：

99年度民公訴字第6號：「所謂侵害行為所得利益者，係指加害人因侵害所得之毛利，扣除實施專利侵害行為所需之成本與必要費用後，其所獲得之淨利，作為加害人應賠償之數額。生產成本之範圍分為固定成本與變動成本。……每瓶系爭商品扣除成本後，**被告所得利益為8.59元（計算式：45元－36.41元），是被告製造與銷售系爭商品所得利益計68,720元**（計算式：8,000瓶x8.59元）。

3. 因固定成本不隨產量之變動而變，其數值為固定，故計算因侵害專利權所受之損害，而進行成本分析時，僅需扣除該額外銷售所需之變動成本，不應將固定成本計入成本項目。被告雖抗辯稱系爭商品之固定成本即營業費用部分，包含辦公人員薪資、水電費、運輸費用及消毒費用等，依據營業費用率計算，製造與銷售系爭商品之營業必要費用為49,198元，應自侵害所得扣除之云云，並提出被告99年營利事業所得稅結算申報書為憑（見本院卷第316頁之被證12）。然揆諸前揭說明，違反公平交易法所得利益時，僅需扣除變動成本，不應扣除固定成本，是被告抗辯稱其所得利益應扣除固定成本云云，即不足為憑。」

4. 使用台灣房屋系統租售資料案，法院認為當事人就其損害額之證明確實顯有重大困難，故依民事訴訟法第222條酌定賠償額：

104年度民公上字第2號：「……由此亦可顯見上訴人就其損害額之證明確實顯有重大困難，依民事訴訟法第222條第2項之規定，本院自得審酌一切情況，依所得心證定其數額。本院審酌……，認上訴人依上開規定請求被上訴人賠償30萬元，洵屬適當。」

5. 「全球城市小姐」名稱案，法院認原告確有不能證明其數額或證明顯有重大困難之情形，且因被告為故意，故酌定三倍之損害賠償額：

105年度民公訴字第2號：「本院認為本件原告所受之損害，確有不能證明其數額或證明顯有重大困難之情形，本院自應依民事訴訟法第222條第2項規定，審酌本案一切情況，依所得心證定其數額。爰審酌……被告行為實屬不當，且有違誠信原則等一切情狀，酌定原告之損害金額以200萬元為適當，又被告之行為係出於故意，本院另依侵害情節，酌定三倍之損害賠償額即600萬元。」

（三）小結

由上各案例可知，在計算損害賠償額時，對於違反公平法第25條之行為，其損害常經法院認為確有不能證明其數額或證明顯有重大困難情形，故法院常以民事訴訟法第222條之規定，依心證酌定損害額。至於構成抄襲商品外觀者，在ADD+山羊頭乳易案（違反第25條）及紳藍威士忌六角柱形酒瓶（違反第22條），法院均以被告所得利益為計算基準；而百摺行李箱案（違反第22條及第25條），則類推商標法以查獲商品倍數計算損害賠償。

陸、結語

　　由本文上開近幾年針對公平法第22條及第25條之智慧法院相關案件介紹可見，早期法院多強調，商品外觀的高度近似，不代表高度抄襲行為的存在，尚應留意原告商品是否具有獨特性，消費者是否見到該特徵就會聯想到原告商品。若原告主張之特徵為業界所慣用，縱使高度近似，也無抄襲問題。從案例上來看，除非公平會已經有認定違法情況，法院似乎不樂意承認有高度抄襲行為的存在，故多數案例均認為不構成公平法之違反。

　　然自104年公平法修正後，有關商品外觀高度抄襲的案件，公平會似已不處理，權利人必須透過提起民事訴訟主張公平法第22條及第25條，則此類案件的決定權顯已權傾法院，法院似乎也因此開始做出許多肯認高度抄襲的案例，例如百摺行李箱案，非但承認百摺設計屬於表徵，也承認構成第25條之違反；Eta-com表徵案也同時成立第22條及第25條之違反；全球城市小姐名稱的仿襲，也構成第25條違反。由此足見，公平法第22、25條的主張，似乎已經不像以前那般難以構成，可瞥見實務就此等外觀抄襲的案件逐漸寬認的態度，這對於越來越講究創意的權利人，應該是好消息。

17

投資及併購交易中法律盡職調查之介紹

萬國法律事務所資深合夥律師　黃帥升

　　廣義而言，盡職調查（Due Diligence，亦稱實地查核）除了投資與併購交易中有所需要外，諸如股份有限公司為申請上市櫃、現金增資或其他金融市場行為，而因應管理機關或主管機關之要求填具申請表單，亦或是一般買賣或貸款交易中要求支付方提出必要財務證明與相關文件以供審閱等等，也有進行盡職調查之需求。然而，為集中視野，本文則將焦點置於投資與併購交易之盡職調查。

　　一般而言，盡職調查的內容，會依據行業類別、組織特色與交易形態，而有不同的安排。盡職調查的項目，更會依據所需情形不同，而有不同程度的取捨與劃分；項目與項目間，亦因查核面向不同，而有常有重疊或類似的細項條列於在不同的大項當中，以避免百密一疏，有所遺漏。

　　對於他公司進行盡職調查，通常包括財務面、營運面、稅務面、法律面、人力資源等各種方面。盡職調查的目的在於進一步瞭解受調查公司之實際價值、結構與內部情形，以利進行交易或其他業務往來行為時，得以正確掌握受調查公司履行交易之能力，以及評量可能存在之風險。

　　盡職調查包括上述各種面向，但以法律盡職調查而言，通常包括章程、資本構成、管理團隊、資產（包括動產與不動產）、執照及許可、營業內容、涉外事務、智慧財產權、環保與環境安全、保險、財務與稅務、勞工與人力資源（包括勞工保險與退休金）、訴訟與法律紛爭等細目，皆是在併購事宜進行談判與交易合約簽訂之前，為了評估及瞭解標的公司存在之法律風險，而應事先調查之事項。

　　在併購交易進行前，通常由財務顧問排定大致時間表，由交易雙方各別委任會計與法律團隊，對他方進行必要調查，為配合產業特性，甚至有環保、精算或智慧財產權等其他團隊加入。各團隊依時程表，向受調查公司請求閱覽文件、進行訪談或現場查核，並依調查所得資訊撰擬報告，以作為下一階段交易進程之參

考。

　　法律盡職調查以撰寫報告提供委託人瞭解被調查公司之現況為主要目的，而查核過程中進行查核工作之事務所即利用提出疑問、進行訪談、要求提供資料與利用公開資料，在提出新問題、建立資料庫（data room）與擴展請求文件與詢問問題清單（request list）等方式，反覆來往以取得所需資訊。其過程所需時間不一，短則數日，長則數月皆有之，皆視交易規模與調查詳細程度而定。

　　就法律盡職調查報告而言，多會配合所要查核的項目，分成不同章節，本文即就常見篇章編排順次，依序介紹。

　　第一部分　簡介與查核範圍（introduction and scope of report）

　　第二部分　報告摘要（executive summary）

　　第三部分　報告本文（report）

　　第四部分　期中報告（preliminary report）

　　第五部分　附件（Appendix）

壹、簡介與查核範圍（introduction and scope of report）

　　一份法律盡職報告，其報告第一部分通常是簡介與查核範圍的聲明，開頭即有當事人與交易內容簡介，例如說明此份報告是為了什麼樣的交易目的，以何人為委託當事人，對於何人進行查核，以進行本份報告之撰寫。接著，查核期間、查核文件與資訊範圍，以及撰寫報告時所採準據法，多會逐一交待。有時撰寫者亦會依上述內容再次聲明免責條款，以確立報告所應適用之範疇。一般而言，法律盡職報告在此部分之內容不會佔去太多篇

幅,其目的也在於讓讀者瞭解報告內容所涵蓋之領域,以及報告所未及之範圍。

貳、報告摘要(executive summary)

報告摘要也可以稱為查核要點、關鍵點等等,有時因委託人的查核要求深入耗時,或者牽連法律關係複雜,為求查核報告之內容詳盡,查核報告可能不只寥寥數頁而已。因此,為求報告閱讀者能迅速掌握重點,並於需要時再繼續閱讀報告本文詳盡內容,報告摘要便扮演此種提綱挈領的角色。

報告摘要有按章節順序排列,而對章節作重點濃縮整理者,亦有不受章節限制而條列要點者,甚或混用各種方式作成者,但無論呈現方式,都以使讀者方便觀覽、迅速瞭解被調查公司財務上、業務上具有重要影響之法律要點,並得以說明快速查找細部內容為原則。

作為報告摘要之法律查核要點並無一定範圍或限制,須依個案情形不同加以調整,但一般諸如公司組織是否符合公示資料、營業是否需要特許執照、是否有控制權轉讓限制或通知條款、是否面臨重大爭訟事件或裁罰、主要財產或業務組成、重要合約等事項,常為報告摘要所重視之要點。

參、報告本文(report)

報告本文即是法律查核內容工作,以及查核結果之說明,在查核事項或被調查公司組成複雜時,常有名詞定義之專篇,例如定義「集團」包括A公司、B公司與C公司,定義「大股東」為

「D公司、E自然人與F財團法人」，或是定義「會計基準日」指某年某月某日等等，以利讀者閱讀時得以一目了然，避免因為系列名詞過長而中斷閱讀之連續性。

　　報告本文並沒有絕對的固定格式，但一般仍以編章節分段方式編寫為大宗。此外，某些經常進行盡職查核的企業，甚至備有制式表格方便法律查核人員填寫，而編章節與表格混用之情形，亦有此情。

一、公司組織

　　為求快速瞭解查核對象組織梗概，報告主文內容多以被調查公司組織為首。包括公司名稱、改組過程、設立日期、董監事姓名、章定資本額與實收資本額、股數、主要股東、公司章程摘要等等。

　　例如：

公司名稱	A○○○股份有限公司	
統一編號		
核准設立日期	1990年1月1日	
登記地址	台北市大安區○○○路一段1號10樓	
代表人	甲○○	
章定資本總額	新台幣9,999,000,000元	
實收資本額	新台幣9,999,000,000元	
已發行股份總數	普通股999,900,000股	
董事及其持有股份數	甲○○（代表B股份有限公司）	3,000,000股
	乙○○（代表C股份有限公司）	2,000,000股
	丙○○	1,000,000股

監察人及其持有股份數	丁○○（代表D份有限公司）	1,000,000股
總經理	戊○○	900,000股
本屆董事、監察人任期	自2012年7月1日至2015年6月30日	
主要股東	B股份有限公司（持有3,000,000股） C股份有限公司（持有2,000,000股） D股份有限公司（持有1,000,000股） 丙○○（持有1,000,000股） 戊○○（持有900,000股）	
營業項目	F113030　精密儀器批發業 F113050　電腦及事務性機器設備批發業 F113060　度量衡器批發業 F113070　電信器材批發業 F114990　其他交通運輸工具及其零件批發業 F118010　資訊軟體批發業 F213040　精密儀器零售業 F214010　汽車零售業 H701020　工業廠房開發租售業 ZZ99999　除許可業務外，得經營法令非禁止或限制之業務	
公司章程與本件交易相關重要內容摘要	（節錄） 第24條於移轉下列資產時，應經董事會全體同意：（下略）	

　　為知悉上述資訊，就被調查公司於經濟部商工登記資料公示查詢系統所列資訊、變更登記表、公司章程、董事會議事錄、股東會議事錄與股東名冊等資料而言，於可取得之範圍內，即為整理查核所必要之文件。

　　再者，我國法規就公司登記有其特別之處，例如公司法第

12條規定：「公司設立登記後，有應登記之事項而不登記，或已登記之事項有變更而不為變更之登記者，不得以其事項對抗第三人。」故公示登記資料上所呈現之董監資訊，具有對抗第三人之效力。然而，此對抗效力並非漫無邊際，在不同情形下亦應注意。

　　例如，依經濟部95年1月25日經商字第09502001800號函釋即謂：「按公司董事與公司間之關係，係民法上之委任關係，董事辭職之意思表示到達公司時即發生辭職之效力，至於其意思表示是否已達相對人了解之狀況，係屬事實認定問題，如有爭議，應循司法途逕解決；又公司登記非生效要件，故董事辭職是否生效與公司登記係屬二事」，故董監是否辭任或新任，以及是否改選等情，尚不得全憑公示資料為據，於必要時，尚可盡量依可取得資訊之程度，例如辭任書、董事會決議或股東會決議等資料為憑，較為妥適。

二、重要資產

　　重要資產通常包括不動產與對營業有重要性或價值較高之動產、智慧財產權或其他權利等。就不動產而言，查核重點多包括地址與位置、面積、都市區劃、現今用途、是否有租賃關係，以及是否具有其他負擔，如抵押權或地上權等，例如：

編號	不動產類型	地址或地號	面積	抵押權等他項權利或其他負擔
N	土地	台北市○○段○○小段第○○○○號	1,500平方公尺	F○○公司以每月30萬元（含稅）承租。

　　依民法第758條規定：「不動產物權，依法律行爲而取得、設定、喪失及變更者，非經登記，不生效力。前項行爲，應以書面爲之。」就不動產物權而言，我國原則係採登記生效制度，並非登記對抗制度，而以登記機關就土地登記之申請，依法審查後登載。因此，縱有買賣契約成立仍屬不足，於確認所有權時則應確認登記之內容爲恰，此爲我國法制與其他多國法律不同之處。

　　就營業有重要性之動產，則視產業別而有所不同，以一定金額爲標準或是挑選特別類型之動產，作爲查核重點。於機器設備甚或各類原物料，有時亦有另行查詢動產擔保之需求。以往動產擔保之查詢由各縣市分管，但自2014年3月26日以後，則可藉由經濟部建置之「全國動產擔保交易公示查詢網站」查詢，已甚爲簡便。

　　除了有體物之外，智慧財產權，包括著作權、專利權、商標權、營業秘密或網域名稱等，在特定行業亦有其重要性，因此在查核此等行業時，常有加入查核範圍之必要。

　　此外，權利亦有可能是構成被調查公司之重要資產，無論是股東權、選擇權、質權或其他權利，都可能依不同情形而有查核之需求，惟此部分資訊常爲非公開資訊，尚有賴於被調查公司主動出示資料，或是藉由第三方之資訊，以資查對。

三、重大合約

　　重大合約的定義，並非定於一尊。在不同行業間，可能係依照合約性質，而與受查核公司營業內容重大相關者，例如包括上下游產業鏈間之重要原料、產品、租賃、運輸、清潔、採購、保險、銷售或服務合約等，在不同業別可能分別構成重大合約；重大合約有時則以合約金額超過一定額度爲準，例如依照「公開發行公司取得或處分資產處理準則」之定義，而將一定金額之合約納入重大合約查核範圍內。

　　合約簽署之當事人可能爲業務相關之第三人，也有可能是與被調查公司構成控制從屬關係或其他法定關係之關係人，由於特定行業或上市櫃、公開發行公司對於關係人交易亦有特別規範。

　　就關係人交易之限制不勝枚舉，諸如金融控股公司法第45條規定：「金融控股公司或其子公司與下列對象爲授信以外之交易時，其條件不得優於其他同類對象，並應經公司三分之二以上董事出席及出席董事四分之三以上之決議後爲之」，故於特定關係人交易下應有董事會特別決議。又例如銀行法第33條規定：「銀行對其持有實收資本總額百分之五以上之企業，或本行負責人、職員、或主要股東，或對與本行負責人或辦理授信之職員有利害關係者爲擔保授信，應有十足擔保，其條件不得優於其他同類授信對象，如授信達中央主管機關規定金額以上者，並應經三分之二以上董事之出席及出席董事四分之三以上同意。」亦有同類限制。依此，於查核重大合約時，亦應就關係人爲合約當事人之情形另外考量，以適用不同關係人交易之相關規定下所應採之法律查核密度。

　　查核重大合約的要點則包括合約名稱、合約當事人、訂約日、合約期間、合約金額、主要概述、終止權或加速屆期條款、控制權條款、更新選擇權、準據法與約定爭端解決機制等等，例如：

編號	合約名稱	當事人與日期	重要內容與條文	控制權條款與轉讓限制	準據法與爭端解決
N	原料採購合約	出賣人：XYZ公司 買受人：A公司 簽約日：2013.12.25	買受人以新台幣1,000萬元作爲價金，向出賣人購買鑄鐵料400公斤，雙方訂於2014.5.25日於A公司新竹倉庫交付。	無	台灣法／台北地方法院

　　以上僅為例示之表格，而在契約經篩選後數量仍然眾多，或查核類別或填具事項超出篇幅限制時，亦可以附件方式呈現。

四、法令遵循與許可

　　法令遵循涉及公司進行業務時，除一般性守法義務外，在特定行業尚有不同監管程序。以我國而言，金融業，包括銀行、保險與證券業所受監管即較為嚴格，因此上述業別亦因法令要求而設有內部法令遵循或內控機制。

　　法令遵循所應注意之範圍甚廣，但一般而言，勞工法令，包括工會、新舊制退休金提撥、職工福利金、工作規則等，於進行任何行業之法律查核時，皆應注意其相關事項。而就都市內商業活動來說，尚應注意使用分區；在設有工廠之處，則應特別注意環保法規，包括水污、空污、土壤、噪音、廢棄物與有害物質等等相關規範之遵循狀態。

　　除廣義之法令遵循以外，因行業別之不同，公司或其他法人於經營特定業務時，可能需受特別許可始得開始營業，依適用法規之不同，有時尚有加入同業公會之必要。因此，被調查公司是否具有合法有效之相關營業執照、特許執照或同業公會會員資格，亦應詳加注意。

五、財務資訊

　　財務資訊不僅是會計查核所觸及之要點，在特殊行業於法令監管密度較高下，在財務面上亦有一定法令遵循之要求。

　　在法律查核之面向上，除了基本財務資訊，例如營業收入、營業成本、營業費用、損益、總資產、負債、股東權益及累計盈虧等資料外，尚應注意被調查公司若應適用國際會計準則（IFRS）時，其轉換是否符合法令規定。

此外，就被調查公司之投資與取得資產之行為，依其行業別是否符合公司章程、公開發行公司取得或處分資產處理準則、公開發行公司資金貸與及背書保證處理準則或主管機關就資金運用之其他規定，則是法律查核就財務面上通常委託人所希望著力之處。

此外，被調查公司若有涉外資產與負債、存放款償還相關協議或委外投資之情形，亦有上述法規適用之可能。在此情況下，該等投資或交易行為是否符合相關規定，則是實務上通常查核要點之一。

六、訴訟或其他爭議

一般而言訴訟或可能構成訴訟之爭議皆屬應查核之範圍，蓋訴訟一旦涉及大筆金額爭議，可能會帶來鉅額負擔，而訴訟若涉及消費者或勞工事件，更可能因為事件類型相近但是件數眾多，而造成重大損失。

因此，訴訟查核首先應確認被調查公司在訴訟中之當事人身分，例如原告、被告、告訴人或參加人等，另應確認對造與其他當事人之身分。再者，訴訟所涉金額、訴訟類型與大要、訴訟進度等亦應包括在內。有時，因爭議雖未進入訴訟程序當中，但因亦有潛在風險，故應視情況是否納入查核範圍，以請被調查公司提供相關資料，以評估日後可能產生或形成之負擔。

就訴訟爭議之內容，除以段落式分類呈現外，亦得以表格條列，例如：

編號	當事人	案由／訴訟金額	法院／案號	案件概要與主要爭點	訴訟進度與處理情形
N	原告：子○○	損害賠償請求新台幣1,000萬元	某法院某年度訴字第○○○○○起訴日：（略）	（略）	法官命兩造於某年某月某日進行調處，惟調處不成，現已進入一審審理，惟因涉及刑事罪嫌之認定，故民事法院已裁定停止。

以上亦為例示之表格，其填具項目可能因類別或委託人要求及指示之不同，而有繁簡之分。然而，如同重大契約一節所述，於訴訟類型複雜且數量眾多時，為求本文篇幅之精簡，訴訟爭議亦得以附件方式呈現，而置於查核報告之後。

七、稅務專章

廣義法令遵循即包括稅務，然而就大多數行業而言，因為經營形態複雜，因此其租稅義務常非三言兩語即可完整介紹。尤其在稅務主管機關有重點核課或專案查稅之情形時，被調查公司之稅務即有詳加注意之必要，以瞭解未來可能承擔之稅務風險。

稅務查核通常包括適用稅率，亦即依其行業類別與營業內容所應適用之稅率，還有稅捐申報之情形，亦即是否正常申報、是否取得稅務主管機關結算申報核定通知書，以及是否得適用損益扣抵等，皆可依委託人之要求與指示查核。

此外，被調查公司是否正在進行稅務相關爭議，特別是正在進行或潛在租稅行政爭訟案件與近年行政救濟情形等。就稅務行政救濟而言，得以就過往救濟之情形，得知被調查公司營業上稅捐適用應予調整之情形。凡此，皆為稅務專章可能涵括之內容。

八、勞工或聘僱人員專章

　　如前所述，於法令遵循有特別需要時，勞工議題、聘僱人員甚或重要高階管理人員之組成，亦可獨立而成專章，以涵括經理級以上主管與其他受僱員工總人數、聘僱契約類型、勞工退休金之新舊制適用情形、職工福利委員金與福利金、勞工安全、衛生及健康、工會之組成及運作，以及勞資爭議，都是專章中得依需求而提及部分。

　　由於聘僱法律關係或勞動法規之規定繁雜，勞工或聘僱人員專章所需文件眾多，包括工作規定、聘僱契約與各類檢查報告等，於查核時皆有確認之必要。

　　在勞工議題上有一值得特別注意者，亦即以退休金提撥而言，由於勞工退休金條例於2005年7月1日起生效後，勞工之退休金分為適用新制與適用舊制兩種計算方式，被調查公司之員工若有起聘年資早於2005年7月1日者，則仍有可能適用舊制退休金，而於被調查公司內容產生新舊制員工並存之情形，在查核工作進行時應避免掛萬漏一情事。

九、環保專章

　　環保議題涉及範圍相當廣泛，有時因為所查核公司擁有之工廠廠區廣大，或是涉及毒物、排污與專業處理等事項，因此在環保查核時尚會延聘專業環評公司協助進行。然而，在法律查核面而言，則注重所需執照、人員、以及所應進行檢測及監控等等，其證明、資格與紀錄是否齊備。

　　詳細而言，環保專章因為業別不同，可能包括面向就有環評、空污、室內空氣管理、溫室氣體管理、噪音、各類水污染、廢棄物處理、資源回收、土污、毒物、環境用藥、飲水、公害、檢測、人員等事項，其複雜與細瑣程度，在環保議題列為重要事

項的交易中，委託人即有將可能以獨立專章進行環保議題法律查
核之要求。

十、智慧財產權專章

　　智慧財產權在電子科技產業可以說是關鍵領域，尤其是專利
權、營業秘密與網域名稱等，而在其他行業，例如電腦軟體產業
之著作權、時尚產業之商標權及著作權，則可能成為重要關鍵。

　　智慧財產權可能由被調查公司自行所有，亦有可能經由授權
而取得。在授權取得之情形，應特別注意其授權條款是否附有控
制權條款或其他轉讓條件，此即為法律查核所需特別注意之處。

　　就各種智慧財產權而言，專利權與商標權可由經濟部智慧財
產局之智慧局商標遠端檢索系統及中華民國專利資料檢索系統進
行初步檢索後再呈現，例如：

編號	註冊審定	公告日	專用期限	商標名稱	內容
N	○○○○○○○	2012/7/1	2018/6/30	Package Design Logo	（圖文略）

　　而就網域名稱則需向網域註冊機構查詢，例如：

編號	網址	註冊機構	專用期限
N	www.○○○.○○○.tw	（略）	2015/6/30

肆、期中報告

由於法律查核開始時，委託人對於被調查公司所能獲知訊息有限，隨著查核工作持續進展，以及相關交易時程之安排，委託人可能有提前得知查核大要之需求，此時即有出具期中報告之必要。

期中報告之完整度不一而足，但大致而言，期中報告不僅是具體而微的查核報告或報告摘要而已，若於委託人期待期中報告能夠指出查核大要之情形，期中報告有時亦有接近最終報告之完成度。

當受委託事務所出具期中報告之後，亦會視委託人之需求與指示，就特定領域從事進一步的法律查核，以補充委託人認為需要增加查核之部分。然而，若從事法律查核之事務所出具期中報告後，委託人認為已經瞭解必要風險，鑑於交易進程迅速之要求，實務上亦有直接以期中報告作為最終報告之情形。

伍、報告附件

依查核範圍多寡與查核詳簡要求不同，報告內文未能逐一詳述部分，通常即以附件方式呈現，若讀者閱讀本文而有進一步查考之需求時，即可查閱附件之詳細內容。

例如請求文件與詢問問題清單（request list）、重大合約、相關訴訟、主管機關裁罰內容、主要財產清冊與查核文件清單等，若依本文內容或委託人另有要求時，都可能列入附件當中。

請求文件與詢問問題清單（request list）可說是進行法律盡職調查的主軸線，受委託調查之一方，隨著查核進度不同，利用請求文件與詢問問題清單，向被調查公司提出疑問並要求提供文

件，被調查公司可能上傳閱覽資料庫（visual data room或簡稱VDR），或提供影本，或使調查方到現場閱覽（on site DD）。請求文件與詢問問題清單將隨著查核過程不停擴張、補充，由於詢問問題方式之不同，有時亦有問答重複或類似之情形，直至所獲得答案與資訊得以回應委託人之查核需求與指示為止。

請求文件與詢問問題清單的格式並無一定，例如下列表格，是亦是常見方式之一：

編號	提出請求日期與內容	答覆日期與內容	備註
1	公司組織、公司設立與公司股權等情形		
1.1	公司營業執照（2014/6/29）	VDR 1.1.1（2014/6/30）	
1.2	公司最新變更登記表（2014/6/29）	VDR 1.1.2（2014/6/30）	
1.3	公司最新章程（2014/6/29）	VDR 1.1.3，並提供影本（2014/6/30）缺頁已補上傳（2014/7/3）	發現第4頁缺頁（2014/7/1）
1.4	股東名冊（2014/6/29）	請至總公司現址查閱（2014/6/30）	預約7/3查閱（2014/7/1）
1.5	公司與百分之十大股東間任何股權託管、控制權、管理或相關協議	無此種協議（2014/7/1）	
1.6	請說明公司業務與經營模式（2014/6/29）	請至總公司與高階經理人面談（2014/6/30）	預約7/3面談（2014/7/1）

編號	提出請求日期與內容	答覆日期與內容	備註
（下略）	（下略）	（下略）	（下略）
3	重大合約		
3.1	依採購額而定之公司前十名供應商名單（2014/6/30）	VDR 3.1.1（2014/7/1）	
3.2	與3.1之前十名供應商間之合約（2014/6/30）	VDR 3.1.2-VDR 3.1.25（2014/7/1）	VDR 3.1.6與VDR 3.1.7為同一合約（VDR 2014/7/5）
（下略）	（下略）	（下略）	（下略）

就請求文件與詢問問題清單而言，本文於文末亦添附文件與詢問問題清單，以供參考。

陸、結語

法律盡職調查工作，在多種交易或上市櫃、現金增資等申請程序中，是不可或缺的重要階段，本文特別著重投資及併購交易所需法律盡職查核之介紹。在投資及併購交易中，由於買賣雙方不一定對於他方實際經營情形或條件能夠完全掌握，為了評估及瞭解標的公司存在之法律風險，以利進行後續談判與交易合約之簽訂，因此會依據行業別之特色，進行法律盡職調查。

如同文中一再強調，法律盡職調查在絕大多數的情形下，並沒有任何必然的制式流程及格式，而是需要依行業類別、組織特色與交易形態，盡量利用現有資訊，以配合委託公司之需求撰寫

調查報告。

　　然而，本篇文章則盡可能提綱挈領地介紹法律盡職調查之內容、附件與流程，企盼讀者能夠藉由文內所述，從公司組織、重要資產、重大合約、法令遵循與許可、財務資訊、訴訟或其他爭議、稅務專章、勞工或聘僱人員專章、環保專章，以及智慧財產權專章所涵蓋之內容及所需之文件及資料，掌握法律盡職調查工作之大要，以助益於理解及進行未來實際參與法律盡職調查之工作。

附錄：請求文件與詢問問題參考清單

編號	提出請求日期與內容	答覆日期 與內容	備註
1	公司組織、公司設立與公司股權等情形		
1.1	公司最新年報		
1.2	公司營業執照		
1.3	公司最新變更登記表		
1.4	公司最新章程		
1.5	股東名冊		
1.6	公司若有特許營業項目，其許可與執照		
1.7	公司[　]年內歷次股東會召集通知及決議		
1.8	公司[　]年內歷次董事會召集通知及決議		
1.9	公司董事、監察人名單及資格說明		
1.10	公司組織層級表及高階經理人及重要員工名單		
1.11	公司董事、監察人、高階經理人及重要員工兼職名單與說明		
1.12	公司與百分之十大股東間任何股權託管、控制權、管理或相關協議		
1.13	公司董事、監察人或百分之十大股東與其他第三人間任何股權託管、控制權、管理或相關協議		
1.14	與公司具有控制從屬關係之公司、其他法人或非法人團體之名單		
1.15	就公司業務與經營模式之書面說明		
2	重要資產		
2.1	公司所有不動產之財產清單		

編號	提出請求日期與內容	答覆日期與內容	備註
2.2	公司所有動產,包括車輛及重要設備之財產清單		
2.3	公司就所有財產購買保險之清單		
2.4	公司所有專利權與專利申請清單		
2.5	公司所有商標權與商標申請清單		
2.6	公司向他人承租或使用他人不動產之清單		
2.7	公司所有網域名稱清單		
2.8	公司超過新台幣[ ]萬元之投資項目清單		
2.9	公司持有之股票、基金或債券清單		
3	重大合約		
3.1	依採購額而定之公司前十名供應商名單		
3.2	與3.1之前十名供應商間之合約		
3.3	依銷售額而定之公司前十名供應商名單		
3.4	與3.3之前十名客戶間之合約		
3.5	公司辦公處所或廠房之租賃合約、文件及繳納水、電、瓦斯、管理費或其他費用等支出單據		
3.6	現時有效之公司管理或經營合約		
3.7	現時有效之代理或經銷合約		
3.8	現時有效之運送合約		
3.9	現時有效之重大資產處分或租賃合約		
3.10	現時有效之保密協定		
3.11	現時有效之顧問管理合約		
3.12	與政府或公部門間簽訂之合約		
3.13	現時有效且保險金額超過新台幣[ ]萬元之保險合約		

編號	提出請求日期與內容	答覆日期與內容	備註
3.14	現時有效之員工團體保險合約		
3.15	任何生產設備供應合約		
3.16	與關係人或具有控制從屬關係之事業間簽訂之合約		
3.17	其他任何契約金額在新台幣[ ]萬元以上之合約。		
3.18	就公司任何契約存有違約或違約之虞等情事之說明		
4	法令遵循與許可		
4.1	公司與目的事業主管機關間往來函文		
4.2	依公司業務而應取得之執照、許可及其清單		
4.3	公司加入同業公會之證明及文件		
4.4	公司與其他政府機關或公部門間往來函文		
4.5	公司內控監理機制之書面說明		
5	財務資訊		
5.1	公司最近[ ]年間每季完整財務報告及附註		
5.2	公司借貸與融資之合約及文件		
5.3	公司持有債券之清單及說明		
5.4	公司對外提供保證或擔保之文件及說明		
5.5	公司最近[ ]年處分重大資產之清單		
5.6	公司近[ ]年內之保險清單，包括產險、壽險、強制險或其他保險及其繳納證明		
5.7	公司近[ ]年內提出保險請求之清單及文件		
6	訴訟或其他爭議		

編號	提出請求日期與內容	答覆日期與內容	備註
6.1	過去[　]年間與公司有關之民事、刑事、行政訴訟、訴願、執行事件、仲裁、和解、調解或其他爭端解決之判決、裁定、決定或判斷等相關文書		
6.2	過去[　]年間任何涉及公司之判決、裁定、決定或判斷執行之文件及說明		
6.3	任何涉及公司財產、業務或股權於過去[　]年之相關強制執行之文件或說明		
6.4	任何針對公司董事、監察人、高階經理人或重要員工於過去[　]年之強制執行之文件或說明		
6.5	任何公司受到行政裁罰之文書及說明		
6.6	公司、公司董事或監察人、高階經理人或重要員工可能面臨或發生之調解、訴訟、訴願、仲裁、行政裁罰之文件及說明		
7	稅務		
7.1	公司應繳稅捐清單		
7.2	公司過去[　]年之報稅文件		
7.3	公司過去[　]年之稅捐完納證明		
7.4	公司過去[　]年之稅捐核定書		
7.5	任何公司涉及稅捐裁罰或爭訟之文件及說明		
7.6	公司過去[　]年之稅捐機關其他往來文書		
8	勞工或聘僱人員		
8.1	公司聘僱、委任或有勞務契約關係之員工人數		
8.2	若8.1需專業證照、許可或登記者,其證照、許可、登記文件或其他相關證明		

編號	提出請求日期與內容	答覆日期與內容	備註
8.3	與公司有契約關係之人力派遣公司及公司之派遣員工名單及其工作事務說明		
8.4	公司員工中殘障人士與原住民總數		
8.5	公司繳納勞工保險之繳納證明		
8.6	公司繳納全民健康保險之繳納證明		
8.7	公司提撥勞工退休金之繳納證明		
8.8	員工福利委員會之成員名單及組織說明		
8.9	員工福利金之提撥證明		
8.10	最近[ ]年自公司退休之員工名單，包括其退休前所擔任職務、日期、年資及領取退休金		
8.11	最近[ ]年自公司辭職之員工名單，包括其離職前所擔任職務、離職原因、日期、年資及領取離職金（若有）		
8.12	最近[ ]年公司所解僱、終止委任或終止其他勞務契約之員工名單，包括其離職前所擔任職務、離職原因、日期、年資及領取離職金（若有）		
8.13	工作規則或其他員工守則		
8.14	任何形式之勞務契約、競業禁止或保密協議、智慧財產權之約定契約之範本		
8.15	薪資、獎金、紅利或其他給予之發放結構與規定之相關文件及說明		
8.16	員工獎懲規定之相關文件及說明		
8.17	員工福利與假期之相關文件及說明		
8.18	任何與工會有關之文件及說明		
8.19	主管機關發動之勞動檢查清單及其相關文件		

編號	提出請求日期與內容	答覆日期與內容	備註
8.20	任何其他與勞動主管機關相關往來文件		
8.21	任何與公司間正在進行或可能發生之勞工訴訟、訴願、調解或其他因各種形式勞務契約所生爭端之清單及相關文件		
9	環保		
9.1	公司與環保主管機關往來函文及相關文件		
9.2	公司所有與環保相關許可文書		
9.3	公司所有環保單位、環保人員及相關專責人員之名單及其訓練證明、證照或執業證明		
9.4	公司有關環境綜合計畫、環境教育及環境影響評估之文件		
9.5	公司有關空氣污染防制、室內空氣管理、溫室氣體管理之檢測報告及相關文件		
9.6	公司有關噪音污染管制之檢測報告及相關文件		
9.7	公司有關水污染防治或海洋污染防治之檢測報告及相關文件		
9.8	公司有關廢棄物清理與資源回收事務之相關文件及流程說明		
9.9	公司與廢棄物清運商或資源回收商間所有契約		
9.10	公司有關土壤及地下水檢測報告及相關文件		
9.11	公司有關毒化物管理檢測報告及相關文件		
9.12	公司有關飲用水管理之檢測報告及相關文件		
9.13	公司有關環境用藥管理之檢測報告及相關文件		
9.14	公司相關公害事件之清單、處理說明及相關文件		
9.15	任何公司環境污染檢驗之相關文件		

編號	提出請求日期與內容	答覆日期與內容	備註
10	智慧財產權		
10.1	公司所有專利及申請中專利清單及其證書		
10.2	公司所有商標權與商標申請清單及其證書		
10.3	公司網域名稱註冊繳費證明		
10.4	公司所有之著作權登記文件		
10.5	公司任何技術移轉或技術合作契約或相關文件		
10.6	公司任何商標、專利、著作權或營業秘密之授權契約、讓與契約或相關契約文件		
10.7	公司與智慧財產權主管機關往來函文		
10.8	公司與智慧財產權有關之訴訟、訴願、和解、調解、仲裁、執行事件或其他爭端解決機制進行中事件之清單		

18

我國「金融科技發展與創新實驗條例」簡評

萬國法律事務所律師　王明莊

萬國法律事務所律師　江欣曄

壹、前言

　　隨著科技發展日益進步，許多科技產業紛紛參與金融市場，利用新興資訊與技術，將金融商品服務發展至另一種全新的局面，金融科技Fintech（Financial Technology）即隨此全新局面而誕生。然而，金融科技實際上卻是一種「破壞性的創新」（Disruptive Innovation），其固然提供消費者新的選擇並促進競爭，惟其另一方面卻是挑戰金融法規的底線，原因為金融科技業者提供之服務與傳統銀行提供之服務的界限並不明確[1]，又金融科技業普遍不熟悉金融規範，對於其業務範圍觸犯相關金融法規通常渾然不知；再者，縱使金融科技業者知悉法規，在新興金融商品服務推出前，早已決定採行規避法規方式營業，或刻意違反法規，以求其商業模式得快速發展[2]。於此之下，金融監理方式及模式必然須因應金融科技發展，以維持金融穩定、公平分配資源、追求經營效率及保障投資人或消費者之權益。金融監管所面臨的難題即為：（1）過去的法規未必能符合未來商業發展、及（2）金融科技或其應用如何改變現存的金融服務模式。對此，各國相繼改革傳統金融監理模式，盼能在法規秩序與鼓勵金融創新間取得平衡[3]。

　　繼英國、香港、新加坡、澳洲推動金融監理沙盒（Regulatory Sandbox）制度後，我國行政院於民國（以下同）106年5月4日通過金融監督管理委員會（下稱「金管會」）所草擬之「金融科技創新實驗條例」草案，並送交立法院審議。立法院於106

---

[1]　吳盈德，創新金融科技與洗錢防制趨勢，月旦法學雜誌，第267期，頁19（2017年7月）。

[2]　王志誠，金融創新夢想實驗之新里程：「金融科技創新實驗條例」草案之評釋，台灣法學雜誌，第321期，頁68-69（2017年6月）。

[3]　吳盈德，前註1，頁20。

年10月27日完成一讀、於106年12月26日完成二讀之廣泛討論，後於106年12月28日進行朝野黨團協商，最終在106年12月29日三讀通過，總統蔡英文則於107年1月31日公布之。

新法定名為「金融科技發展與創新實驗條例」（下稱「本條例」），因其施行日期授權行政院訂定，為配合相關法制作業之草擬、制（訂）定與修正，目前未能確知行政院之施行日期。然而，金管會業已於107年2月舉辦相關子法公聽會，並表示「金融科技創新園區」將於107年上半年完工，顯見金管會已完成相關配套措施之研擬，我國最快有望於107年下半年開放金融監理沙盒之第一階段申請。金融監理沙盒帶動創新科技的同時，也激化既有金融市場，同時也反應出金管會對於未來趨勢之前瞻力與監管力，對產、官、學界均有重要影響與助益。

貳、申請流程簡介

欲申請金融監理沙盒之業者，須符合本條例第4條、第5條之要件，並檢具申請書、申請人資料及創新實驗計畫向金管會提出。金管會於收到申請案後60日內須召開審查會議，並作出核准或駁回之決定。若金管會核准申請，申請人須於收到核准決定之通知日起三個月內，開始辦理創新實驗。此三個月的準備期間，申請人得進行相關試驗程序之前期準備、宣傳或再次檢查等，並應於實驗開始後五個營業日內以書面通知金管會實驗開始之日期。根據本條例第9條之規定，申請人享有一年之創新實驗期間，申請人另可以向金管會申請延長六個月，但以一次為限，但倘若創新實驗內容涉及應修正法律時，其延長則不以一次為限，但全部不得超過三年。

在實驗金融監理沙盒期間，申請人應遵守金管會所要求辦理之事項並遵守指示，申請人原則上亦不得變更創新實驗之內容，

否則金管會得廢止之。申請人在實驗期間，亦可按照本條例第17條向金管會請求相當協助，內容包括提供創業或策略合作之協助、轉介予相關機關（構）、團體或輔導創業服務之基金等。另外，申請人在實驗期間雖可根據本條例第25條、第26條有限度地豁免相關行政責任與刑事責任，但民事責任亦不得免除，換言之，申請業者在實驗期間仍須注意相關民刑事和行政責任，並非一腳踏入金融監理沙盒而全然免責。

　　最後，倘若業者能順利完成沙盒試驗，並想推行進入市場，則可按本條例第17條向金管會請求相當協助，若該創相實驗須研修相關金融法規，至遲應於創新實驗屆滿後三個月內，完成相關金融法律之修正條文草案，並報請行政院審查。

參、現行制度之評析

　　「沙盒」（Sandbox）一詞源自電腦工程術語，因為工程師在開發軟體的過程中，須建立與外界環境隔絕的測試環境，以試驗新程式的效能[4]。若應用金融科技市場上，表示政府提供一個安全場域，讓業者可以推行新金融商品與服務，同時保護消費者免於不合理之損失與侵害，正如同小孩在沙坑中玩沙一般，沙子柔軟且具重塑性，讓小孩得以自由發揮其創造力來堆塑其想像中的世界，但沙坑有場地限制，且父母隨時在側，若出現可能侵害自己或影響他人之踰矩行為將受到即時監督與管控。

　　正因為金融監理沙盒強調市場導向與實務操作，政府監管的強度與密度實質影響著金融監理沙盒的成敗與良莠，如英國FCA（Financial Conduct Authority）自2015年11月推動金融監理沙

---

[4]　谷湘儀、陳國瑞，從「監理沙盒」制度展望我國Fintech監理思維，金融科技發展與法律，五南出版，頁18（2017年）。

盒，前兩期共有146家提出申請、50家通過申請，並有41家進入金融監理沙盒試行[5]；反觀新加坡MAS（Monetary Authority of Singapore），其於2016年6月推出金融監理沙盒制度，雖然吸引200多家新創公司入駐[6]，但截至今日亦僅有3家公司能真正進入沙盒試行[7]。從前開業者進入沙盒的數量，即可知悉各國主管機關的態度，英國FCA盡可能地讓業者進入沙盒嘗試，但新加坡MAS無寧是藉由沙盒制度來吸引外資、外來人才的投入，在符合現行制度下進行產業輔導與合作，對於無法按照既有常規之業者才鼓勵進入沙盒試行。倘若我國開放金融監理沙盒，金管會究竟會採取「鼓勵開放」或是「嚴格審查」之標準則有待觀察，然從現今公布之「金融科技發展與創新實驗條例」內容以觀，倘若業者將來要申請沙盒試行，則可能會產生以下困境與疑慮：

一、外國法人之申請資格

根據本條例第4條規定，自然人、獨資或合夥事業、法人得檢具特定文件，向主管機關核准辦理創新實驗。其中，法人應檢具之文件包括「法人登記證明文件」、「法人章程或有限合夥契約」、「董（理）事或普通合夥人、監察人或獨立董事或監事等負責人名冊」。此一規定對於我國法人、已在我國設立子公司或經認許辦理分公司登記之外國法人並無疑慮，但對於「未在台灣營業但想要試行金融監理沙盒制度之外國法人」則不無疑問。對於部分外國公司而言，試行金融監理沙盒的成果將成為其進入台

---

[5] Financial Conduct Authority, Regulatory sandbox lessons learned report, 6 (2017).

[6] 林靖國，新加坡金融科技監理與反洗錢實務，發表於：金融監理沙盒法規探討與國際反洗錢趨勢解析研討會，頁3（2018年）。

[7] Monetary Authority of Singapore, Experimenting in the sandbox, http://www.mas.gov.sg/Singapore-Financial-Centre/Smart-Financial-Centre/FinTech-Regulatory-Sandbox/Experimenting-in-the-sandbox.aspx (last visited Feb 9, 2018).

灣市場的敲磚石,倘若金管會對於某金融商品的接受度低、管制密度高,在不符合現行法規及種種成本考量下,外國公司可能不願進入台灣市場,而另闢其他海外市場,因此當這些外國公司欲申請我國金融監理沙盒時,首先遇到的問題即「是否要在台灣成立公司(子公司、分公司)」。

本條例第4條之「法人登記證明文件」似可包括外國公司按其本國法律組織設立登記之證明文件,而不要求其須在台灣成立公司(子公司、分公司)。然根據我國公司法第4條規定[8],外國公司擬在我國營業應經我國政府「認許」,認許須經設立分公司登記、專撥我國境內營業所用之資金及應受目的事業主管機關對其所營事業最低資本額規定之限制;倘若外國公司無意在我國境內營業,根據公司法第386條[9],其得指派經常留駐中華民國境內之代表人,設置代表人辦事處,檢具相關資料向主管機關備案,此後得在我國境內從事業務上之法律行為,惟該「業務上之法律行為」,依經濟部函釋,似僅限於簽約、報價、議價、投標、採購等業務,外國法人如欲從事金融監理沙盒實驗,應不得僅設置外國公司在台辦事處。從上開規定可見,進入沙盒試行某項金融產品或推動某項創新實驗,應該當公司法之「營業」定義,因此

---

[8] 公司法第4條:「本法所稱外國公司,謂以營利為目的,依照外國法律組織登記,並經中華民國政府認許,在中華民國境內營業之公司。」

[9] 公司法第386條:「外國公司因無意在中華民國境內設立分公司營業,未經申請認許而派其代表人在中華民國境內為業務上之法律行為時,應報明左列各款事項,申請主管機關備案:一、公司名稱、種類、國籍及所在地。二、公司股本總額及在本國設立登記之年、月、日。三、公司所營之事業及其代表人在中華民國境內所為業務上之法律行為。四、在中華民國境內指定之訴訟及非訴訟代理人之姓名、國籍、住所或居所。前項代表人須經常留駐中華民國境內者,應設置代表人辦事處,並報明辦事處所在地,依前項規定辦理。前二項申請備案文件,應由其本國主管機關或其代表人業務上法律行為行為地或其代表人辦事處所在地之中華民國使領館、代表處、辦事處或其他外交部授權機構驗證。外國公司非經申請指派代表人報備者,不得在中華民國境內設立代表人辦事處。」

對於未曾來台的外國公司而言，他們在進入沙盒前似乎須以成立公司（子公司、分公司）為前提。

　　成立公司（子公司、分公司）雖然有助於金管會進行沙盒執行成效之監督，並有利於消費者進行風險控管與防免，但是此些申請程序均耗時、耗力、耗成本，亦牽涉經濟部及經濟部投資審議委員會審查。雖然申請程序通常可以在半年或一年內完成，但對於搶時間之新興科技而言，倘若須先等待公司設立後才能進入沙盒，則可能錯失良機、失去創新性。就此，金管會是否可容許未成立公司之外國法人申請進入金融監理沙盒？倘若接受未成立公司進入金融監理沙盒，金管會又應如何防免洗錢與資恐風險？倘若金管會要求外國公司均須成立公司，金管會是否可以接受外國公司一邊申請成立公司，一邊申請進入金融監理沙盒（即同時申請外國人公司設立、認許及申請沙盒實驗）？或經濟部等主管機關可否加速彼等申請金融監理沙盒之外國公司的相關審查？此有待金管會更進一步之回應。

二、金融監理沙盒之資格要件

　　本條例第7條明揭進入金融監理沙盒的「資格要件」（eligibility criteria），包括「一、屬於須主管機關許可、核准或特許之金融業務範疇」、「二、具有創新性」、「三、可有效提升金融服務之效率、降低經營及使用成本或提升金融消費者及企業之權益」、「四、已評估可能風險，並訂有相關因應措施」、「五、建制參與者之保護措施，並預為準備適當補償」及「六、其他需評估事項」等要件。

　　首先，在「屬於須主管機關許可、核准或特許之金融業務範疇」的要件上，我國並未開放所有不符合現行法規之業務進入金融監理沙盒試行，反而給予有條件的適當放寬，要求與「金融業務」相關之前提下，允許「金融、非金融業者」一同加入沙盒進

行實驗，此一設計較類似於英國。相較之下，新加坡雖然也開放給金融、非金融業者，但其產業類別並「未」限制於金融業務，具有較大之發揮空間[10]。

　　其次，在「創新性」的部分，立法理由指出「包括科技創新或經營模式創新之運用」，表示該實驗產品無庸限定於前所未聞、獨創之新發明、新概念，其可以是針對既有金融商品或經營模式的改良，而實際上，英國FCA亦指出其多數申請案均為針對既有金融商品或服務之新技術運用，鮮少出現可以完全創造出新產品的案件[11]。對此，金管會在審查時，似可參考我國專利法第22條第1項新穎性之規範[12]，排除「申請前已見於刊物、已公開實施或已為公眾所知悉者」進入金融監理沙盒，但應無須達到專利法第22條第2項進步性之要求[13]，蓋專利具有強大效果之排他性與經濟效益，所以具備較嚴苛之成立要件、審理時間較長，但進入金融監理沙盒的實驗產品並不具備排他性、也並不擔保能夠實驗成功而進入市場，主管機關的審查期間又限制於60日內，若嚴格要求實驗產品之進步性須達到專利法第22條第2項之程度，反而可能扼殺產業創新性的可能。對此，金管會或許可考量在未與其他或先前新實驗業務相同和近似性的前提下，著重在「新實驗與既有科技或經營模式有何不同」和「新實驗可如何有效提升金融服務之效率、降低經營及使用成本或提升金融消費者及企業之權益」，而給予適當放寬。除此之外，該創新性是否僅

---

[10]　谷湘儀，前註4，頁24。

[11]　Financial Conduct Authority, *supra* note 2, at 9. (The majority of technology-use cases we have seen so far have been the new application of technologies to traditional products or services, as opposed to using technologies to create entirely new products.)

[12]　專利法第22條第1項：「可供產業上利用之發明，無下列情事之一，得依本法申請取得發明專利：一、申請前已見於刊物者。二、申請前已公開實施者。三、申請前已為公眾所知悉者。」

[13]　專利法第22條第2項：「發明雖無前項各款所列情事，但為其所屬技術領域中具有通常知識者依申請前之先前技術所能輕易完成時，仍不得取得發明專利。」

與國內之既有科技或經營模式相比較，或須同時包含國外技術或經營模式在內？金管會的審查基準是以業者提出申請之時間點作為比較基礎？此些問題亦有待金管會回應。

　　最後，「其他需評估事項」具備相當開放性，便於金管會進行個案認定與審酌，但此一要件同時亦增加業者申請的不確定性與成本，否則金管會得以「不符申請要件」為由而駁回創新實驗之申請。因此，業者在提出相關申請前，須與金管會或主管機關進行相當程度之意見討論或交換，藉此瞭解主管機關之申請要求，使業者得預為準備。香港金融管理局（Hong Kong Monetary Authority，縮寫為HKMA）於2017年9月將「金融監理沙盒」升級為「金融監理沙盒2.0」（Fintech Supervisory Sandbox 2.0，縮寫為FSS 2.0），增加「金融監理聊天室」（Fintech Supervisory Chatroom）的建置[14]，期能提供銀行和相關科技公司前期的即時協助，其目的就是為了協助業者得在申請前端能有效與主管機關進行相當程度之意見討論或交換，英國亦有類似設計，但其是針對成功進入沙盒後之業者提供「專案輔佐員」（a dedicated case officer），協助沙盒內部流程及最後提交審查報告之輔佐與溝通[15]。而現今金管會已於2015年開放銀行投資金融科技事業，於2015年9月成立金融科技辦公室並設置「金融科技創新園區」的網路交流平台，將來亦會設置「金融科技創新園區」的實體平台，亦有學者提出將與資策會合作進行「金融監理沙盒模擬器」，我國究竟是要採取類似香港或英國之輔導政策、彼等平

---

[14] 不同於英國、新加坡由單一主管機關進行統合性金融監理沙盒制度之設計，香港委由個別主管機關自行設計符合該業務、特定產業之沙盒制度，因此現今香港共有「香港金融管理局」（HAMK）、「證券及期貨事務監察委員會」（SFC）與「保險業監管局」（IA）等三種版本不同之金融監理沙盒。Hong Kong Monetary Authority, Fintech Supervisory Sandbox (FSS), http://www.hkma.gov.hk/eng/key-functions/international-financial-centre/fintech-supervisory-sandbox.shtml (last visited Feb 9, 2018).

[15] Financial Conduct Authority, *supra* note 2, at 4.

台、模擬器之權責將如何劃分等,均考驗金管會未來的監管與應變能力。另參酌立法理由及朝野黨團協商之內容,其他需評估事項可能包括「該創新實驗案不符合現行何種法規命令或行政規則,以及排除或修正該法規命令或行政規則之理由」、「洗錢防制與打擊資恐之配套措施」、「實驗期間之合作廠商及對象,以及申請人該如何有效監督、控管合作廠商之配套措施」及其它符合本條例第4條第1項第3款之內容,業者可先行審慎準備,避免主關機關要求補正時而未能即時應對。

三、審查會議及評估會議之公正性與適當性

本條例第6條規定主管機關應就創新實驗申請之審查,召開「審查會議」;同法第16條則規定申請實驗案結束後,主管機關另應召開「評估會議」進行結果評估。本條例另授權金管會針對「審查會議」和「評估會議」之運作方式、成員、應迴避事項及其他相關事項之辦法,訂定相關子法規範。

無論是事前之「審查會議」或事後之「評估會議」,均要求成員應包括專家、學者及相關機關(構)代表出席,然並未明文規定會議成員之人數及所占比例。雖然「審查會議」或「評估會議」所作出的決定並不具備對外發生直接法律效果之單方行政行為,僅有金管會作出之核准或駁回決定才具備行政處分之適格,但金管會並不當然具備最新知識、技術與人才,得判定申請實驗案的技術內容是否具備創新性並符合其他審酌要件之需求,因此適時讓民間力量、學者的介入,得一方面提升審查有效性、多元性,另一方面亦能有效監督金管會的行政行為。相較之下,英國FCA則是由政府機關全權審查,並未有外部專家介入之情形,此乃是基於責任政治、商業機密性和機敏性的考量[16]。

---

[16] 余宛如委員發言,立法院公報,第107卷第9期,頁106、110。

　　其次，為了確保「審查會議」和「評估會議」之公正性，金管會應明確訂定會議成員應迴避之事由、會前成員名單之秘密性、禁止會議成員事前和業主或相關人員接觸、課予其在會議期間和結束後之保密義務，並禁止會議成員利用該會議所獲取之資訊來從事利己或利他卻侵害申請者利益之不當行為，如提供申請案資訊予其他競爭業者提出申請等。另外，在我國分別設立「審查會議」和「評估會議」的制度下，將產生同一申請案件之「審查會議」和「評估會議」成員是否須前後相同的問題，倘若前後均相同，主管機關該如何避免業者在試驗期間與會議專家之不當接觸？或該如何避免業者在試驗期間影響會議專家意見客觀性及公正性之可能？倘若前後並不相同，金管會要如何調適會議專家對於審酌要件解釋之一致性？此一概念類似於我國智慧財產局跟智慧財產法院對於專利有效性的角色分擔。

　　再者，雖然本條例第16條第3項規定審查會議和評估會議應邀請申請人，並於必要時得邀請相關人員列席，但該條例並「未」給予申請人得在會議中「發表意見」或在會議後「請求補正」之權利，申請人得否在會議中針對專家意見提出不同見解或解釋？或得否針對申請書或實驗結果報告中未清楚敘明之部分再提出說明？或得否至少讓專家以書面方式詢問申請人相關問題並使申請人有書面答覆之機會？則有待金管會在子法中更進一步敘明。另從成本考量，業者或申請者為了達到本條例第7條之審酌要件、提交第4條所規定之相關資料，均已耗費相當人力、時間、成本，倘若金管會經審查會議後，作出駁回創新實驗之決定，申請人不服提起訴願、行政訴訟，即便申請人事後獲得勝訴判決，其所花費之時間、成本亦甚難想像，且未能達到即時創新金融科技之目的與時效性，更何況在此種訴訟中，申請人獲得勝訴判決之機率甚微，因此申請人可能會改以重複申請、或進行修正後再次申請，但無論是何種情形，如能夠在前期給予申請人足夠之保障與意見表達機會，將可避免無端成本、程序之浪費。

最後，根據本條例第8條及第16條第2項之規定，「審查會議」和「評估會議」均有60日內須作出決定之期間限制，此一規定大幅提升審查效率、十分有利於申請人，惟對於金管會和會議委員而言卻是相當大的挑戰，因為創新實驗案尚涉及金融、科技、法律等不同層面之專業，因此從接獲申請、判斷是否符合形式要件，到尋找適當內外部專家參與討論、提供足夠時間供專家準備與討論及撰寫書面結果等，均須消耗相當時間與成本，雖然現行法有「以文件備齊日」作為緩衝，但在尚未累積相當經驗及申請案件數量多時，彼等規定對金管會顯然是一大挑戰，金管會該如何有效且實質審查申請案之內容，則有待更進一步之觀察。

四、創新實驗的輔導銜接

根據本條例第17條規定：「對於具有創新性、有效提升金融服務之效率、降低經營及使用成本或提升金融消費者及企業權益者，主管機關應參酌創新實驗之辦理情形，辦理下列事項：一、檢討研修相關金融法規。二、提供創業或策略合作之協助。三、轉介予相關機關（構）、團體或輔導創業服務之基金。主管機關認需修正相關金融法規時，至遲應於創新實驗屆滿後三個月內，完成相關金融法律之修正條文草案，並報請行政院審查。」立法理由亦明確指出轉介機關（構）如行政院青創基地、經濟部產業競爭力發展中心、財團法人中華民國證券櫃檯買賣中心、產業創新轉型基金及其他金融科技發展基金等。該條文列舉出金管會對於創新實驗之輔導與銜接制度，不致於讓創新實驗在試驗期間欠缺相關協助、並於試驗結束後無所依歸，亦提供主管機關明確之行政指導方向。

從文義解釋和立法理由觀之，第17條在結構上可分成兩個階層性概念，第1項是針對具有創新性、有效提升金融服務之效率、降低經營及使用成本或提升金融消費者及企業權益者者之銜

接輔導；而第2項，依立法理由謂：「經主管機關檢討決定修正之金融法規，屬於法律位階者，應加快該修法程序之進行，以利創新實驗之商品或服務於市場上市，爰於第二項明定，主管機關至遲應於創新實驗屆滿後三個月內，提出法律修正草案，送行政院審查」則是專就創新實驗之商品或服務於市場上市前，有必要修正金融法規者，規範其最晚應提出修正草案之時間。簡言之，前者是針對「成功進入沙盒者」，後者是針對「成功離開沙盒者」。第17條第1項分別使用「對於具有創新性、有效提升金融服務之效率、降低經營及使用成本或提升金融消費者及企業權益者」及「主管機關應參酌創新實驗之辦理情形」，顯見其並非以「沙盒試驗成功者」作為條件限定，而是以符合審酌要件作為提供銜接輔導之條件，表示任何經審查會議和主管機關認為具備有創新性、有效提升金融服務之效率、降低經營及使用成本或提升金融消費者及企業權益者（即得進入沙盒者），均可向主管機關請求相關銜接輔導，此一規範對新創產業實屬一大誘因與保障。若申請者擁有相當技術但欠缺資金，即便彼等人可以成功進入沙盒，亦可能因資金不足或所費資金超出預期，而實驗中斷被迫離開沙盒。惟若能透過金管會之轉介，取得足夠資金，協助申請者完成實驗成功離開沙盒，或改以沙盒以外之其他更有效率方式進入市場，則對於申請者及我國金融經濟而言均為有益。其次，第17條第2項的立法理由所述「加快該修法程序之進行，以利創新實驗之商品或服務於市場上市」，可知本條應以該創新實驗屬於已以成功進入沙盒並經試驗成功者為限，第17條第1項和第17條第2項因此具有階層性的適用概念。

另外，第17條的立法理由明確指出「本條例規範之創新實驗係基於鼓勵創新，給予業者於取得辦理金融業務許可、核准或特許前，就該等創新業務進行實驗之空間，俾驗證其可行性，未來該項實驗所涉金融業務之經營，仍須依各金融相關法規向主管機關提出申請，以符合辦理相同業務，遵守相同規範之公平原

則。」表示不符現行法規之創新實驗並非概可免除經主關機關許可、核准或特許之審查及處分，故即便創新實驗成功，該申請者亦不得直接進入市場，其仍須就此金融業務之經營，向主管機關提出申請，得主管機關許可後，方得正式進入市場經營。

最後，鑒於立法過程耗時耗力，為避免得成功離開沙盒者，於創新實驗期間屆滿後，未能有效進入市場，本條例刻意於第17條第2項規定，有必要修正現行法律者，至遲須於創新實驗屆滿後三個月內完成相關金融法律之修正條文草案。再者，本條例第9條亦給予最長三年的實驗期間保障，藉此，得以時間換取空間，給予業者、主管機關跟立法院更多彈性空間，冀能於沙盒實驗屆滿後，無縫接軌使創新實驗之商品或服務得正式於市場中提供予社會大眾，而避免產生空窗期致該商品或服務停擺。

肆、結語

我國政府在參考英國、香港、新加坡、澳洲等國制度後，決定以立法方式制定金融監理沙盒，我國改變既有正面表列及限制准許之方式，以較彈性的方式提供金融服務進行發揮，「金融科技發展與創新實驗條例」的出現，顯現我國政府有意推動金融科技發展與鼓勵青年創新的決心，然而我國究竟會採取英國FCA開放申請之態度，抑或新加坡MAS的有限申請，則須觀察未來金管會的態度而定，而從現行法條觀之，外國法人申請、金融監理之資格要件、審查會議及評估會議之公正性與適當性及創新實驗的輔導銜接等，均有許多模糊、不確定之處，期待金管會未來能多與業者相互合作，以訂定子法、發布函令或行政指導之方式表示意見，共創更友善及更具吸引力的金融環境。

家圖書館出版品預行編目資料

近年台灣公司經營法制之發展／萬國法律
事務所著. -- 初版. -- 臺北市：五
南，2019.08
　　面；　公分
　ISBN 978-957-763-538-9（平裝）

1.企業法規　2.公司法

94.023　　　　　　　　108012129

4U16

近年台灣公司經營法制之發展

作　　者 ─ 萬國法律事務所

發 行 人 ─ 楊榮川

總 經 理 ─ 楊士清

總 編 輯 ─ 楊秀麗

副總編輯 ─ 劉靜芬

封面設計 ─ 姚孝慈

出 版 者 ─ 五南圖書出版股份有限公司

地　　址：106台北市大安區和平東路二段339號4樓

電　　話：(02)2705-5066　　傳　真：(02)2706-6100

網　　址：http://www.wunan.com.tw

電子郵件：wunan@wunan.com.tw

劃撥帳號：01068953

戶　　名：五南圖書出版股份有限公司

法律顧問　林勝安律師事務所　林勝安律師

出版日期　2019年8月初版一刷

定　　價　新臺幣450元